高光谱遥感影像降维方法与应用

苏红军 著

本书是国家自然科学基金项目“基于共形几何代数的高光谱遥感降维与分类”（编号 41201341）和“高光谱遥感影像多特征优化模型与协同表示分类”（编号 41571325）的部分研究成果

科学出版社

北京

内 容 简 介

本书针对高光谱遥感数据具有维数高、数据量大、冗余度高、不确定性显著、样本选择困难等特点，引入机器学习、模式识别等理论和技术，开展高光谱遥感影像降维理论、方法与应用的研究。全书共 8 章：第 1 章介绍高光谱遥感影像降维及进展；第 2 章介绍高光谱遥感影像降维的理论基础、常用方法和方法评价；第 3 章探讨高光谱遥感影像特征提取方法，重点是基于改进 K 均值、层次聚类和正交投影散度、优化判别局部对齐等三种特征提取算法；第 4 章分析高光谱遥感影像波段选择方法，从可分性准则和搜索策略两方面提出新方法；第 5 章重点研究多目标优化的自适应波段选择方法，论述能自动确定波段数目的组合型群体智能优化的高光谱遥感自适应降维方法；第 6 章探讨高光谱遥感多特征质量评估与优化方法，重点阐述多特征质量评估的方法，并提出基于改进萤火虫算法的高光谱遥感多特征优化及基于多分类器集成的多特征性能评估；第 7 章讨论基于共形几何代数的新型波段选择方法，研究共形空间下高光谱遥感影像的信息表达问题；第 8 章介绍高光谱遥感影像降维方法在矿物识别、影像可视化、城市土地覆盖分析等领域的应用等。

本书可供从事高光谱遥感、遥感信息智能处理、遥感应用等研究和实践的科研人员、高校教师、研究生和高年级本科生参考。

图书在版编目(CIP)数据

高光谱遥感影像降维方法与应用/苏红军著. —北京：科学出版社，2021.11

ISBN 978-7-03-070280-7

Ⅰ. ①高… Ⅱ. ①苏… Ⅲ.①遥感图像－图像处理 Ⅳ. ①TP751

中国版本图书馆 CIP 数据核字 (2021) 第 220046 号

责任编辑：王腾飞 沈 旭／责任校对：王 瑞

责任印制：赵 博／封面设计：许 瑞

科学出版社 出版

北京东黄城根北街 16 号

邮政编码：100717

http://www.sciencep.com

北京厚诚则铭印刷科技有限公司印刷

科学出版社发行 各地新华书店经销

*

2021 年 11 月第 一 版 开本：720×1000 1/16

2022 年 1 月第二次印刷 印张：16 1/2

字数：333 000

定价：139.00 元

(如有印装质量问题，我社负责调换)

前言

高光谱遥感即高光谱分辨率遥感，该技术利用成像光谱仪在连续的几十个至上百个光谱通道中获取地物的辐射信息，不仅可获得地物的空间图像，还能获得每个像元的具有地物诊断性光谱特征的连续光谱曲线，是 20 世纪遥感领域的一项重大技术突破，也是当前国际科技竞争和发展的制高点，已成为当前国际遥感领域的新兴方向和研究热点。近年来，高光谱遥感的数据获取能力空前提升，其数据具有丰富的空间、辐射和光谱信息，增强了对地物的分类和识别能力，因而在土地覆被分类、农林调查、灾害监测、生态环境评估、目标探测等方面得到了广泛应用。然而，高光谱遥感数据具有显著的高维、信息冗余、小样本、图谱一体化等特点，给高光谱遥感影像的有效处理和分类精度的提高带来了困难：一方面，高维特征大大增加了处理算法的运算量；另一方面，波段之间的相关性和冗余降低了分类算法的准确度；另外，在样本数目一定的情况下，分类精度会随着特征维数的增大出现“先增后降”的问题，即 Hughes 现象。因此，为了在样本数目、数据维数和分类精度之间取得平衡，对高光谱遥感数据的快速有效处理成为一个亟须解决的问题，而高光谱遥感的降维处理则成为其中的重要环节之一。

高光谱遥感特别是高光谱遥感降维已成为当前国际学术界的研究热点，受到许多学科的高度关注。国际电子电气工程师协会地球科学与遥感学会（IEEE GRSS）、国际摄影测量与遥感学会（ISPRS）、国际模式识别协会（IAPR）、国际数字地球学会中国国家委员会成像光谱对地观测专业委员会等多个学术机构都定期组织以高光谱遥感为主题的学术会议，如国际高光谱遥感影像与信号处理学术研讨会（Workshop on Hyperspectral Image and Signal Processing: Evolution in Remote Sensing，WHISPERS）、全国成像光谱对地观测学术研讨会等；另外，在国际地球科学与遥感大会（IEEE International Geoscience and Remote Sensing Symposium, IGARSS）、遥感模式识别国际研讨会（IAPR Workshop on Pattern Recognition in Remote Sensing，PRRS）等会议上都设有高光谱遥感的专题，高度关注其研究进展。

本书面向当前高光谱遥感技术和遥感信息智能处理的发展前沿，系统地总结了作者近年来在高光谱遥感影像降维方面的研究成果，对高光谱遥感影像降维的研究方法体系、特征提取和波段选择算法、典型地学应用等进行了较为系统的总结和分析，并利用相关高光谱遥感数据验证了所用方法的有效性。全书共分 8 章，主要涵盖高光谱遥感降维的基本概念、国内外相关研究进展、主要的高光谱遥感降维算法及其在地学领域的应用等方面的内容。第 1 章为绪论，主要介绍高光谱遥感降维基础和数据特征、国内外研究进展、面临的挑战及发展趋势。第 2 章为高光谱遥感影像降维理论基础，主要介绍高光谱遥感降维的理论基础、降维的主要方法及降维方法的评价与选择。第 3 章为高光谱遥感影像特征提取，在介绍经典特征提取算法的基础上，提出基于改进 K 均值、层次聚类和正交投影散度的高光谱遥感特征提取算法，以及优化判别局部对齐的高光谱遥感影像特征提取算法。第 4 章为高光谱遥感影像波段选择新方法，分别从可分性准则和搜索策略两个方面，阐述 5 种高光谱遥感波段选择方法（MEAC、OPD、自适应仿射传播、粒子群优化、萤火虫算法）。第 5 章为多目标优化的自适应波段选择方法，在介绍多目标优化理论的基础上，重点论述能自动确定波段数目的组合型群体智能优化的高光谱遥感自适应降维方法。第 6 章为高光谱遥感多特征质量评估与优化，探讨多特征提取的若干方法，重点阐述多特征质量评估的方法并进行实验验证，最后提出两种基于群体智能优化的高光谱遥感多特征优化算法。第 7 章为高光谱遥感影像新型降维方法，借鉴几何代数的思路，结合 MEAC 和 JM 信息测度，提出基于共形几何代数的高光谱遥感波段选择方法。第 8 章为高光谱遥感影像降维的应用，重点从矿物识别、影像可视化和城市土地覆盖分析等方面介绍高光谱遥感降维算法在地学领域的应用。

本书的研究得到国家自然科学基金项目“基于共形几何代数的高光谱遥感降维与分类”（编号 41201341）和“高光谱遥感影像多特征优化模型与协同表示分类”（编号 41571325）、江苏省高校“青蓝工程”和河海大学“大禹学者”计划等项目的支持。本书的出版也得到江苏高校优势学科建设工程项目和河海大学测绘科学与工程系的相关资助。在项目实施和研究工作中，得到了南京大学杜培军教授、美国密西西比州立大学杜谦教授、南京师范大学闾国年教授和盛业华教授等的指导，在此表示衷心的感谢。作者在从事高光谱遥感的研究过程中，得到了国内外诸多专家和同行的指导和帮助，在此一并表示感谢。本书的相关成果也来源于参加相关项目的研究生李茜楠、蔡悦、赵波、刘慧珺、虞瑶、顾梦宇等同学的辛苦工作。在本书的撰写和排版过程中，吴曌月、郑盼、姚文静、李林蓉、胡玉峥、贾彩玲等同学也付出了辛勤劳动。

本书的部分成果已在国内外刊物上发表。在本书撰写过程中参考了大量国内外相关文献资料，在此表示衷心感谢。限于作者的研究深度和学术水平，书中难免存在不足之处，敬请广大读者批评指正。相关意见和建议请发送至作者邮箱：hjsurs@163.com。

苏红军

2021 年 8 月

目录

第 1 章　绪　　论

1.1　高光谱遥感影像降维基础

高光谱遥感技术作为遥感科学的新兴方向之一，具有光谱分辨率高、图谱合一等优势（童庆禧等，2006）；近年来，在国土监测、农林调查、灾害预警、生态环境评估、军事国防等领域得到了广泛应用（浦瑞良和宫鹏，2000；张良培和张立福，2011；张兵，2011；甘甫平等，2014）。高光谱遥感的应用需求要求对其数据能够快速有效处理（杜培军等，2012；Chang，2013）。现有方法在处理高光谱遥感的高维数据时算法复杂度较高，而且数据冗余和相关性降低了算法精度，同时会遇到 Hughes 现象（Hughes，1968），即在样本数一定的情况下，随着特征维数的增大，影像分类精度会出现“先增后降”的现象。在小样本（small sample size, SSS）的情况下，为了在样本数目、数据维数和分类精度之间取得平衡，高光谱遥感影像的降维处理成为后续图像处理与分析的必要环节之一。

高光谱遥感影像降维是在尽可能地保留有效信息或特征的同时，利用特征提取或波段选择等方法，对高光谱遥感影像数据进行高效、精准处理，主要方法可归纳为几类（Chang，2013；张良培和张立福，2011；Jia et al., 2013；张兵，2016）：一是特征提取，即对高光谱遥感影像所有波段进行数学变换，提取对后续应用最为有效的特征；二是特征选择，即从高光谱遥感影像所有波段中选择对后续分析最有效的波段；三是特征参数挖掘，即利用某种算法或模型，从高光谱遥感影像数据中挖掘出一定的特征信息；四是多特征优化，即基于若干特征（如光谱、纹理、空间、上下文等多种特征）构建多特征集合，建立一定的多特征优化模型进而对有效特征进行优化和评价。由于高光谱遥感数据的特殊性，现有研究依然面临许多问题，需要机器学习、模式识别等领域相关理论和方法的支持。

1.2　高光谱遥感影像数据特征

1.2.1　信息分布特征

高光谱遥感影像数据可以看成是图像立方体［图 1-1（a)］，包含了三种表达模式，即图像空间（体现光谱响应与地物位置关系）、光谱空间（体现光谱响应与地物类型关系）、特征空间［图 1-1（b）～（d)］，实现了高光谱遥感数据图像维、光谱维和特征维的有机结合。

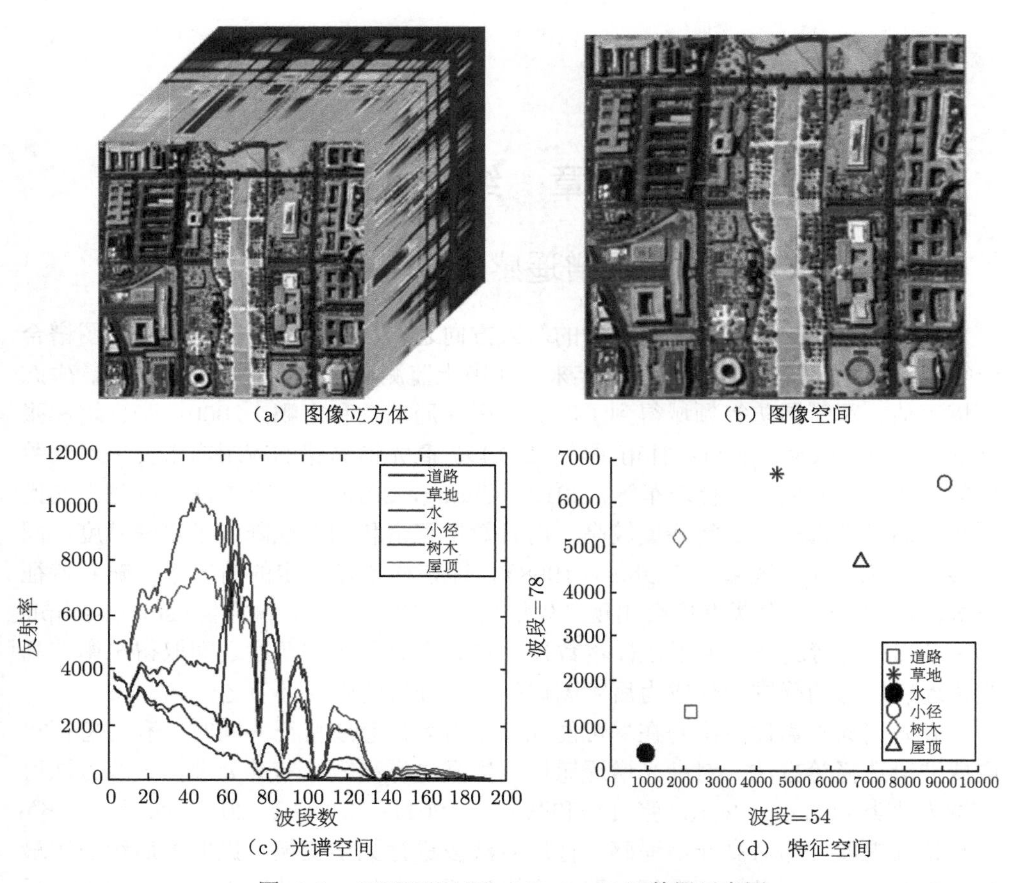

图 1-1　HYDICE Washington DC 数据示意图

高光谱遥感数据的特点导致其信息在特征空间中的分布不同于其他数据(Landgrebe，1998)：高维特征空间中信息的分布是稀疏的、高维数据的线性投影遵循正态分布特性、分类时所需的训练样本与维数成正比、高维数据中存在大量数据冗余。以下从数据冗余的角度，分析高光谱遥感数据的空谱特性：① 空间相关性，即影像某像元与其相邻像元间存在相似性，可用相关函数描述。图 1-2 和图 1-3 展示了空间相关性的案例，该指标在一定程度上反映了不同地物类型的空间分布。② 谱间相关性，即相邻波段间同一地物像元的相关性，光谱分辨率与相关性呈正比关系。由图 1-4 和图 1-5 可知，相邻波段间像元的相关性非常大。③ 空谱相关性，即空间和谱间的整体相关性。图 1-6 展示了空谱相关性结果，计算时像素偏移设置为 30，波段偏移设置为 191。可见，高光谱遥感影像的空谱相关性比较强。

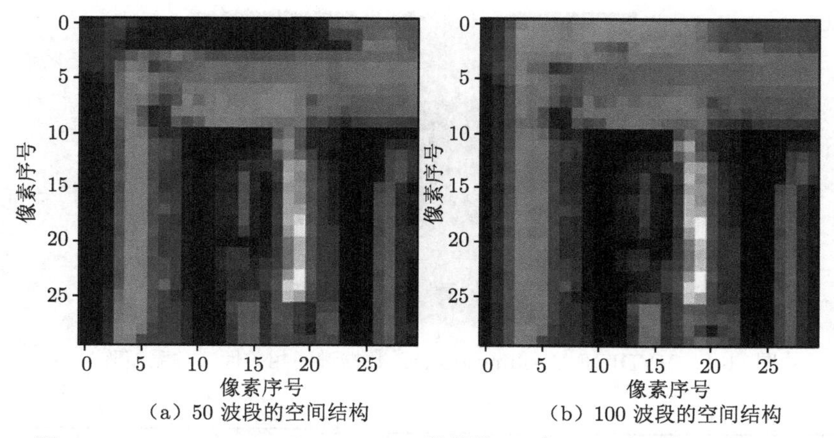

（a）50 波段的空间结构　（b）100 波段的空间结构

图 1-2 HYDICE Washington DC 数据第 50 与 100 波段的局部空间结构

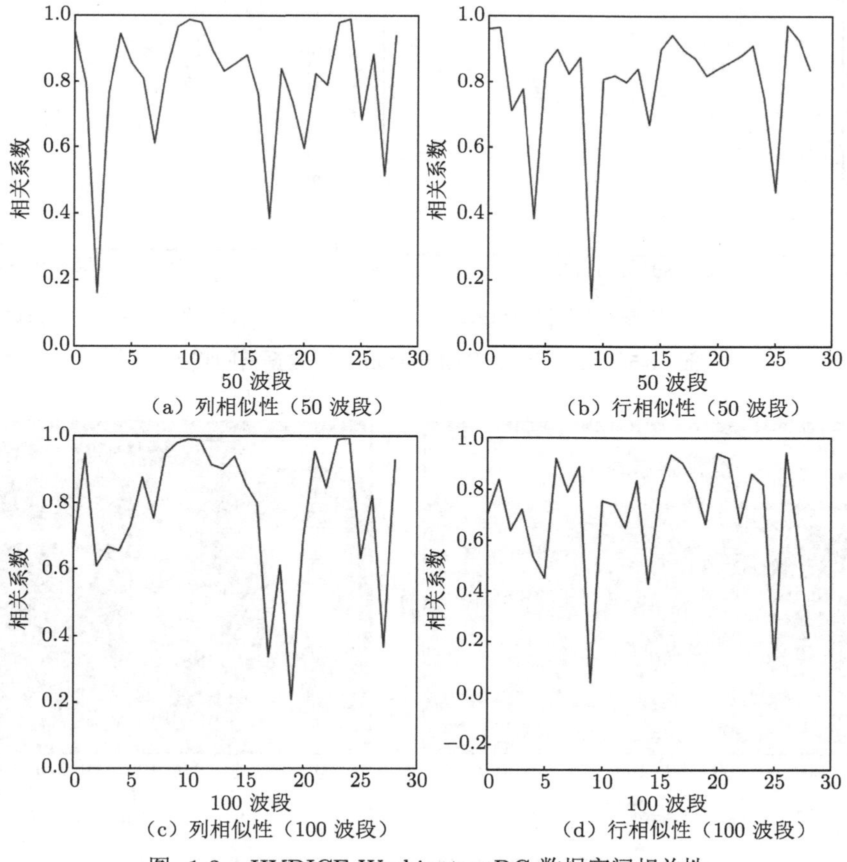

（a）列相似性（50 波段）　（b）行相似性（50 波段）

（c）列相似性（100 波段）　（d）行相似性（100 波段）

图 1-3 HYDICE Washington DC 数据空间相关性

图 1-4　HYDICE Washington DC 数据谱间相关性（关系矩阵）

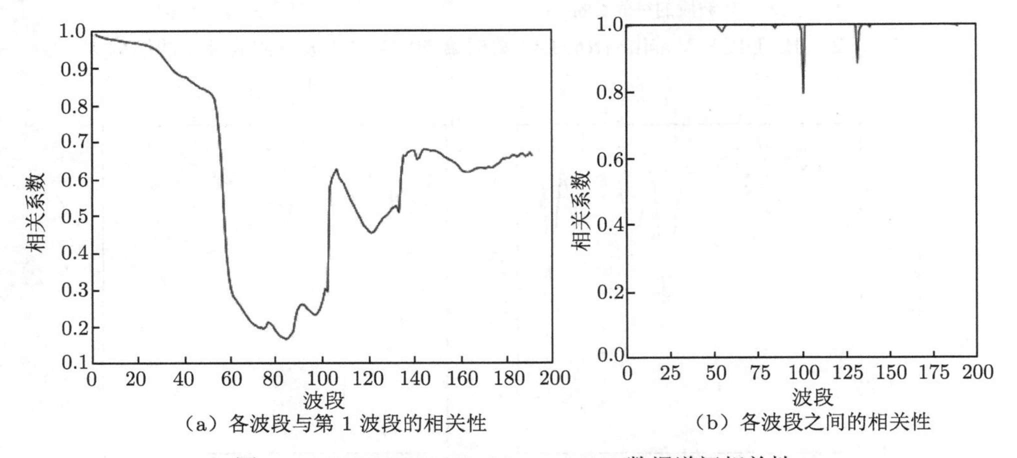

（a）各波段与第 1 波段的相关性　　（b）各波段之间的相关性

图 1-5　HYDICE Washington DC 数据谱间相关性

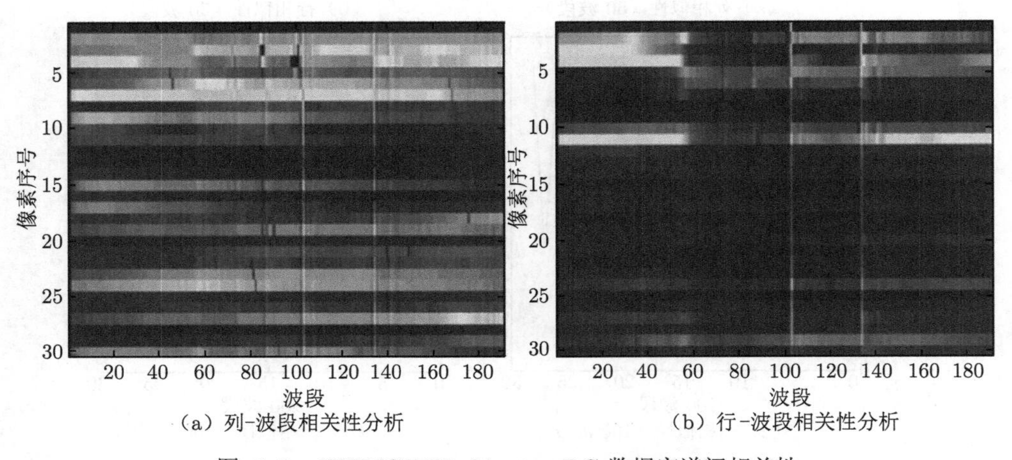

（a）列-波段相关性分析　　（b）行-波段相关性分析

图 1-6　HYDICE Washington DC 数据空谱间相关性

综上所述：① 高光谱遥感影像信息分布的稀疏性使得可以用低维空间近似地表达高维空间，这就是高光谱遥感影像降维的理论基础；② 高光谱遥感影像的相似性使得有可能对其有效信息进行挖掘，高光谱遥感影像降维具有可行性；③ 高光谱遥感受制于小样本等问题突显了其降维的必要性。

1.2.2 维数灾难与 Hughes 现象

由上述分析可知，高光谱遥感影像数据具有高维、信息冗余、小样本等特点，因而在数据处理过程中必然会遇到维数灾难问题（curse of dimensionality）（Bellman，1961）。维数灾难即由于维数增加而导致的计算量急剧增长及预测模型的过拟合问题。其原因就在于训练样本在高维特征空间中的分布非常稀疏，导致分类器参数估计困难，进而出现过拟合现象。因此，减少特征维数可以在某种程度上削弱“维数灾难”的影响。

另外，对于分类器模型来讲，维数的增加必然导致训练样本数量的快速增加，但是在高光谱遥感场景中，训练样本的获取费时费力，其数目是有限的。而且研究发现，特征维数、样本数目与分类精度之间存在着较为复杂的关系，即在样本一定的情况下，随着特征维数的增大，分类精度会出现“先增后降”的现象，如图 1-7 所示，这就是著名的 Hughes 现象（Hughes，1968）。

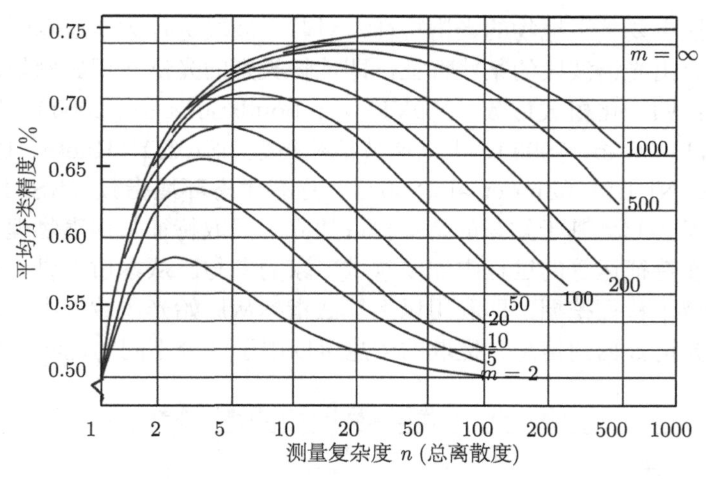

图 1-7 样本数目、维数和分类精度三者关系（Hughes, 1968）

需要注意的是，很多研究往往把维数灾难与 Hughes 现象相混淆，其实，两者的关注点是不同的，维数灾难强调高维数据下信息分布急剧变化所导致的问题，而 Hughes 现象则强调训练样本、特征维数对分类精度的影响问题。由维数灾难与 Hughes 现象可知，小样本情况下的影像降维可有效提升高光谱遥感的分类精度。

1.3 高光谱遥感影像降维研究进展

利用高光谱遥感影像的原始数据进行分类，不但数据量大、样本少，且会面临 Hughes 现象；为了在样本数目、特征维数、分类精度、处理效率之间取得理想的平衡，高光谱遥感影像降维十分必要。本节主要从特征提取、特征（波段）选择、特征参数挖掘、多特征优化等方面对高光谱遥感影像降维的研究进展进行分析。

1.3.1 特征提取

特征提取指通过一定的数学模式将影像数据从高维空间映射到低维空间，降维后的特征可在一定程度上保留原始数据尽可能多的重要信息。其主要方法可归纳为以下类型：基于指数的特征提取、基于统计理论的特征提取、基于波段相似性的特征提取、基于空间域的特征提取、基于流形学习的特征提取、基于深度学习的特征提取等。

1. 基于指数的特征提取

该类方法主要基于地物的光谱特征，对若干波段进行数学运算，其目的是通过波段运算突出光谱波段的某些特征，即地物类别的光谱知识。例如，应用广泛的遥感指数：归一化植被指数（NDVI）（Haboudane et al., 2004）、归一化水体指数（NDWI）（Gao，1995）、土壤调节植被指数（SAVI）（Huete，1988）、归一化建筑指数（NDBI）（Zha et al., 2003）、遥感生态环境指数（RSEI）（徐涵秋，2013）等（表 1-1）。基于知识的特征提取建立了提取特征与地表物理参数的直接关联，但是在特征运算的过程中需要领域专家的参与。从本质上讲，基于知识的特征提取类似于特征挖掘，即利用以上算法指标从原始光谱数据中提取出额外的不同于原始光谱数据的信息，提取的信息可以用于区分不同的地物类型和目标。

表 1-1 高光谱遥感特征提取算法体系

关键技术	方法分类	基本思想	方法特点	典型方法	参考文献
基于指数的特征提取	波段指数	通过波段运算突出光谱波段的某些特征	需要领域专家知识	NDVI, NDWI, SAVI, NDBI, RSEI	Haboudane et al., 2004; Gao,1995; Huete, 1988; Zha et al., 2003; 徐涵秋, 2013

续表

关键技术	方法分类	基本思想	方法特点	典型方法	参考文献
基于统计理论的特征提取	非监督特征提取	基于高光谱数据进行操作，无须训练样本数据	数学变换方法基于数据的二阶统计量，不能有效地描述细微地物的特征; 信号分离方法则可以	PP, PCA, NA-PC, 分割 PCA, MNF, ICA	Ifarraguerri and Chang, 2000; Chang, 2013; Chang and Du 1999; Jia and Richard, 1999; Du et al., 2009; Dadon et al., 2010; Dopido, 2012; 张兵等, 2004; Wang and Chang, 2006; Mura et al., 2011; Falco et al., 2014
				核版本: KPCA, KICA	Gu et al.,2008; Xia et al., 2017; Shen et al., 2009
	监督特征提取	利用训练样本等先验知识，根据数据的分布形式是否已知，可分为参数型和非参数型等两类	参数型方法通常假设数据遵循一定的分布，该分布由一些参数确定	LDA,LFDA,CA	Li et al., 2011; Richards and Jia, 2006; Zhang and Prasad, 2015; Kuo and Landgrebe, 2004
			非参数型方法对数据的分布不做任何假设，可克服参数型方法存在的问题	NDA, NWFE, CNFE, DBFE	Kuo et al., 2009; Yang et al., 2010; Benediktsson et al., 1995
				核版本: GDA, KLFDA	Baudat and Anouar, 2000; Li et al., 2011
	半监督特征提取	从标记数据及未标记数据中提取有用特征改善学习性能	半监督学习一般依赖于三个简单的基本假设，没有考虑噪声对样本的干扰	成对约束，半监督核偏最小二乘法，半监督局部判别分析，半监督流形判别分析，半监督协同标签传播	Chen and Zhang, 2011; Izquierdo-Verdiguier et al., 2014; Liao et al., 2013; Luo et al., 2016; Zhang et al., 2019
基于波段相似性的特征提取	简单波段组合	将波段进行分组或利用一定权重将波段进行组合	只能将连续波段分为同一组，限制了其判别性能的提升	BG, BG（U）, BG（CC）, BC	Su et al., 2011; Groves and Bajcsy, 2003; Du and Yang, 2008; Martínez-Usó et al., 2007

续表

关键技术	方法分类	基本思想	方法特点	典型方法	参考文献
基于波段相似性的特征提取	光谱域聚类分析	将所有波段向量根据相似性聚类为若干个组	可将不连续的波段聚为一类	SIDSA,WaLuMI, WaLuDi,SKMd, 稀疏子空间聚类	Martínez-Usó et al., 2007; 苏红军等, 2011; Su and Du, 2012; Sun et al., 2015, 2020
基于空间域的特征提取	形态学方法	利用结构元素对各个像元间的拓扑关系和空间结构进行探测，获得更为本质的形态特征	基础理论比较严谨，方法简洁、应用广泛	扩展形态学剖面 EMP, attribute filters, 3-D morphological profile	Plaza et al., 2005; Xia et al., 2015a; Gu et al., 2016; Ghamisi et al., 2014; Hou et al., 2015
	纹理特征（统计分析法、模型分析法、数学变换法和结构分析法）提取	运用不同方法对纹理进行提取	统计模型计算量大，模型法参数选择困难，数学变化法遵循一定假设，结构法对人工合成纹理效果好	GLCM, mathematical moments; 马尔可夫随机场; Gabor 滤波, 二维 DWT; LBP	Champion et al., 2014; Bajorski, 2011; Li et al., 2012; Xia et al., 2015a; Zhang et al., 2018b; Li and Du, 2014; Gormus et al., 2012; Li et al., 2015b
	张量表示	在多维空间对几何对象进行有效表达	具有坐标不变性，表述物理量与公式更简洁；但涉及较多物理数学理论，比较深奥	张量 PCA, TDLA, LTDA	Velasco-Forero and Angulo, 2013; Ren et al., 2017; Zhang et al., 2013; Nie et al., 2009; Zhong et al., 2015
基于流形学习的特征提取	流形学习	将高维空间嵌入映射到低维流形空间	可有效表达嵌入在高维空间中的低维流形，但复杂度高，参数需指定，受噪声影响大	ISOMAP, LTSA, LLE	杜培军等, 2011; 孙伟伟等, 2013; Fang et al., 2014
基于深度学习的特征提取	深度学习	学习样本数据的内在规律和表示层次，提取多层次的深度特征	具有较强的拟合能力，但随着网络结构的复杂，会出现过拟合情况，且极易陷入局部极小值	AE, SAE, spare autoencoder, CNN, SSAE, RBM, 2-D CNN, 3-D CNN	Chen et al., 2014; Wang et al., 2020; Tao et al., 2015; Tan et al., 2019; Li et al., 2020; Liu et al., 2020b Liu et al,. 2020a; Wang et al., 2018

2. 基于统计理论的特征提取

基于指数的特征提取需要专家经验的支持，然而，实际应用中很难获取较为理想的专家知识，因此可以直接对数据进行统计分析，即得到基于统计理论的特征提取方法，该类方法是在不损失有效信息的条件下，将高维数据变换到低维空间，从而突出类别的可分性，该算法的难点是如何构建理想的变换矩阵。根据是否利用先验知识，基于统计理论的特征提取方法可分为以下几类。

1）非监督特征提取

该类方法对高光谱遥感数据直接进行处理，无须训练样本数据。主要包括数学变换和信号分离等方法。数学变换方法即利用变换矩阵将影像数据从高维空间映射到低维空间。目前，应用到高光谱遥感领域的主要方法有投影追踪（projection pursuit, PP）（Ifarraguerri and Chang, 2000）、主成分分析（principal component analysis, PCA）（Chang, 2013）、噪声调整的主成分变换（noise-adjusted principal component, NAPC）（Chang and Du, 1999）、基于分割的 PCA 技术（Jia and Richard, 1999；Du et al., 2009）等。基于 PCA 的算法假设信息变量之间存在较大的方差，取决于数据的二阶统计量，信息较大的主成分具有较低的信噪比；然而，图像质量有时并不一定随着主成分的减少而逐步下降，基于方差的主成分有时并不一定能充分表征图像质量。为克服以上问题，提出了最大噪声分离方法（maximum noise fraction, MNF）并应用到高光谱遥感特征提取领域（Dadon et al., 2010；Dopido, 2012）；张兵等（2004）基于凸面几何体投影变换利用高光谱遥感影像进行目标探测研究。PCA 和 MNF 方法均基于数据的二阶统计量，都不能有效地描述细微地物的特征，因为方差矩阵的精准估计建立在大量充足的样本之上，而细微地物的样本不足，无法构成可靠的统计。

针对以上问题，基于信号分离的方法如独立成分分析（independent component analysis, ICA）（Wang and Chang，2006）则可以取得较好的特征提取效果。该方法从盲源分离角度将高光谱遥感数据按照统计独立原则分解为独立分量，最后实现高效的特征提取（Mura et al., 2011；Falco et al., 2014）。以上算法虽能取得较好的特征提取效果，但均无法对复杂数据中的非线性关系进行建模；因此，又发展了一系列基于核技术的相关方法，该类方法利用核函数技巧对参数进行有效估计，可得到较好的特征提取效果，如 PCA、MNF 和 ICA 均发展了核版本的算法，即 KPCA（Gu et al., 2008；Xia et al., 2017）和 KICA（Shen et al., 2009）等。

2）监督特征提取

该类方法需要利用高光谱遥感数据的训练样本等先验知识，根据数据的分布形式是否已知，可分为参数型和非参数型两类。参数型方法假设数据遵循由某些参数确定的分布模型。如线性判别分析（linear discriminant analysis, LDA）（Li et al., 2011）、局部费希尔判别分析（local Fisher's discriminant analysis, LFDA）和典型相关分析（canonical correlation analysis, CCA）等方法就是基于每一类的均值向量和协方差矩阵、类别可分性等，利用类内与类间散度矩阵的比值构建方法模型（Richards and Jia，2006；Zhang and Prasad，2015）。然而，LDA 的性能依赖于类别数据的高斯分布，难以处理分布比较复杂的类别数据；而且，小样本情况下，对高维数据进行分类时，类内散度矩阵会出现奇异值现象（Kuo and Landgrebe，2004）；当训练样本的数目与数据的维数相当时，二阶统计值的估计在类别层次上往往是不可靠的。

非参数型方法则可以克服参数型方法存在的问题，该类方法对数据分布不做任何假设，既不知道分布的具体形式，也不知道分布的具体参数。如非参数判别分析（nonparametric discriminant analysis, NDA）（Kuo et al., 2009）通过寻找对特征有贡献的类别样本定义非参数类间散射矩阵，避免了参数型方法中的一些问题，但是存在奇异值问题；非参数权重特征提取（nonparametric weighted feature extraction, NWFE）（Kuo et al., 2009）通过定义新的类内和类间散度矩阵计算权重均值，取得了比 LDA 和 NDA 更好的分类效果，但是该方法的计算时间过长，且仍然存在奇异值问题。基于余弦的非参数特征提取（cosine-based nonparametric feature extraction, CNFE）则利用一个基于余弦距离的权重函数计算散度矩阵，采用正则化技术解决了奇异值的问题（Yang et al., 2010）。而决策边界特征提取（decision boundary feature extraction, DBFE）利用决策边界代替类均值和方差矩阵，寻求一个正交于类别决策边界的新特征（Benediktsson et al., 1995），可在一定程度上缓解奇异值问题。针对高光谱遥感的小样本问题，在设计特征提取算法时，类内和类间散射矩阵、正则化技术和特征值分解是解决小样本问题的重要方法（Kuo and Landgrebe，2004; Kuo et al., 2009）。另外，近年来，在核技术的支持下，出现了一些核空间非线性特征提取方法，类别可分性在核空间内得到了提升，如核局部费希尔判别分析（kernel local FDA, KLFDA）（Li et al., 2011）和泛化判别分析（generalized discriminant analysis，GDA）（Baudat and Anouar, 2000）等方法。

3）半监督特征提取

一般来讲，当标签样本数据较少时，提取特征的判别能力也较低。近年来，相关研究开始关注如何充分利用样本数据和无标签数据的相关信息，该类方法即为半监督特征提取。主要方法有成对约束方法（Chen and Zhang，2011）、半监督核偏最小二乘法（Izquierdo-Verdiguier et al., 2014）、半监督局部判别分析（Liao et al., 2013）、半监督流形判别分析（Luo et al., 2016）和半监督协同标签传播（Zhang et al., 2019）等（表 1-1）。半监督学习一般依赖于三个基本假设，即平滑假设、低密度假设和流形假设，邻近的像元具有相似的性质；但是以上假设比较简单，没有考虑噪声对样本的干扰。

3. 基于波段相似性的特征提取

高光谱遥感具有数百个波段，相邻波段间信息较为冗余，可以将某一光谱范围内的波段分为一组，从而降低数据维数，提取有效特征。另外，不相邻的波段也可能具有一定的相似性，因此也可对光谱域进行聚类分析，将不相邻的相似波段聚为一类，从而提取有效特征。

1）简单波段组合

最简单的就是将波段进行分组（band grouping，BG）或利用一定的权重将波段进行组合（Su et al., 2011），如将波段进行均等分组［band grouping uniformly, BG（U）］（Groves and Bajcsy, 2003）或依据一定的相关性分组［band grouping by spectral correlation coefficient, BG（CC）］等方法（Du and Yang, 2008）。但是，该类方法如 BG（CC）和 BG（U）等仅能将相邻波段分为一组，限制了其判别性能的提升。

2）光谱域聚类分析

该类方法首先将每个波段转化为一个向量，然后将所有的波段向量根据相似性聚类为若干组，每组中包含了若干相似性比较大的波段，这些波段具有类似的性质和特征，从而间接实现高光谱遥感的波段分组。基于聚类的波段组合方法（band clustering, BC）如 SIDSA、WaLuMI、WaLuDi 等（Martínez-Usó et al., 2007），基于 K 均值及其改进算法的波段聚类和选择方法 SKMd（Su et al., 2011; Su and Du, 2012）及基于稀疏子空间聚类方法（Sun et al., 2015, 2020）等。基于聚类的降维由于能将不相邻的波段聚为一组，具有更高的性能和鉴别能力。

4. 基于空间域的特征提取

光谱特征在高光谱遥感信息处理中发挥了重要作用，但空间信息的加入可进一步提升高光谱遥感信息处理的性能。本小节主要对形态学特征提取、纹理特征提取和张量空间特征提取等方法进行综述。

1）形态学特征提取

该类方法主要涉及集合和拓扑、几何形状和结构等相关内容，已成为遥感图像处理领域的热点方法（Plaza et al., 2005）。该方法利用结构元素（structure element）对影像中各个像元间的拓扑关系和空间结构信息进行探测，可获得地物更为本质的形态特征；该算法主要由若干代数算子组成，其基本运算主要有膨胀（dilation）和腐蚀（erosion），以及由二者组合得到的开运算（open）和闭运算（close）。目前，该方法在高光谱遥感特征提取中应用广泛，如利用扩展形态学剖面（extended morphological profile, EMP）（Plaza et al., 2005；Xia et al., 2015a;

Gu et al., 2016）、属性滤波（attribute filters）（Ghamisi et al., 2014）、3-D morphological profile（Hou et al., 2015）等方法对高光谱遥感影像的空间特征进行提取。形态学的基础理论比较严谨，方法简洁、应用广泛。

2）纹理特征提取

高光谱遥感影像纹理作为影像空间中地物特征空间分布的一种描述，对后续分析具有重要价值。目前的纹理特征提取方法可归纳为以下几种：① 统计分析方法，研究纹理区域中像元及其邻域属性的统计特征，如灰度共生矩阵（gray level co-occurrence matrix, GLCM）（Champion et al., 2014）、数学矩（mathematical moments）（Bajorski，2011）等方法，GLCM 纹理特征鉴别性能较好，但是其计算复杂；② 模型分析方法，基于统计或信息理论对纹理基元分布进行数学建模，通过设定不同的模型参数来定义不同的纹理，如马尔可夫随机场（Li et al., 2012; Xia et al., 2015a；Zhang et al., 2018b）等，其困难在于如何选择合适的参数；③ 频谱变换法，即利用数学变换将空间域的纹理图像投影到频率域，获得在空间域不易获取的纹理特征，如 Gabor 滤波（Li and Du，2014）、二维 DWT（Gormus et al., 2012）等方法；④ 结构分析方法，对由一定排列规则的纹理基元构成的纹理进行建模，如局部二值模式（local binary pattern, LBP）（Li et al., 2015a）等方法，该类方法能够很好地识别人工纹理。

3）张量空间特征提取

传统的特征提取模型基本是基于高光谱遥感影像的向量空间，需要将三维的高光谱遥感影像转换为二维形式，因此会破坏高光谱影像的空间邻域信息。而张量作为不随坐标系改变而改变的某种几何对象，可以在多维空间对几何对象进行有效表达，具有坐标不变性。近年来，基于张量的方法得到快速发展，已广泛应用于遥感影像处理、目标探测等领域，高光谱遥感影像的张量表示（tensor representation）同时保留了空间维度和波段信息，使用该方法可以提取空谱联合特征。大部分基于张量表示的方法基本上都是从传统基于向量的方法扩展而来的，如张量主成分分析（tensor PCA）（Velasco-Forero and Angulo, 2013；Ren et al., 2017）方法、张量判别局部对齐（tensor discriminative locality alignment, TDLA）（Zhang et al., 2013）、局部张量判别分析（local tensor discriminant analysis, LTDA）（Nie et al., 2009；Zhong et al., 2015）等方法，均能够有效挖掘高光谱遥感影像的空谱特征。张量方法表述物理量与公式时更加简洁、更形象生动、优雅内蕴，但是该类方法涉及较多物理和数学理论，比较难以理解。

5. 基于流形学习的特征提取

高维数据在特征空间上对应的点往往分布在“低维流形”上，找到各个点在“低维流形”上的坐标，即可实现基于流形学习的降维。如杜培军等（2011）针对高光谱遥感数据的非线性结构，基于全局化等距映射（ISOMAP）方法进行了降维研究。孙伟伟等（2013）基于等距映射和局部切空间排列（local tangent space alignment, LTSA）等方法，利用流形坐标差异图方法挖掘高光谱遥感影像的潜在特征。Fang 等（2014）利用基于空间信息的局部线性嵌入方法（locally linear embedding, LLE）提取了高光谱遥感影像的空间特征信息。流形学习目前存在的问题是算法复杂度较高、算法参数需实现指定或人为设定，且受噪声的影响较大。

6. 基于深度学习的特征提取

经典的特征提取方法不能很好地表达高光谱遥感影像的非线性特征，其应用受到了限制。近年来，深度学习算法由于对非线性数据处理的优越性，在高光谱遥感影像处理领域得到了广泛应用。深度学习采用多层次学习框架，利用深度神经网络提取多层次的深度特征（如低层纹理特征、中层特征、高层特征等)，进而有效表达数据特性。相关算法已应用于高光谱遥感影像光谱特征提取，如自编码器（autoencoder, AE)（Chen et al., 2014)、堆叠自编码器 (stacked autoencoder, SAE)（Wang et al., 2020)、稀疏自编码器（spare autoencoder)（Tao et al., 2015)、受限玻耳兹曼机（restricted Boltzman machine, RBM) （Tan et al., 2019)、卷积神经网络（convolutional neural network, CNN)（Li et al., 2020）等方法。另外，也发展了一些能够提取空间特征、空谱特征的方法，如堆叠稀疏自编码器（sparse stacked autoencoder, SSAE）（Tao et al., 2015；Liu et al., 2020）、2-D CNN（Wang et al., 2018）及 3-D CNN（Liu et al., 2020b）等。深度学习特征提取算法的网络结构复杂，具有较强的拟合能力，可以逼近较为复杂的函数；但是会出现过拟合现象，也会陷入局部极小值。

1.3.2 特征 (波段) 选择

特征提取方法主要是利用变换函数对波段进行重组和优化，增大特征中类别间的可分性，但由于数据失去了原始的物理意义，无法与样本数据建立可靠关联，在应用上存在一定缺陷。特征 (波段) 选择方法则是从高光谱遥感影像的所有原始波段中挑选出针对后续应用最有效的波段，可有效保留原始波段数据的物理特性，得到了广泛应用。波段选择一般需要解决三个关键技术难题：① 定义何种信息测度指标作为目标函数，② 采用何种搜索优化策略提升算法效率，③ 确定合理的拟选择的波段数目。本小节主要从信息测度、搜索优化策略和最优波段数目三个方面进行综述（表 1-2)。

表 1-2　高光谱遥感波段选择算法体系

关键技术		方法分类		基本思想	方法特点	典型方法	参考文献
信息测度	滤波型	监督	参数型	利用训练样本信息对类别进行建模，假定数据分布服从高斯等假设	数据分布由参数确定	JM, SA, 欧氏距离, 巴氏距离, 马氏距离, 信息散度, SID, OPD, LCMV, MEAC 等	Chang, 2003; Ifarraguerri, 2004; Richards and Jia, 2006; Martínez-Usó et al., 2007; Chang, 2000; Chang and Wang, 2006; 苏红军等, 2011; Yang et al., 2011
			非参数型	直接利用训练样本信息，无须知道数据分布形式	不需要提前计算参数	信息量, 互信息, MVPCA, MSNR-PCA, 稀疏条件随机场	Chang and Du, 1999
		非监督		不需利用先验训练样本信息	不针对特定应用	线性预测, 聚类子空间	Du and Yang, 2008
	封装型			利用分类器的性能进行波段选择	利用了分类器，其运算复杂度大大提升	各种分类器	Chang, 2013
搜索优化策略		穷尽搜索		在搜索空间内遍历所有可能的波段组合	复杂度随特征个数的增加呈指数增长	exhaustive search	Coban and Mersereau, 1998
		贪心搜索		把拟求解问题分解成子问题并获得各自局部最优解，最后合成最终解	不一定都能得到整体最优解	B&B, SFS, SBS, SFFS, SFBS	Somol et al., 2004; Serpico and Moser, 2007; Sun et al., 2014; Su et al., 2014

续表

关键技术	方法分类	基本思想	方法特点	典型方法	参考文献
搜索优化策略	启发式搜索	利用拟求解问题拥有的启发式信息构建相关函数	只有有限的信息，该类算法的难点是如何平衡局部搜索与全局搜索，并有效逃离局部最优解	GA, CSA, PSO, FA	Yao and Tian, 2003; Zhang et al., 2007; Yang et al., 2012; Su et al., 2014, 2016
最优波段数目	虚拟维度	利用高光谱遥感数据中不同地物类别个数作为应选的波段数	在精准度方面存在一定的问题	VD, ID	Chang and Du, 2004; Chang et al., 2017; Camastra and Staiano, 2016
	端元提取	假定选择某个合适的波段就像寻找某个端元	端元个数估计有难度	N-FINDR, IEA, VCA, ICE, AMEE	Plaza et al., 2004; Wu et al., 2008; Song et al., 2020
	群体智能优化	构建多目标群体智能算法	算法复杂度高	2PSO, MOPSO, MOBS, APBI	Su et al., 2014; Paoli et al., 2009; Gong et al., 2015; Pan et al., 2019

1. 信息测度

波段选择选出的波段应满足信息量尽可能大、相关性尽可能小、可分性尽可能强等原则。最初提出的波段选择算法基本上是在保留最大信息的前提下基于某种信息测度准则选择某些波段，该方法由于删除了大部分波段，极易造成信息的丢失，可见信息测度的选择至关重要。按照采用的信息测度的不同，可以将其分为采用信息测度为目标函数的滤波型波段选择方法（filter approach）及采用分类器性能为准则的封装型波段选择方法（wrapper approach）（Chang, 2013）两类；其中，滤波型方法简洁高效，应用较为广泛；而封装型方法嵌套了分类器，其运算复杂度较为复杂，应用较少。根据是否利用样本知识，滤波型波段选择方法可分为监督和非监督两类。

1）监督滤波型波段选择方法

该类方法主要利用地物类别的判别信息构建信息测度函数，面向应用选择出能反映类别光谱特征的波段。其中样本数据即是最重要的先验知识，依据样本信息利用的程度，可以将监督滤波型波段选择方法分为两种。

（1）参数型方法。该类方法主要利用有标签样本对地物进行建模，如常用的 JM 距离（Jeffries-Matusita distance, JM）（Chang, 2003; Ifarraguerri, 2004; Richards and Jia, 2006）即为参数型信息测度方法，该方法建立在数据分布服从高斯假设的基础上，并对类别信息进行建模，得到类别均值和协方差矩阵，进而衡量不同波段的距离进行波段选择。另外，光谱角（spectral angle, SA）、欧氏距离（Euclidean distance）、马氏距离（Mahalanobis distance）、巴氏距离（Ifarraguerri, 2004）、信息散度（divergence）（Martínez-Usó et al., 2007）、光谱信息散度（spectral information divergence, SID）（Chang, 2000）、正交投影散度（orthogonal projection divergence, OPD）（苏红军等, 2011）、线性约束最小方差（linearly constrained minimum variance, LCMV）（Chang and Wang, 2006）等波段选择方法也得到了广泛应用。以上距离函数类别分离性也可以根据类内方差和类间方差的比率确定，如利用能刻画出最佳端元的类别均值构建了基于最小估计丰度协方差（minimum estimated abundance covariance, MEAC）（Yang et al., 2011）的波段选择方法。

（2）非参数型方法。该类方法直接利用有标签样本进行分析。如利用相关性测度对冗余波段进行删除、利用类别间的信息量进行波段选择的方法等。目前，信息论方法也常常用于构建此类波段选择方法，如基于互信息的方法（mutual information, MI）、基于特征分析的方法（MVPCA、MSNRPCA）等（Chang and Du, 1999; Chang, 2013）。该类方法不需要对数据分布与类别密度函数进行任何假设。

2）非监督滤波型波段选择方法

该类方法不需要考虑特定应用，直接利用数据相关性进行选择或者利用信噪比（SNR）删除噪声较大的波段。该类方法的缺点是信息冗余去除效果不佳，因此可选择相互之间最不相似的波段，利用线性预测方法（linear prediction, LP）（Du and Yang, 2008）或聚类子空间方法（cluster space）等实现降低波段之间冗余度的目的。

2. 搜索优化策略

高光谱遥感影像数据的信息量非常大，导致特征选择的搜索空间较大，因而大部分特征选择算法的空间复杂度比较高，应用时存在较大难度；因此，解决了特征选择算法的信息测度函数之后，改进其搜索方式成为亟须解决的问题，也是当前的研究热点。根据不同情形，可采用以下几种搜索策略。

（1）穷尽搜索（exhaustive search）。该方法在搜索空间内遍历所有可能的波段组合（Coban and Mersereau，1998）。该方法的特点是一般能搜索到最优解，但是随着高光谱遥感数据特征维数的增加，其算法复杂度会急剧增长；该方法只在特征数目较少时才比较合适，对于高光谱遥感数据，可采用贪心搜索方案。

（2）贪心搜索（greedy search）。该方法利用数学模型将拟求解问题分解成多个子问题，并将子问题的局部最优解合并成拟求解问题的最终解。比较常用的算法有分支界定法（branch and bound, B&B）（Somol et al., 2004）、序列前向选择（sequential forward selection, SFS）（Serpico and Moser, 2007）、序列后向选择（sequential backward selection, SBS）（Sun et al., 2014）等方法。以上方法中，序列前向选择和序列后向选择算法缺乏反馈机制，限制了被选波段或被删除波段的后续效应。可以在 SFS 和 SBS 算法中加入浮动搜索策略，得到搜索效率更为高效的序列浮动前向选择（sequential floating forward selection, SFFS）和序列浮动后向选择（sequential floating backward selection, SFBS）等方法（Su et al., 2014）。该类算法选择的特征子集在局部是最优的，但是不是全局最优的。

（3）启发式搜索（heuristic search）。该方法利用拟求解问题拥有的启发式信息构建相关函数，进而提升搜索效率。群体智能优化即属于启发式算法，如遗传算法（genetic algorithm, GA）（Yao and Tian, 2003）、克隆算法（clonal selection algorithm, CSA）（Zhang et al., 2007）、粒子群优化（particle swarm optimization, PSO）（Yang et al., 2012; Su et al., 2014）、萤火虫算法（firefly algorithm, FA）（Su et al., 2016）等已经被用于高光谱遥感波段选择，并取得了较好的效果。由于启发式搜索只有有限的信息，该类算法的难点在于需要在局部搜索与全局搜索之间取得平衡，避免陷入局部最优解。

3. 最优波段数目

波段选择时若干含有丰富信息的波段被保留下来，至于保留多少数目的波段，一直以来都是波段选择算法面临的重要问题，也是高光谱遥感降维的难点问题。目前有三种解决方案。

（1）虚拟维度（virtual dimensionality, VD）。一般采用 VD 作为衡量波段数目的指标（Chang and Du, 2004; Chang, 2009），VD 是指高光谱遥感数据中不同地物类别的光谱曲线个数（Chang，2018）。如提出的信道容量（channel capacity）思想，即利用 SQ-CCBSS 和 SC-CCBSS 算法进行波段的选择，同时可以进行最优波段的判定（Chang et al., 2017）；该方法首先利用 VD 判定波段子集大小，然后利用波段判别指标构建全波段与已选波段子集之间的波段信道传播概率矩阵，基于 Blahut 算法求解波段的信道容量，利用 SQ-CCBSS 和 SC-CCBSS 算法寻找最优波段子集。

需要注意的是，在高光谱遥感影像降维中，会涉及本征维数（intrinsic dimension, ID）的概念（Camastra and Staiano，2016），ID 指的是重构高光谱遥感数据所必需的自由变量的最小数目。它与 VD 是不同的，总体上说，ID 完全取决于需要处理的数据，而与应用无关。因此，ID 经常表述为一个单一的固定常量，不随应用的变化而变化。另外，需要特别注意的是，降维后需要保持的数据维数与波段选择所选择的波段数并不是相同的；因此，单一的 ID 值无法用于这种一对多应用。与 ID 相对应，VD 则是指高光谱遥感数据中不同地物类别的光谱曲线个数，其可表述为 Neyman-Pearson 探测问题，因而 VD 的值可以随虚警率而变化，可根据不同的应用进行调整。从理论上讲，VD 比 ID 更适合和高效地应用于需要提供感兴趣目标的高光谱遥感数据探测应用中（Chang，2018）。但是该算法也存在问题，因此，需要寻找一种简单、高效的特征数目自动判别方法。

（2）端元提取（endmember）。如果假定选择某个合适的波段就像寻找某个端元，那么最优波段子集实际上与在所有可能的端元之中选择的最优端元子集类似，找到了 p 个最优端元也就类似于找到了 p 个最优波段。常见的端元提取方法如 N-FINDR、IEA、VCA、ICE、AMEE 等都可以用于端元提取（Plaza et al., 2004；Song et al., 2020），进而用于最优波段子集的确定。在最优端元子集确定时，该类方法一般采用穷尽搜索方式，可能会付出较大的时间代价，而后续提出的序列 N-FINDR 算法等则可以解决此问题（Wu et al., 2008）。

（3）群体智能优化。如果拟选择的波段数目已知，可直接利用上述单一群体智能算法进行波段选择。然而，如果拟选择的波段数目发生变化，则需要重新运行该算法。不幸的是，对于某一高光谱遥感数据来说，很难去事先估计最佳的波段选择数目。因此，可以构建多目标群体智能优化算法（Gong et al., 2015），如近年来提出的基于组合型 PSO 的自适应波段选择系统（2PSO）（Su et al., 2014），耦合了两个不同的 PSO 优化过程，其中内部 PSO 作为外部 PSO 的一个粒子，负责搜索已定数目的具体波段；该算法可以同时搜索最优波段数目并进行具体波段选择。另外，还有 MOPSO（Paoli et al., 2009）、MOBS（Gong et al., 2015）、APBI（Pan et al., 2019）等类似算法。

1.3.3 特征挖掘

高光谱遥感降维算法中应用最为广泛的就是特征提取和波段选择两类方法，这两类方法基本是从统计学角度建立的降维模式。回归到高光谱遥感的本源，根据电磁波理论，不同物质由于其化学成分、分子结构、表面状态等差异，在某些波段上具有各自独特的具有诊断意义的典型光谱吸收特征，根据这些吸收特征可以对物质进行精准识别。因此，吸收特征具有明显的物理意义，如水吸收特征、叶绿素吸收特征、气体吸收特征及矿物吸收特征等。如前文所述的 NDVI 指数即建立在叶绿素吸收特征基础之上，而叶面积指数（leaf area index, LAI）则建立在水吸收特征和 NDVI 基础之上。

目前，针对光谱曲线吸收特征进行处理的算法可归纳为以下两类，第一类是光谱特征增强方法，即利用某种算法对原始光谱曲线进行数据预处理，以达到增强光谱吸收特征的目的，如连续统去除法（continuum removal）（Filippi and Jensen, 2007）、光谱微分技术（spectral derivative analysis）（Debba et al., 2006）、尺度–空间算法（scale-space algorithms）（Piech and Piech，1987；Hsu，2007）等（表 1-3）。连续统去除法是对光谱曲线数据进行归一化处理，并在忽略总体反射率的情况下突出特定吸收特征的位置和深度。光谱微分技术是对高光谱遥感的光谱数据曲线求导，以便突出其吸收特征；二阶微分所揭示的吸收波段比一阶微分范围更宽，但是微分技术受噪声的影响较大。尺度-空间算法即从不同的尺度上分析光谱曲线，以便对吸收特征从尺度-空间表达上进行适当的操作处理；该方法既能够从大尺度上鉴别吸收特征，也能够从精细尺度上定位吸收特征位置。

第二类是光谱特征建模方法，即对光谱特征进行分析和高度抽象的基础上构建相应数学模型的方法，如改进高斯模型（modified Gaussian modeling, MGM）（Sunshine et al., 1990）和光谱特征参数（王晋年等, 1996；Meer, 2004；Guo，2020）等方法（表 1-3）。其中，改进高斯模型方法假定光谱吸收特征的能量是随机分布的，则可以利用幂定律描述能量和平均键长的关系，并以此描述该光谱吸收特征，进而可根据估计参数值对光谱吸收特征进行建模；通常情况下，一个光谱曲线一般包含多个吸收特征，因此，对每个光谱吸收特征都需建立其改进高斯模型。光谱特征参数方法则利用诸多参数（如吸收波长位置、宽度、深度、斜率等）对光谱吸收特征进行描述，也可以根据相关参数建立光谱吸收指数。该类方法所提取的参数较多，使用较不方便。

表 1-3 高光谱遥感特征挖掘算法体系

类别	关键技术	方法分类	基本思想	方法特点	典型方法	参考文献
光谱特征增强方法	连续统去除法	连续统去除	对光谱曲线数据进行归一化处理	可有效突出光谱曲线的吸收和反射特征，且将其归一到一致的光谱背景上	Continuum Removal	Filippi and Jensen, 2007
	光谱微分技术	一阶微分 二阶微分 三阶微分	对光谱曲线进行求导	可消除系统误差、大气辐射、散射和吸收对目标光谱的影响	一阶导数、二阶导数、三阶导数	Debba et al., 2006
	尺度–空间算法	指纹算法 最大模小波变换	对光谱曲线数据进行光滑处理	既能鉴别吸收特征，也能定位其位置	Fingerprint、MMWT	Piech and Piech, 1987; Hsu, 2007

续表

类别	关键技术	方法分类	基本思想	方法特点	典型方法	参考文献
光谱特征建模方法	模型引导方法	改进高斯模型	利用幂定律描述光谱吸收特征	一个模型只能拟合一个吸收特征	MGM	Sunshine et al., 1990
	光谱特征参数	光谱吸收参数	光谱曲线中地物的典型吸收和反射特征	利用吸收特征可对地物进行有效识别	吸收波长位置、反射值、宽度、深度、斜率、对称度、面积	Meer, 2004
		光谱吸收指数	吸收位置的光谱值与相应基线值比值的倒数	体现了地物光谱吸收系数的变化	SAI	王晋年等，1996; Guo, 2020

1.3.4 多特征优化

特征提取和波段选择可得到高光谱遥感影像的多种特征，如光谱特征、空间特征、纹理特征、上下文特征等；面对丰富的特征信息，哪些特征对后续应用更有效成为亟须考虑的问题。目前，基本是使用提取的所有特征或单一特征或某几个特征进行后续分析，没有考虑特征与地物类别之间的相关性；特征选择的主观性、冗余性导致后续分析的可靠性、稳定性无法保证。因此，面对后续应用需求和特点，有必要对提取的多种特征进行质量评价和多特征优化。高光谱遥感多特征优化算法体系总体框架如表 1-4 所示。

表 1-4 高光谱遥感多特征优化算法体系

关键技术		方法分类	基本思想	方法特点	典型方法	参考文献
多特征提取		见表 1-2				
多特征质量评价	定性	散点图	利用散点（样本点）在不同特征空间下的分布形态反映特征之间统计关系的一种图形	不能反映多个特征空间之间的可分性，高维特征空间的散点图又难以绘制	scatter plot	Tyo et al., 2015
		概率密度函数图	某地物在某区间发生的概率	可对较难区分的少数地物类别给出直观评价	probability density function	Matteoli et al., 2014

续表

关键技术	方法分类		基本思想	方法特点	典型方法	参考文献
多特征质量评价	定性	相关系数矩阵图	计算每两个特征间的相关系数，将求得的相关系数矩阵绘制成图，即是特征的相关系数矩阵图	可对数据进行分块	correlation coefficients matrix	Su et al., 2011
	定量	信息度量	利用图像中的变量分布情况来描述变量的分散程度	能较好地反映图像信息的大小和复杂程度	entropy	Song et al., 2019
		直方图	影像亮度值出现频率的信息	提供了一种原始影像数据质量的评价方式，直方图中的峰对应着主要的地面覆盖类型	histogram	Ni and Ma, 2015
		信噪比	信号与噪声的方差之比	信噪比大的波段其图像质量要好于信噪比小的波段质量	SNR	Conoscenti et al., 2016
		特征与类别间的相关性	计算两个随机变量之间相互依存关系	是衡量特征与特征之间、特征与类别之间相关性的重要指标	mutual information	Feng et al., 2015
		特征的类别可分性	利用类内与类间散布矩阵的比值构建判别函数，通过类别之内或者类别之间的分布矩阵比值来构成函数	可有效区分特征的类别可分性	Fisher ratio	Du, 2007
多特征优化模型	目标函数		一般采用信息测度指标	可有效评价特征质量	SID, MEAC 等	Chang,2000; Yang et al., 2011

续表

关键技术	方法分类	基本思想	方法特点	典型方法	参考文献
多特征优化模型	搜索策略	一般采用启发式搜索	需平衡局部搜索与全局搜索	SFFS, SFBS, PSO, FA 等	Xue et al., 2013; Su et al., 2016

1. 多特征质量评价

高光谱遥感影像一般拥有上百个波段，但是这些波段并不是同样重要的；类似地，基于上述特征提取方法提取的多种特征，其重要性同样有差别，因此需要对高光谱遥感影像的多种特征进行评价。目前的评价方法可以归纳为定性（散点图、概率密度函数图和相关系数矩阵图）和定量（信息度量、直方图、信噪比、特征与类别间的相关性等）两类。

散点图又称为散点分布图，是利用散点（样本点）在不同特征空间下的分布形态反映特征之间统计关系的方法（Tyo et al., 2015）。根据不同类别的散点图之间的聚集与分散程度可以直观地表达特征空间的可分性。然而，二维散点图仅能表达样本点在两个特征空间之间的统计关系，不能反映多个特征空间之间的可分性，高维特征空间的散点图难以绘制，导致该方法只能作为数据的初步分析工具。概率密度函数是给定一维特征空间 y，在 95%置信度条件下估计典型地物类别 α 在该特征空间下的均值 μ_α 和方差 σ_α，利用估计值计算典型地物类别 α 的概率密度函数。该方法的特点是可对较难区分的地物类别给出直观评价，其思路是将不同地物类别的正态分布相叠加，正态分布特征的重叠情况即反映了不同地物类别在给定特征空间的分离程度。相关系数可以衡量变量之间相关性（Su et al., 2011），其值在 0~1 范围时，呈正相关；其值在 $-1\sim0$ 范围时，呈负相关。计算每两个特征间的相关系数，将求得的相关系数矩阵绘制成图，即是特征的相关系数矩阵图。

信息度量即量化随机变量之间的不确定性，且不局限于线性关系，其主要指标包括信息熵、信息增益、互信息等，其中信息熵是衡量影像信息含量的重要方法（Song et al., 2019），是在平均意义上表征信息源总体特征的量，能够利用图像中的变量分布情况描述变量的分散程度，能较好地反映图像信息的大小和复杂程度。每个特征的信息熵值反映了特征信息的含量，信息熵越大，影像数据的离散程度越大，信息量越丰富。直方图反映了影像亮度值出现频率的信息（Ni and Ma，2015），并可展示图像的灰度最小和最大值、众数等特征，直方图中的峰对应着主要的地面覆盖类型，亮度值出现频率的分布范围对应着相应的对比度。噪声是高光谱遥感影像中不可避免的，严重影响数据的质量和影像中目标的光谱辐射特性，若要准确获取高光谱遥感影像的内蕴信息，噪声消除是高光谱遥感影像处理中不可缺少的环节。由信噪比的定义可知，信噪比大的波段其图像质量要好于信噪比小的波段；若与各波段的信息熵相比较，可以发现信息熵大的波段其信噪比也较高。另外，与系统误差造成的噪声相比，图像背景对图像质量干扰的影响更大，光谱混合现象是造成图像波谱变化的主要因素。因此，利用光谱解混技术对高光谱遥感影像的处理至关重要。互信息可以更好地描述事物之间的普遍联系，是衡量特征与类别之间相关性的重要指标，如果一个特征与某一地物类别相关，则其互信息值较高。较高的互信息值表明该特征对于类别具有较高的区分能力。

2. 多特征优化模型

1）多特征提取

目前，用于分类的特征最多的是光谱特征，一般由以下方法提取：一是特征提取，即利用数学模型将原始高维的波段数据映射为对分类影响最大的低维特征，其难点在于构建合理的变换矩阵；二是波段选择，即从原始波段中选择出满足应用需求的有效波段子集，该类方法保留了影像各波段的物理特性，其关键在于定义用于构建目标函数的信息测度。

虽然光谱特征信息在影像分类时起主要作用，但仅仅依靠光谱数据往往不一定能达到较好的分类效果；空间特征近年来在高光谱遥感影像分类中发挥了重要作用，已成为一个新的研究热点；纹理特征作为影像空间中地物分布的描述，对地物提取和识别具有重要价值；上下文特征即相邻像元间统计意义上的相互依赖关系、空间关系等，对目标识别和分类具有重要意义。因此，充分挖掘高光谱遥感影像数据中的多种空间特征（如纹理、上下文等），对于提升高光谱遥感影像分类的可靠性、稳定性具有重要意义。常见的特征提取算法见 1.3.1 节。

2）多特征优化

当前的高光谱遥感影像分类对特征信息的利用基本是将光谱特征和某些空间特征进行融合（Bioucas-Dias et al., 2013；Fauvel et al., 2013），且对同一影像中不同的地物类别使用完全一致的特征集，没有考虑特征与地物类别的相关性。因此，需要根据数据的具体特点对高光谱遥感的多种特征（光谱、纹理、上下文）进行选择和优化。目前，国内外对该方面进行了初步研究，如提出了能同时选择波段并确定波段数目的多目标优化波段选择方法（multiobjective optimization band selection，MOBS）（Gong et al., 2015）、能充分利用多特征的多特征学习方法（multiple feature learning）（Li et al., 2015a）、一种基于流形学习和块对齐的多特征结合方法（multiple feature combining, MFC）（Zhang et al., 2012）、一种能同时进行空谱特征选择和提取的方法（Zhang et al., 2018a）等。目前的研究主要针对不同的应用目的分别展开，无法形成针对高光谱遥感多特征优化的方法框架。

构建高光谱遥感的多特征优化模型是当前高光谱遥感领域的研究热点和研究难点。多特征优化模型的构建需要解决两方面的问题：一是采用何种指标作为目标函数来评价不同特征的质量，该评价指标可根据具体应用目标构建或借鉴波段选择算法中的信息测度实现（Chang，2000；Yang et al., 2011）；二是使用何种搜索策略实现优化，现有的搜索算法有三种，即穷尽搜索、贪心搜索和启发式搜索。其中，穷尽搜索虽能够得到最佳结果，但针对高光谱遥感时搜索空间过大、空间复杂度过高，因此该方法不太可取；次优的搜索方案即贪心搜索，如分支界定法（B&B）、序列前向选择（SFS）、序列后向选择（SBS）等，但是该类方法缺乏反馈机制；具有反馈机制的 SFFS 和 SFBS 方法可进一步提高搜索的效率。近年来，新型启发式搜索方法如群体智能优化在高光谱遥感领域得到了快速发展，如克隆算法、粒子群优化、萤火虫算法等（Xue et al., 2013），特别是萤火虫算法具有的操作简单、计算高效、参数少等优点，为多特征优化模型的搜索策略设计提供了新途径（Su et al., 2016）。

1.4　高光谱遥感影像降维面临的挑战

总体来看，当前对降维技术的研究主要集中在特征提取和波段选择等方面，特征提取研究主要侧重于统计理论、空间域、流形学习和深度学习等角度；波段选择研究则侧重于搜索策略和评价标准等方面。以上方法都存在一定问题：特征提取方法主要用变换函数获取降维后的少数特征，算法复杂度高，且降维后的特征丢失了物理意义；而波段选择则利用信息测度从原始数据中优选出波段子集，不可避免地丢失了部分信息。需要说明的是，合理的拟降维特征数目仍是当前高光谱遥感降维研究中的难点问题。整体来讲，降维技术面临着诸多挑战，下面主要从特征可分性、特征质量评价、距离测度函数、特征数目确定、搜索优化策略和多特征优化等方面，对高光谱遥感影像降维技术面临的挑战进行分析。

1.4.1　特征可分性

特征提取往往面临特征可分性度量的问题，特征可分性即评价特征对地物分类有效性的定量指标。高光谱遥感影像的信息分布特征与多光谱遥感影像明显不同，设计特征可分性指标时需要考虑其独特的信息空间分布特征。一般的多光谱遥感数据使用均值即可得到较好的分类结果；然而，高光谱遥感数据的不同地物类别的均值可能很相近，且其数据分布可能比多光谱更为复杂，此时使用标准差或同时使用均值和方差进行分类会得到比单纯使用均值更好的分类结果（Chang，2013）。以上情况说明，针对多光谱遥感影像，数据分布的位置比形状和方向重要；

而针对高光谱遥感影像，其数据分布的形状和方向却比位置重要。因此，对高光谱遥感数据进行特征可分性研究时，不仅要关注其数据分布位置，而且要特别考虑数据的空间分布形状和方向，进而才能设计出符合其数据特点的可分性度量指标。可分性指标的大小决定了地物类别的可分性。

1.4.2　特征质量评价

特征是高光谱遥感影像数据的重要信息，无论是在特征选择还是特征提取中，对特征质量进行评价都十分必要，但是目前这方面的研究却比较少。一般来讲，特征提取的质量评价方法可分为三类（Lee and Verleysen，2009；薛朝辉，2015）：① 依据数据重建误差进行评价，然而大多数非线性特征提取方法并不能给出特征映射函数的闭式形式；② 以任务为驱动的评价标准，根据应用需求的先验知识，可采用分类精度、目标探测准确率等对特征质量进行评价；③ 根据对数据结构的保持能力进行评价，从本质上讲，特征提取方法目标函数的构建往往要求其对数据结构的保持能力较好，具有较好数据结构保持能力的方法提取的特征的质量自然也较好。

目前的研究主要利用定性方法（散点图、概率密度函数图和相关系数矩阵图）和定量方法（信息度量、直方图、信噪比、特征与类别间的相关性、特征的类别可分性）等对特征质量进行评价。另外，比特征质量评价更为困难的是，如何对特征提取方法的性能进行评价，这也是特征提取面临的一个重要难点问题。

1.4.3　距离测度函数

距离测度函数实质是衡量特征或样本之间相似程度的指标，测度学习的目标是使同类样本间的距离尽可能小，而不同类样本间的距离尽可能大，这是模式识别研究的核心问题。基于样本的标签信息和特征的统计信息，距离测度函数可对不同遥感影像的相似性或特征的有效性进行判断（Dong et al., 2017）。例如，常用的马氏距离测度，即是通过寻找描述不同样本之间的马氏距离测度，进而建立不同特征向量之间的关系，并有效保留样本的相似关系。

对于目前的高光谱遥感降维算法来讲，大多数算法均假定影像的信息遵从高斯分布，且存在参数敏感、鲁棒性差等问题。然而，在真实的高光谱遥感影像中，地物种类繁多且分布非常复杂，导致在现有的测度空间内很难有效描述样本或特征分布，也很难构建可靠的距离测度函数。另外，从样本空间的角度来看，现有方法大多对不同样本的相似性进行简单度量，没有详细考虑同类地物之间的相似性及不同类地物之间的不相似性的特性，导致无法精细刻画样本或特征之间的区别和联系，使得降维效果欠佳。

1.4.4 特征数目确定

高光谱遥感数据降维不可避免地会涉及设置降维后特征数目的问题，目前的方法大部分都是人为设置降维后的特征数目，无法与后续应用需求相关联。如利用 PCA 方法降维时，将原始数据投影到由几个向量所构成的特征空间并使投影误差最小，应用中一般选择能使误差小于 0.01（保留 99%的信息）的维数。另外，也可根据特征值累计值曲线拐点对应的维数进行判断。以上思路可以用于非监督降维的特征数目确定问题，但是该类算法无法与后续应用直接联系，使得其应用前景大打折扣。

而对于监督式降维算法特征数目的问题，必然需要考虑降维后特征数目与样本之间的复杂关系，这一直是高光谱遥感降维研究中的难题（Chang，2013）。常采用的虚拟维度方法，实际上是分析影像中地物类型的个数，以地物类型个数作为降维后的特征数目。端元提取的方法，利用从影像中提取的最优端元子集个数判定降维后的特征数目，从本质上讲，该方法是 VD 方法的扩展，当最优端元子集个数等于地物类型个数时，即为 VD 方法；但当最优端元子集个数大于地物类型个数时，则是一种新情况；该方法的问题是随着端元的变化，最终结果存在较大变数。而最近提出的基于群体智能算法的特征数目自适应判别方法，由于存在两个群体智能算法的嵌套，算法复杂度较高，应用推广比较困难。

根据高维空间的参数估计理论，在分类精度一定的情况下，空间维数越高，所需的样本数目越多。因此，从样本数据与降维特征之间的关系出发，降维后的特征一般要小于样本数，才能使后续的应用 (如分类等) 得到较好的效果；这也是未来算法设计时可参考的思路。

1.4.5 搜索优化策略

遥感特征选择中，当波段数目不多时，比如针对多光谱遥感数据，穷尽搜索法是可行的，即通过穷尽搜索，评价各个可能的特征子集的性能，进而找到最优子集；该方法比较直接，不会漏掉任何一种可能的子集，但是由于要穷尽所有可能，导致运算量巨大，特别是面对上百个波段的高光谱遥感数据时，效率过于低下。与穷尽搜索不同，贪心算法在处理数据时，往往是从局部空间得到其局部最优解，但缺点是不能保证结果是最佳的。

启发式搜索则是在一定搜索空间搜寻到最好的解，如近年来兴起的群体智能算法等。实际上，现有研究表明，动物在进行决策时采取的也是启发式策略，其搜索策略一般遵循莱维飞行原理，具有随机、方向不定、步长不定等特点，因此，能够更有效、快速地找到局部最优解；其特点是找到的解虽然在一定程度上是满意的，但却不一定是全局最优的。启发式算法的关键是如何建立满足应用需求的启发式规则，其难点是在局部与全局搜索之间取得平衡并能迅速跳出局部最优解，这也是未来研究的热点问题。

1.4.6　多特征优化

多特征优化实际上包含两方面的内容：一是在众多特征中，哪些特征对后续分析有效，即涉及多特征质量评价问题；二是面对多种特征，如何进行优化，即涉及多特征优化模型问题。

多特征质量评价方面，现有研究大多集中在高光谱遥感影像的特征提取或少数特征的应用方面，面对丰富的特征信息，针对特征与类别的相关性对特征进行评价的研究较少，目前的难点在于针对高光谱遥感特征质量评价还没有一个统一的标准方法。

多特征优化模型方面，一方面需要利用上述多特征质量评价的方法作为优化模型的目标函数，另一方面需要根据高光谱遥感影像数据的特点，选择合适的搜索策略构建多特征优化模型，搜索策略的确定也是研究中的难点。近年来，作者在高光谱遥感影像多种特征提取的基础上，改进最新的群体智能优化（如萤火虫算法、布谷鸟搜索等）算法，设计有效的目标函数对多特征质量进行评价，基于设计的搜索策略对多特征进行优选，进而构建了高光谱遥感影像的多特征优化模型（Su et al., 2014, 2016；刘慧珺等，2018），为相关研究进展做出了初步探索。高光谱遥感多特征优化模型将是未来高光谱遥感研究中的热点问题。

1.5　高光谱遥感影像降维的发展趋势

高光谱遥感作为对地观测领域最具活力的重要技术突破，是 21 世纪遥感领域最为重要的研究方向之一。随着高光谱遥感技术的快速发展，面对高光谱遥感数据急剧增加的挑战和信息高效处理的要求，如何从海量高光谱遥感数据库中快速有效地提取模式和知识已成为限制高光谱遥感应用的瓶颈，也是当前亟待解决的问题。综合以上相关研究的进展及存在的挑战，可以看出，高光谱遥感影像降维研究主要有以下发展趋势：

（1）高光谱遥感智能降维技术成为未来的发展方向。随着智能化高光谱遥感对地观测系统（张兵，2011）的提出，高光谱遥感的智能化信息处理可以利用机器学习方法，结合相关应用需求，从海量的高光谱遥感数据中挖掘出感兴趣的信息，这是未来的重要发展方向。因此，需要利用多学科交叉的知识，充分发挥机器学习、模式识别、人工智能、大数据科学等新理论、新方法的优势，建立高光谱遥感的自适应性降维新方法，进一步提升高光谱遥感信息处理的效率，充分发挥高光谱遥感大数据的优势。

（2）高光谱遥感多目标降维技术是未来的研究热点。高光谱遥感降维技术的关键在于特征质量评估、搜索策略优化、满足后续应用需求等，目前的研究基本集中在某一单一目标，如为提升特征质量评估效果而设计的新型目标函数指标；为提升降维效率而设计的新型群体智能搜索算法；为与后续应用对接而设计的监督降维方法等。采用多种目标同时优化的研究虽有一些初步探索，但还远远满足不了应用的需求。

（3）目前的降维方法主要针对高光谱遥感原始数据，而针对高光谱遥感衍生数据的降维将成为一个新兴方向。目前的大多数降维方法实际上是对原始的高光谱遥感影像数据进行特征选择和特征提取，直接得到某些有用的特征。而实际上，经过多年的发展，已经涌现了大量高光谱遥感特征提取方法，提取出的特征也非常多，如选择后的波段、聚类特征、纹理特征、形态学特征、空间特征、上下文特征等，形成了多种特征并存的现象。针对高光谱遥感影像丰富的多特征信息，结合应用目标需求基于特征与类别之间的相关性，设计高光谱遥感影像多特征智能优化模型和方法已成为新的研究热点。

总之，高光谱遥感影像降维技术在国内外取得了较为显著的成绩，已成为高光谱遥感影像研究领域的热点和重要方向之一。目前世界各国已有大量在轨和拟发射的高光谱遥感传感器，高光谱遥感的数据获取能力空前提升，进而也会推动高光谱遥感的深入应用。因此，从数据处理和应用需求等方面都对高光谱遥感降维技术提出了更高更广的要求，高光谱遥感降维将迎来更为严峻的挑战，也为其发展带来了机遇。高光谱遥感降维技术的发展，一方面将会进一步推动高光谱遥感数据处理理论和方法的发展，另一方面也会进一步促进高光谱遥感数据的广泛深入应用，具有较高的科学意义和应用前景。

参考文献

杜培军, 谭琨, 夏俊士. 2012. 高光谱遥感影像分类与支持向量机应用研究. 北京: 科学出版社.

杜培军, 王小美, 谭琨, 等. 2011. 利用流形学习进行高光谱遥感影像的降维与特征提取. 武汉大学学报 (信息科学版), 36(2): 148-152.

甘甫平, 熊盛青, 王润生, 等. 2014. 高光谱矿物填图及示范应用. 北京: 科学出版社.

刘慧珺, 苏红军, 赵波. 2018. 基于改进萤火虫算法的高光谱遥感多特征优化方法. 遥感技术与应用, 33(1): 110-118.

浦瑞良, 宫鹏. 2000. 高光谱遥感及其应用. 北京: 高等教育出版社.

苏红军, 盛业华, Yang H, 等. 2011. 基于正交投影散度的高光谱遥感波段选择算法. 光谱学与光谱分析, 31(5): 1309-1313.

孙伟伟, 刘春, 施蓓琦, 等. 2013. 基于随机矩阵的高光谱影像非负稀疏表达分类. 同济大学学报 (自然科学版), 41(8): 1274-1280.

童庆禧, 张兵, 郑兰芬. 2006. 高光谱遥感: 原理、技术与应用. 北京: 高等教育出版社.

王晋年, 郑兰芬, 童庆禧. 1996. 成象光谱图象光谱吸收鉴别模型与矿物填图研究. 遥感学报, 1: 20-31.

徐涵秋. 2013. 城市遥感生态指数的创建及其应用. 生态学报, 33(24): 7853-7862.

薛朝辉. 2015. 高光谱遥感影像稀疏图嵌入分类研究. 南京: 南京大学.

张兵. 2011. 智能遥感卫星系统. 遥感学报, 15(3): 415-431.

张兵. 2016. 高光谱图像处理与信息提取前沿. 遥感学报, 20(5): 1062-1090.

张兵, 陈正超, 郑兰芬, 等. 2004. 基于高光谱图像特征提取与凸面几何体投影变换的目标探测. 红外与毫米波学报, 23(6): 441-445, 450.

张兵, 高连如. 2011. 高光谱图像分类与目标探测. 北京: 科学出版社.

张良培, 张立福. 2011. 高光谱遥感. 北京: 测绘出版社.

Bajorski P. 2011. Second moment linear dimensionality as an alternative to virtual dimensionality. IEEE Transactions on Geoscience and Remote Sensing, 49(2): 672-678.

Baudat G, Anouar F E. 2000. Generalized discriminant analysis using a kernel approach. Neural Computation, 12(10): 2385-2404.

Bellman R E. 1961. Adaptive Control Processes: A Guided Tour. Princeton: Princeton University Press.

Benediktsson J A, Sveinsson J R, Amason K. 1995. Classification and feature extraction of AVIRIS data. IEEE Transactions on Geoscience and Remote Sensing, 33(5): 1194-1205.

Bioucas-Dias J M, Plaza A, Camps-Valls G, et al. 2013. Hyperspectral remote sensing data analysis and future challenges. IEEE Geoscience and Remote Sensing, 1(2): 6-36.

Camastra F, Staiano A. 2016. Intrinsic dimension estimation: Advances and open problems. Information Science, 328(4): 26-41.

Champion I, Germain C, Da Costa J P, et al. 2014. Retrieval of forest stand age from SAR image texture for varying distance and orientation values of the gray level co-occurrence matrix. IEEE Geoscience and Remote Sensing Letters, 11(1): 5-9.

Chang C I. 2000. An information-theoretic approach to spectral variability, similarity, and discrimination for hyperspectral image analysis. IEEE Transactions on Information Theory, 46(5): 1927-1932.

Chang C I. 2003. Hyperspectral Imaging: Techniques for Spectral Detection and Classification. New York: Kluwer Academic/Plenum Publishers.

Chang C I. 2009. Virtual dimensionality for hyperspectral imagery. SPIE Newsroom, 52(1): 188-208.

Chang C I. 2013. Hyperspectral Data Processing: Algorithm Design and Analysis. New Jersey: Wiley-Interscience.

Chang C I. 2018. A review of virtual dimensionality for hyperspectral imagery. IEEE Journal of Selected Topics in Applied Earth Observations and Remote Sensing, 11(4): 1285-1305.

Chang C I, Du Q. 1999. Interference and noise-adjusted principal components analysis. IEEE Transactions on Geoscience and Remote Sensing, 37(5): 2387-2396.

Chang C I, Du Q. 2004. Estimation of number of spectrally distinct signal sources in hyperspectral imagery. IEEE Transactions on Geoscience Remote Sensing, 42(3): 608-619.

Chang C I, Lee L C, Xue B, et al. 2017. Channel capacity approach to band subset selection for hyperspectral imagery. IEEE Transactions on Geoscience Remote Sensing, 10(10): 4630-4644.

Chang C I, Wang S. 2006. Constrained band selection for hyperspectral imagery. IEEE Transactions on Geoscience and Remote Sensing, 44(6): 1575-1585.

Chen S, Zhang D. 2011. Semisupervised dimensionality reduction with pairwise constraints for hyperspectral image classification. IEEE Geoscience and Remote Sensing Letters, 8(2): 369-373.

Chen Y, Lin Z, Zhao X, et al. 2014. Deep learning-based classification of hyperspectral data. IEEE Journal of Selected Topics in Applied Earth Observations and Remote Sensing, 7(6): 2094-2107.

Coban M Z, Mersereau R M. 1998. A fast exhaustive search algorithm for rate-constrained motion estimation. IEEE Transactions on Image Processing, 7(5): 769-773.

Conoscenti M, Coppola R, Magli E. 2016. Constant SNR, rate control, and entropy coding for predictive lossy hyperspectral image compression. IEEE Transactions on Geoscience and Remote Sensing, 54(12): 7431-7441.

Dadon A, Ben-Dor E, Karnieli A. 2010. Use of derivative calculations and minimum noise fraction transform for detecting and correcting the spectral curvature effect (Smile) in hyperion images. IEEE Transactions on Geoscience and Remote Sensing, 48(6): 2603-2612.

Debba P, Carranza E J M, Van d M F D, et al. 2006. Abundance estimation of spectrally similar minerals by using derivative spectra in simulated annealing. IEEE Transactions on Geoscience and Remote Sensing, 44: 3649-3658.

Dong Y, Du B, Zhang L, et al. 2017. Dimensionality reduction and classification of hyperspectral images using ensemble discriminative local metric learning. IEEE Transactions on Geoscience and Remote Sensing, 55(5): 2509-2524.

Dopido I. 2012. A quantitative and comparative assessment of unmixing-based feature extraction techniques for hyperspectral image classification. IEEE Journal of Selected Topics in Applied Earth Observations and Remote Sensing, 5(2): 421-435.

Du Q. 2007. Modified Fisher's linear discriminant analysis for hyperspectral imagery. IEEE Geoscience and Remote Sensing Letters, 4(4): 503-507.

Du Q, Yang H. 2008. Similarity-based unsupervised band selection for hyperspectral image analysis. IEEE Geoscience and Remote Sensing Letters, 5(4): 564-568.

Du Q, Zhu W, Yang H, et al. 2009. Segmented principal component analysis for parallel compression of hyperspectral imagery. IEEE Geoscience and Remote Sensing Letters, 6(4): 713-717.

Falco N, Benediktsson J A, Bruzzone L. 2014. A study on the effectiveness of different independent component analysis algorithms for hyperspectral image classification. IEEE Journal of Selected Topics in Applied Earth Observations and Remote Sensing, 7(6): 2183-2199.

Fang Y H, Liang K, Zhang S, et al. 2014. Dimensionality reduction of hyperspectral images based on robust spatial information using locally linear embedding. IEEE Geoscience and Remote Sensing Letters, 11(10): 1712-1716.

Fauvel M, Tarabalka Y, Benediktsson J A, et al. 2013. Advances in spectral-spatial classification of hyperspectral images. Proceedings of the IEEE, 101(3): 652-675.

Feng J, Jiao L, Liu F, et al. 2015. Mutual-information-based semi-supervised hyperspectral band selection with high discrimination, high information, and low redundancy. IEEE Transactions on Geoscience and Remote Sensing, 53(5): 2956-2969.

Filippi A M, Jensen J R. 2007. Effect of continuum removal on hyperspectral coastal vegetation classification using a fuzzy learning vector quantizer. IEEE Transactions on Geoscience and Remote Sensing, 45(6): 1857-1869.

Gao B C. 1995. NDWI-A normalized difference water index for remote sensing of vegetation liquid water from space. Remote Sensing of Environment, 58(3): 257-266.

Ghamisi P, Benediktsson J A, Sveinsson J R. 2014. Automatic spectral–spatial classification framework based on attribute profiles and supervised feature extraction. IEEE Transactions on Geoscience and Remote Sensing, 52(9): 5771-5782.

Gong M G, Zhang M Y, Yuan Y. 2015. Unsupervised band selection based on evolutionary multiobjective optimization for hyperspectral images. IEEE Transactions on Geoscience and Remote Sensing, 54(1): 544-557.

Gormus E T, Canagarajah N, Achim A. 2012. Dimensionality reduction of hyperspectral images using empirical mode decompositions and wavelets. IEEE Journal of Selected Topics in Applied Earth Observations and Remote Sensing, 5(6): 1821-1830.

Groves P, Bajcsy P. 2003. Methodology for hyperspectral band and classification model selection. 2003 IEEE Workshop on Advances in Techniques for Analysis of Remotely Sensed Data. Greenbelt, MD, USA: IEEE: 120-128.

Gu Y, Liu T, Jia X, et al. 2016. Nonlinear multiple kernel learning with multiple-structure-element extended morphological profiles for hyperspectral image classification. IEEE Transactions on Geoscience and Remote Sensing, 54(6): 3235-3247.

Gu Y, Liu Y, Zhang Y. 2008. A selective KPCA algorithm based on high-order statistics for anomaly detection in hyperspectral imagery. IEEE Geoscience and Remote Sensing Letters, 5(1): 43-47.

Guo B. 2020. Enriching absorption features for hyperspectral materials identification. Opt. Express 28: 4127-4144.

Haboudane D, Miller J R, Pattey E, et al. 2004. Hyperspectral vegetation indices and novel algorithms for predicting green LAI of crop canopies: Modeling and validation in the context of precision agriculture. Remote Sensing of Environment, 90(3): 337-352.

Hou B, Huang T, Jiao L. 2015. Spectral-spatial classification of hyperspectral data using 3D morphological profile. IEEE Geoscience and Remote Sensing Letters, 12(12): 2364-2368.

Hsu P. 2007. Feature extraction of hyperspectral images using wavelet and matching pursuit. ISPRS Journal of Photogrammetry and Remote Sensing. 62(2): 78-92.

Huete A R. 1988. A soil-adjusted vegetation index (SAVI). Remote Sensing of Environment, 25(3): 295-309.

Hughes G F. 1968. On the mean accuracy of statistical pattern recognizers. IEEE Transactions on Information Theory, 14(1): 55-63.

Ifarraguerri A. 2004. Visual method for spectral band selection. IEEE Geoscience and Remote Sensing Letters, 1(2): 101-106.

Ifarraguerri A, Chang C I. 2000. Unsupervised hyperspectral image analysis with projection pursuit. IEEE Transactions on Geoscience and Remote Sensing, 38(6): 2529-2538.

Izquierdo-Verdiguier E, Gomez-Chova L, Bruzzone L, et al. 2014. Semisupervised kernel feature extraction for remote sensing image analysis. IEEE Transactions on Geoscience and Remote Sensing, 52(9): 5567-5578.

Jia X, Kuo B C, Crawford M M. 2013. Feature mining for hyperspectral image classification. Proceedings of the IEEE, 101(3): 676-697.

Jia X, Richard J A. 1999. Segmented principal components transformation for efficient hyperspectral remote-sensing image display and classification. IEEE Transactions on Geoscience and Remote Sensing, 37 (1): 538-542.

Kuo B C, Landgrebe D A. 2004. Nonparametric weighted feature extraction for classification. IEEE Transactions on Geoscience and Remote Sensing, 42(5): 1096-1105.

Kuo B C, Li C H, Yang J M. 2009. Kernel nonparametric weighted feature extraction for hyperspectral image classification. IEEE Transactions on Geoscience and Remote Sensing, 47(4): 1139-1155.

Landgrebe D. 1998. Information extraction principles and methods for multispectral and hyperspectral image data// Chen C H. Information Processing for Remote Sensing. New Jersey: The World Scientific Publishing Co.

Lee J A, Verleysen M. 2009. Quality assessment of dimensionality reduction: Rank-based criteria. Neurocomputing, 72(7-9): 1431-1443.

Li J, Bioucas-Dias J M, Plaza A. 2012. Spectral-spatial hyperspectral image segmentation using subspace multinomial logistic regression and Markov random fields. IEEE Transactions on Geoscience and Remote Sensing, 50(3): 809-823.

Li J, Huang X, Gamba P, et al. 2015a. Multiple feature learning for hyperspectral image classification. IEEE Transactions on Geoscience and Remote Sensing, 53(3): 1592-1606.

Li W, Chen C, Su H, et al. 2015b. Local binary patterns and extreme learning machine for hyperspectral imagery classification. IEEE Transactions on Geoscience and Remote Sensing, 53(7): 3681-3693.

Li W, Du Q. 2014. Gabor-filtering-based nearest regularized subspace for hyperspectral image classification. IEEE Journal of Selected Topics in Applied Earth Observations and Remote Sensing, 7(4): 1012-1022.

Li W, Prasad S, Fowler J E, et al. 2011. Locality-preserving discriminant analysis in kernel-induced feature spaces for hyperspectral image classification. IEEE Geoscience and Remote Sensing Letters, 8(5): 894-898.

Li X, Ding M, Piurica A. 2020. Deep feature fusion via two-stream convolutional neural network for hyperspectral image classification. IEEE Transactions on Geoscience and Remote Sensing, 58(4): 2615-2629.

Liao W, Pizurica A, Scheunders P, et al. 2013. Semisupervised local discriminant analysis for feature extraction in hyperspectral images. IEEE Transactions on Geoscience and Remote Sensing, 51(1): 184-198.

Liu D, Wang W, Wang X, et al. 2020a. Poststack seismic data denoising based on 3-D convolutional neural network. IEEE Transactions on Geoscience and Remote Sensing, 58(3): 1598-1629.

Liu L, Wang Y, Peng J, et al. 2020b. Latent relationship guided stacked sparse autoencoder for hyperspectral imagery classification. IEEE Transactions on Geoscience and Remote Sensing, 58(5): 3711-3725.

Luo F, Huang H, Ma Z, et al. 2016. Semisupervised sparse manifold discriminative analysis for feature extraction of hyperspectral images. IEEE Transactions on Geoscience and Remote Sensing, 54(10): 6197-6211.

Martínez-Usó A, Pla F, Sotoca J M, et al. 2007. Clustering-based hyperspectral band selection using information measures. IEEE Transactions on Geoscience and Remote Sensing, 45(12): 4158-4171.

Matteoli S, Veracini T, Diani M, et al. 2014. Background density nonparametric estimation with data-adaptive bandwidths for the detection of anomalies in multi-hyperspectral imagery. IEEE Geoscience and Remote Sensing Letters, 11(1): 163-167.

Meer F V D. 2004. Analysis of spectral absorption features in hyperspectral imagery. International Journal of Applied Earth Observation and Geoinformation, 5(1): 55-68.

Mura M D, Villa A, Benediktsson J A, et al. 2011. Classification of hyperspectral images by using extended morphological attribute profiles and independent component analysis. IEEE Geoscience and Remote Sensing Letters, 8 (3): 542-546.

Ni D, Ma H. 2015. Hyperspectral image classification via sparse code histogram. IEEE Geoscience and Remote Sensing Letters, 12(9): 1843-1847.

Nie, F, Xiang S, Song Y, et al. 2009. Extracting the optimal dimensionality for local tensor discriminant analysis. Pattern Recognition, 42 (1): 105-114.

Pan B, Shi Z, Xu X. 2019. Analysis for the weakly Pareto optimum in multiobjective-based hyperspectral band selection. IEEE Transactions on Geoscience and Remote Sensing, 57(6): 3729-3740.

Paoli A, Melgani F, Pasolli E. 2009. Clustering of hyperspectral images based on multi-objective particle swarm optimization. IEEE Transactions on Geoscience and Remote Sensing, 47(12): 4175-4188.

Piech M, Piech K. 1987. Symbolic representation of hyperspectral data. Appl. Opt., 26(18): 4018-4026.

Plaza A, Martinez P, Perez R, et al. 2004. A quantitative and comparative analysis of endmember extraction algorithms from hyperspectral data. IEEE Transactions on Geoscience and Remote Sensing, 42(3): 650-663.

Plaza A, Martinez P, Plaza J, et al. 2005. Dimensionality reduction and classification of hyperspectral image data using sequences of extended morphological transformations. IEEE Transactions on Geoscience and Remote Sensing, 43(3): 466-479.

Ren Y M, Liao L, Maybank S, et al. 2017. Hyperspectral image spectral-spatial feature extraction via tensor principal component analysis. IEEE Geoscience and Remote Sensing Letters, 14(19): 1431-1435.

Richards J A, Jia X P. 2006. Remote Sensing Digital Image Analysis. 4th edn. Berlin Heidelberg: Springer-Verlag.

Serpico S B, Moser G. 2007. Extraction of spectral channels from hyperspectral images for classification purposes. IEEE Transactions on Geoscience and Remote Sensing, 45(2): 484-495.

Shen H, Jegelka S, Gretton A. 2009. Fast kernel-based independent component analysis. IEEE Transactions on Signal Processing, 57(9): 3498-3511.

Somol P, Pudil P, Kittler J. 2004. Fast branch and bound algorithms for optimal feature selection. IEEE Transactions on Pattern Analysis and Machine Intelligence, 26(7): 900-912.

Song M P, Shang X D, Wang Y L, et al. 2019. Class information-based band selection for hyperspectral image classification. IEEE Transactions on Geoscience and Remote Sensing, 57(11): 8394-8416.

Song X, Zou L, Wu L. 2020. Detection of subpixel targets on hyperspectral remote sensing imagery based on background endmember extraction. IEEE Transactions on Geoscience and Remote Sensing, 99: 1-13.

Su H J, Du Q. 2012. Hyperspectral band clustering and band selection for urban land cover classification. Geocarto International, 27(5): 395-411.

Su H J, Du Q, Chen G, et al. 2014. Optimized hyperspectral band selection using particle swarm optimization. IEEE Journal of Selected Topics in Applied Earth Observations and Remote Sensing, 7(6): 2659-2670.

Su H J, Yong B, Du Q. 2016. Hyperspectral band selection using improved firefly algorithm. IEEE Geoscience and Remote Sensing Letters, 13(1): 68-72.

Su H J, Yang H, Du Q, et al. 2011. Semisupervised band clustering for dimensionality reduction of hyperspectral imagery. IEEE Geoscience and Remote Sensing Letters, 8(6): 1135-1139.

Sun K, Geng X R, Ji L Y, et al. 2014. A new band selection method for hyperspectral image based on data quality. IEEE Journal of Selected Topics in Applied Earth Observations and Remote Sensing, 7(6): 2697-2703.

Sun W, Peng J, Yang G, et al. 2020. Correntropy-based sparse spectral clustering for hyperspectral band selection. IEEE Geoscience and Remote Sensing Letters, 17(3): 484-488.

Sun W, Zhang L, Du B, et al. 2015. Band selection using improved sparse subspace clustering for hyperspectral imagery classification. IEEE Journal of Selected Topics in Applied Earth Observations and Remote Sensing, 8(6): 2784-2797.

Sunshine J, Pieters C, Pratt S. 1990. Deconvolution of mineral absorption bands: An improved approach. Journal of Geophysics Research, 95(B5): 6955-6966.

Tan K, Wu F Y, Du Q, et al. 2019. A parallel Gaussian-Bernoulli restricted Boltzmann machine for mining area classification with hyperspectral imagery. IEEE Journal of Selected Topics in Applied Earth Observations and Remote Sensing, 12(2): 627-636.

Tao C, Pan H, Li Y, et al. 2015. Unsupervised spectral-spatial feature learning with stacked sparse autoencoder for hyperspectral imagery classification. IEEE Geoscience and Remote Sensing Letters, 12(12): 2438-2442.

Tyo J S, Konsolakis A, Diersen D I, et al. 2015. Principal-components-based display strategy for spectral imagery. IEEE Transactions on Geoscience and Remote Sensing, 41(3): 708-718.

Velasco-Forero S, Angulo J. 2013. Classification of hyperspectral images by tensor modeling and additive morphological decomposition. Pattern Recognition, 46(1): 566-577.

Wang J, Chang C I. 2006. Independent component analysis-based dimensionality reduction with applications in hyperspectral image analysis. IEEE Transactions on Geoscience and Remote Sensing, 44(6): 1586-1600.

Wang J, Hou B, Jiao L, et al. 2020. POL-SAR image classification based on modified stacked autoencoder network and data distribution. IEEE Transactions on Geoscience and Remote Sensing, 58(3): 1678-1695.

Wang Q, Yuan Z, Du Q, et al. 2018. GETNET: A general end-to-end 2-D CNN framework for hyperspectral image change detection. IEEE Transactions on Geoscience and Remote Sensing, 57(1): 3-13.

Wu C C, Chu S, Chang C I. 2008. Sequential N-FINDR algorithms. Proc. SPIE, San Diego, CA, USA: 10-14.

Xia J, Chanussot J, Du P, et al. 2015a. Spectral-spatial classification for hyperspectral data using rotation forests with local feature extraction and markov random fields. IEEE Transactions on Geoscience and Remote Sensing, 53(5): 2532-2546.

Xia J, Falco N, Benediktsson J A, et al. 2017. Hyperspectral image classification with rotation random forest via KPCA. IEEE Journal of Selected Topics in Applied Earth Observations and Remote Sensing, 10(4): 1601-1609.

Xia J, Mura M D, Chanussot J, et al. 2015b. Random subspace ensembles for hyperspectral image classification with extended morphological attribute profiles. IEEE Transactions on Geoscience and Remote Sensing, 53(9): 4768-4786.

Xue B, Zhang M, Browne W N. 2013. Particle swarm optimization for feature selection in classification: A multi-objective approach. IEEE Transactions on Cybernetics, 43(6): 1656-1671.

Yang H, Du Q, Chen G S. 2012. Particle swarm optimization-based hyperspectral dimensionality reduction for urban land cover classification. IEEE Journal of Selected Topics in Applied Earth Observations and Remote Sensing, 5(2): 544-554.

Yang H, Du Q, Su H, et al. 2011. An efficient method for supervised hyperspectral band selection. IEEE Geoscience and Remote Sensing Letters, 8(1): 138-142.

Yang J M, Yu P T, Kuo B C. 2010. A nonparametric feature extraction and its application to nearest neighbor classification for hyperspectral image data. IEEE Transactions on Geoscience and Remote Sensing, 48(3): 1279-1293.

Yao H B, Tian L. 2003. A genetic-algorithm-based selective principal component analysis (GA-SPCA) method for high-dimensional data feature extraction. IEEE Transactions on Geoscience and Remote Sensing, 41(6): 1469-1478.

Zha Y, Gao J, Ni S. 2003. Use of normalized difference built-up index in automatically mapping urban areas from TM imagery. International Journal of Remote Sensing, 24(3): 583-594.

Zhang J, Zhang P, Li B, et al. 2019. Semisupervised feature extraction based on collaborative label propagation for hyperspectral images. IEEE Geoscience and Remote Sensing Letters, (99): 1-5.

Zhang L P, Zhong Y F, Huang B, et al. 2007. Dimensionality reduction based on clonal selection for hyperspectral imagery. IEEE Transactions on Geoscience and Remote Sensing, 45(12): 4172-4186.

Zhang L, Zhang L, Tao D, et al. 2012. On combining multiple features for hyperspectral remote sensing image classification. IEEE Transactions on Geoscience and Remote Sensing, 50(3): 879-893.

Zhang L, Zhang L, Tao D, et al. 2013. Tensor discriminative locality alignment for hyperspectral image spectral-spatial feature extraction. IEEE Transactions on Geoscience and Remote Sensing, 51(1): 242-256.

Zhang L, Zhang Q, Du B, et al. 2018a. Simultaneous spectral-spatial feature selection and extraction for hyperspectral images. IEEE Transactions on Cybernetics, 48(1): 16-28.

Zhang X, Gao Z, Jiao L, et al. 2018b. Multifeature hyperspectral image classification with local and nonlocal spatial information via Markov random field in semantic space. IEEE Transactions on Geoscience and Remote Sensing, 56(3): 1409-1424.

Zhang Y, Prasad S. 2015. Locality preserving composite kernel feature extraction for multi-source geospatial image analysis. IEEE Journal of Selected Topics in Applied Earth Observations and Remote Sensing, 8(3): 1385-1392.

Zhong Z S, Fan B, Duan J Y, et al. 2015. Discriminant tensor spectral-spatial feature extraction for hyperspectral image classification. IEEE Geoscience and Remote Sensing Letters, 12(5): 1028-1032.

第 2 章 高光谱遥感影像降维理论基础

高光谱遥感影像通常含有上百个光谱波段,其数据具有图谱合一的特征,提供了具有诊断性特征的地物光谱信息,大大提高了地物分类和目标识别的准确率,然而波段数量的增多不可避免地导致了信息冗余和数据处理复杂性的增加。高光谱遥感的降维处理可以在一定程度上解决以上问题,但是高光谱遥感影像的波段数目远远多于其他遥感影像,其特征组合更是呈指数方式增加。假设原始光谱波段数为 N,优选后的波段数为 $M\,(N > M)$, 则光谱特征组合数为 $N!/[M!\,(N-M)!]$;该数目十分庞大,直接导致运算效率大大降低,因此,选择恰当的方式对高光谱遥感影像进行降维处理非常重要。高光谱遥感影像降维基本上可以归纳为特征提取、特征选择和特征挖掘 3 种方式。

2.1 降维的理论基础

高光谱遥感影像是由光谱成像仪从可见光到近红外波段的几百个连续的窄波段内获取的地物图像,因此,它具有很高的光谱分辨率,这使得其对地物的分类识别更加准确,但同时也给数据的处理带来了困难。在遥感影像处理中,数据特征维数、训练样本数量和分类精度三者之间存在着微妙的关系(Hughes, 1968)。已有研究证明,对于有限的训练样本,存在一个最优的数据特征维数,可以使分类精度达到最优;如果数据维度很高,可能会导致分类精度下降,这就是著名的 Hughes 现象,降维是消除 Hughes 现象的一个重要手段。

高光谱遥感影像中的通道响应被称为特征,像元各通道的测量值构成维数为通道数的特征空间。从多光谱遥感发展到高光谱遥感,波段信息的急速增加使测量目标地物光谱特性的要求也更为细致和精确,这样才能准确地获取地物的属性信息。高光谱遥感影像数据的特征主要表现在以下四个方面。

1)数据量大

高光谱遥感影像波段数目达到了几十甚至几百个,那么在相同地面分辨率和覆盖区域的情况下,它的数据量远远大于多光谱影像,这给数据的存储和传输带来了不便,而且对那些具有几十甚至几百个波段的高光谱影像进行处理也是一个巨大的挑战。因此,在既能保存主要信息又能减少特征数量的前提下,研究有效的降维方法对信息的存贮与管理具有重要的意义。

2）计算量增大

数据量的大量增加也给计算机进行数据处理带来了负担，高光谱遥感影像处理的计算量随波段的增加呈四次方增长（田野，2008）。对具有高维波段的高光谱遥感影像来说，对它进行分类、显示及变换等数据处理都非常耗时，所以寻找有效的降维方法是十分必要的。

3）数据冗余度较高

高光谱遥感影像各波段像素之间存在高相关性，表明高光谱遥感影像间存在着大量的冗余信息，给数据处理和分析带来了较大挑战。降低数据维度选择或提取出有用的波段和特征不会对结果有太大的影响，但会大大地降低计算量，从信息处理实效性的角度来看，降维非常有必要。

4）样本选择难度增加

波段数目的增加意味着样本的选择难度不断加大，由于获取训练样本的时间和经济成本较高，在高光谱遥感影像分类中，训练样本的数量往往是有限的。而参数估计的精确度在一定程度上与训练样本的数量呈正比例关系，因此训练样本数量的受限会降低统计分类方法的可靠性，分类器的性能也会受到限制。

近年来，国内外关于高光谱遥感影像降维方法的研究越来越多。众多研究表明，高光谱遥感影像的高维空间相对来说是空的，数据通常集中在较低维的空间中。因此，减少数据维度，而又不丢失有意义的信息及可分性是有可能的。现有的降维方法大体上可以分为两类（童庆禧等，2006）：特征提取和波段选择。特征提取的方法主要是通过一定的变换规则把原始数据变换到另一空间中，在另一个空间中，原始数据的大部分信息都集中在低维空间，用低维的数据代替原始数据就可以实现降维；波段选择的方法主要是从原始波段中选择出具有代表意义的波段子集，用这些子集代替原来的影像，即可实现降维。因此，降维对于高光谱遥感数据处理具有十分重要的意义。

2.2 特 征 提 取

2.2.1 特征提取概述

特征提取是高光谱遥感的一种降维方法。不同于特征选择，特征提取通过对原光谱空间或者其子空间进行一种数学变换，然后选择变换后的前 n 个特征作为降维后的 n 个主成分，实现信息综合、特征增强和光谱降维的过程。光谱空间经特征提取后，包含的光谱曲线变为反映某个地物一个特征的信息参量，或是使目标地物不同于非目标类的信息参量。图 2-1 为光谱特征提取的过程，其中函数 $f\left(x_1, x_2, x_3, x_4, x_5\right)$ 是一个特征提取转换方程，该方程对是否是线性方程并无限制，其结果是原始高维的特征空间经特定函数变换投影到了新的低维特征空间。

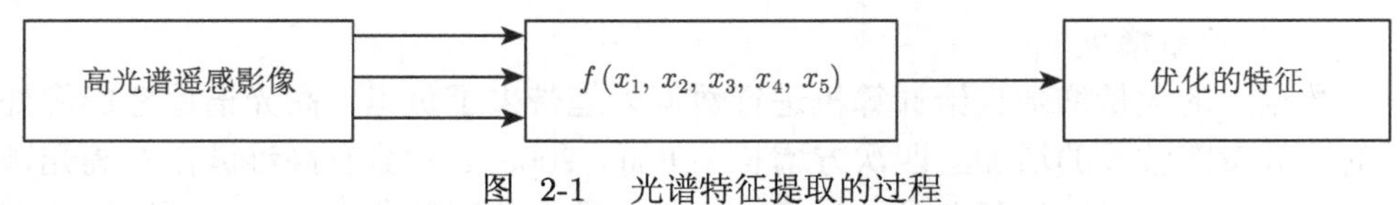

图 2-1　光谱特征提取的过程

光谱特征可根据被识别的对象产生，它可以是计算出来的或仪器测量出来的，这样形成的特征叫原始特征。原始光谱特征形成后即可以对原始光谱特征进行提取，以得到有效的光谱特征。光谱特征提取流程如图 2-2 所示，先对原始光谱数据进行预处理，然后进行连续统去除法消除后曲线、导数光谱曲线、光谱编码曲线等进行交互式光谱特征提取；还可以直接从高光谱影像的地物光谱曲线中提取其光谱特征，提取的光谱特征参数有光谱吸收指数及吸收波段位置、深度、宽度、斜率、对称度和面积，最后对光谱特征进行分析。

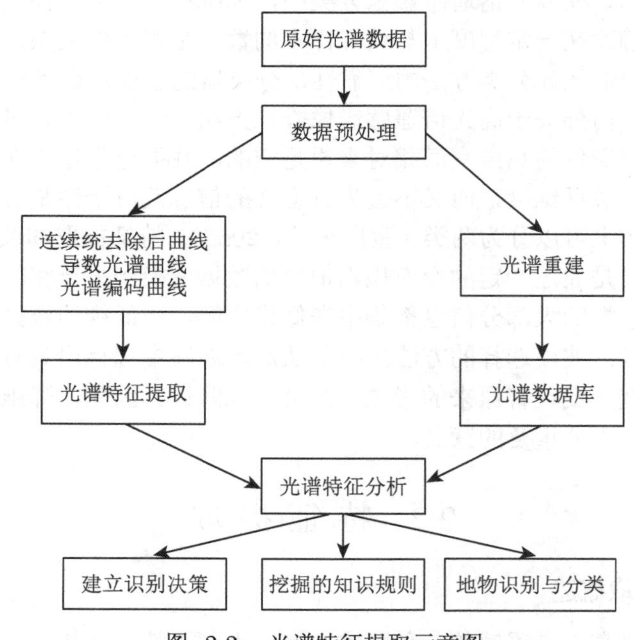

图 2-2　光谱特征提取示意图

2.2.2　特征提取方法

采用波段选择的方法会损失一些光谱波段，使得后续处理不能充分利用原有的数据信息。近年来，一些简单高效的特征提取降维方式不断涌现，大致可以分为基于主成分分析、可分性准则、非线性准则和光谱重排 4 个类型。

1. 基于主成分分析的特征提取

主成分分析（PCA）是一种常用的降维方法（Pearson，1901），该方法是基于信息量的一种正交线性变换，主要是采用线性投影的方法将数据投影到新的坐标空间中，从而使新的成分按信息量分布，其中信息量的衡量标准是数据的方差。原始影像数据的主要信息用少量的几个主成分信息表示，其中多数信息在第一主成分中。在高光谱遥感应用中，Farrell 和 Mersereau（2005）采用主成分分析方法研究了在反射和发射两种情况下降维对困难目标自适应检测的影响，结果表明，在许多情况下，主成分分析法对目标的检测统计值的影响很小，而目标的光谱特征与目标所处的背景非常相似。

但是 PCA 方法容易受到噪声的影响，因此 Green 等（1988）发展了最大噪声分离方法（MNF），其原理是基于多变量线性变换，生成一个低维子空间，该空间向量中的各元素互不相关，随着维数的增加，影像质量逐渐下降，MNF 按照信噪比从大到小排列，优化后的目标空间基本消除了影像间的相关性。其中，噪声协方差矩阵的估计有许多方法，传统的 MNF 变换是以空间域的方式进行协方差矩阵的估计，用于高光谱遥感影像中会存在误差。因此，从光谱维的角度对高光谱波段图像像素值进行预测估计，将当前像素值与其估计值之差作为噪声估计值，可以很好地排除图像自身灰度变化（陈亮等，2007）；也可以采用光谱域方式对噪声协方差矩阵进行稳定而精确的估计，实验表明，结果优于原始 MNF 变换方法（Gao et al, 2013）。

独立成分分析（ICA）是一种新的盲信号分离技术（Lee, 1998）。PCA 要求方向是不相关的，而 ICA 寻找的是最能使数据相互独立的方向，在高斯分布的情况下独立等价于不相关，独立可以推出不相关，反之则不可以。因此，ICA 需要数据的高阶统计量，PCA 则只需要二阶统计量。高光谱遥感影像相邻波段间的相关性较大，影像数据优化后含有的特征数一定小于原始波段的数目，因此，ICA 特征提取算法的重点是确定优化以后要得到的特征数目，并进行信息变换，优化完成新的特征组合相互独立，且特征量大大减小。

主成分分析的定义及求解如下。设 $\boldsymbol{X}=(\boldsymbol{X}_1,\boldsymbol{X}_2,\cdots,\boldsymbol{X}_p)^{\mathrm{T}}$ 是 p 维随机变量，均值 $E(\boldsymbol{X})=\mu$，协方差矩阵 $D(\boldsymbol{X})=\boldsymbol{\Sigma}$。考虑它的线性变换：

$$\left\{\begin{array}{l}\boldsymbol{Z}_1=\boldsymbol{a}_1^{\mathrm{T}}\boldsymbol{X}=\boldsymbol{a}_{11}\boldsymbol{X}_1+\boldsymbol{a}_{21}\boldsymbol{X}_2+\cdots+\boldsymbol{a}_{p1}\boldsymbol{X}_p\\ \boldsymbol{Z}_2=\boldsymbol{a}_2^{\mathrm{T}}\boldsymbol{X}=\boldsymbol{a}_{12}\boldsymbol{X}_1+\boldsymbol{a}_{22}\boldsymbol{X}_2+\cdots+\boldsymbol{a}_{p2}\boldsymbol{X}_p\\ \qquad\vdots\\ \boldsymbol{Z}_p=\boldsymbol{a}_p^{\mathrm{T}}\boldsymbol{X}=\boldsymbol{a}_{1p}\boldsymbol{X}_1+\boldsymbol{a}_{2p}\boldsymbol{X}_2+\cdots+\boldsymbol{a}_{pp}\boldsymbol{X}_p\end{array}\right. \tag{2.1}$$

很容易看出，

$$\mathrm{Var}\left(\boldsymbol{Z}_i\right)=\boldsymbol{a}_i^{\mathrm{T}}\sum\boldsymbol{a}_i,\quad i=1,2,\cdots,p \tag{2.2}$$

$$\mathrm{Cov}\left(\boldsymbol{Z}_i,\boldsymbol{Z}_j\right)=\boldsymbol{a}_i^{\mathrm{T}}\sum\boldsymbol{a}_j,\quad j=1,2,\cdots,p,i\neq j \tag{2.3}$$

如果我们想要用 $\boldsymbol{Z}_1$ 来代替原来的 p 个变量 $\boldsymbol{X}_1,\boldsymbol{X}_2,\cdots,\boldsymbol{X}_p$，就必须要求 $\boldsymbol{Z}_1$ 尽可能多地反映原来 p 个变量的信息，这里所说的信息用 $\boldsymbol{Z}_1$ 的方差来表达。$\mathrm{Var}\left(\boldsymbol{Z}_1\right)$ 越大，则表示 $\boldsymbol{Z}_1$ 包含的信息越多。由式（2.2）可以看出，必须对 $\boldsymbol{a}_1$ 施加某种限制，否则可能会导致 $\mathrm{Var}\left(\boldsymbol{Z}_1\right)\rightarrow\infty$。经常用到的限制是

$$\boldsymbol{a}_1^{\mathrm{T}}\boldsymbol{a}_1=1 \tag{2.4}$$

如果存在满足以上约束条件的 $\boldsymbol{a}_1$，使得 $\mathrm{Var}\left(\boldsymbol{Z}_1\right)$ 取得最大值，则 $\boldsymbol{Z}_1$ 就称为第一主成分，若第一主成分不足以代表原来 p 个变量的大部分信息，就需要考虑 $\boldsymbol{X}$ 的第二个线性组合 $\boldsymbol{Z}_2$。为了更加有效地表示原变量的信息，$\boldsymbol{Z}_1$ 已经表达的信息就不需要出现在 $\boldsymbol{Z}_2$ 中了，也就是要求：

$$\mathrm{Cov}\left(\boldsymbol{Z}_2,\boldsymbol{Z}_1\right)=\boldsymbol{a}_2^{\mathrm{T}}\boldsymbol{\Sigma}\boldsymbol{a}_1=0 \tag{2.5}$$

在约束条件式（2.4）和式（2.5）下，计算 $\boldsymbol{a}_2$ 使得 $\mathrm{Var}\left(\boldsymbol{Z}_2\right)$ 取得最大值，所求 $\boldsymbol{Z}_2$ 称为第二主成分，按照类似的方法可以求得第三主成分、第四主成分等。

主成分的具体求解如下。设 p 维随机向量 $\boldsymbol{X}$ 的均值为 $E\left(\boldsymbol{X}\right)=0$，协方差矩阵为 $D\left(\boldsymbol{X}\right)=\boldsymbol{\Sigma}$。求第一主成分 $\boldsymbol{Z}_1=\boldsymbol{a}_1^{\mathrm{T}}\boldsymbol{X}$ 的问题就是在 $\boldsymbol{a}_1^{\mathrm{T}}\boldsymbol{a}_1=1$ 的条件下，求 $\boldsymbol{a}_1=\left(\boldsymbol{a}_{11},\boldsymbol{a}_{21},\cdots,\boldsymbol{a}_{p1}\right)^{\mathrm{T}}$，使得 $\mathrm{Var}\left(\boldsymbol{Z}_1\right)$ 取得最大值。这是一个条件极值问题，应用拉格朗日乘子法求解，令

$$\boldsymbol{a}_1=\mathrm{Var}\left(\boldsymbol{a}_1^{\mathrm{T}}\boldsymbol{X}\right)-\lambda\left(\boldsymbol{a}_1^{\mathrm{T}}\boldsymbol{a}_1-1\right)=\boldsymbol{a}_1^{\mathrm{T}}\boldsymbol{\Sigma}\boldsymbol{a}_1-\lambda\left(\boldsymbol{a}_1^{\mathrm{T}}\boldsymbol{a}_1-1\right) \tag{2.6}$$

考虑：

$$\begin{cases}\dfrac{\partial\varphi}{\partial\boldsymbol{a}_1}=\left(\boldsymbol{\Sigma}-\lambda\boldsymbol{I}\right)\boldsymbol{a}_1=0\\[2ex]\dfrac{\partial\varphi}{\partial\lambda}=\boldsymbol{a}_1^{\mathrm{T}}\boldsymbol{a}_1-1=0\end{cases} \tag{2.7}$$

因为 $\boldsymbol{a}_1\neq0$，故 $|\boldsymbol{\Sigma}-\lambda|=0$，式（2.7）转化为求解 $\boldsymbol{\Sigma}$ 的特征值和特征向量。设 $\lambda=\lambda_i$ 是 $\boldsymbol{\Sigma}$ 的最大特征值，则相应的单位特征向量 $\boldsymbol{a}_1$ 即为所求。一般地，求 $\boldsymbol{X}$ 的第 i 主成分需要先求 $\boldsymbol{\Sigma}$ 的第 i 大特征值 λ_i 对应的单位特征向量 $\boldsymbol{a}_i$，再通过 $\boldsymbol{Z}_i=\boldsymbol{a}_i^{\mathrm{T}}\boldsymbol{X},i=1,2,\cdots,p$ 得到。

通常使用的 PCA 是在整个数据空间进行的，这种全局 PCA 方法对于局部而言往往不是最佳的。为了反映数据局部统计特性的变化，Jia 和 Richards（1999）

提出了分段主成分变换（segmented principal components transform，SPCT）的方法，该方法将整个数据空间分解为若干个高度相关的子空间，然后在每个数据空间中分别进行特征提取，对选择的特征空间进行变换，从而达到较为理想的降维效果。这种方法可以大大降低特征选择中的计算量，而特征维数的减少也有利于提高后续的分类速度，并且不会发生使用整个高光谱数据来处理时样本数太少的问题。

2. 基于可分性准则的特征提取

可分性准则可用于特征提取，比较有代表性的方法是线性判别分析（LDA）（Fisher, 1936）。该方法应用于高光谱图像时无法获得足够的训练样本和所有类别的未知信息，可对 LDA 进行改进，得到 MFLDA 算法；该方法只需要地物的类标记，利用 MFLDA 转换后的数据进行分类，结果表明，所需要的类信息保存良好，在低维空间中易于分离（Du，2007）。

基于可分性准则的特征提取的一般步骤如下：若存在 n 维的空间，使样本类别具有较好的可分性，也就是在该空间内，经过一定函数变换，使样本可分性函数值达到最大。以比较常用的可分性准则 $J_2 = \mathrm{tr}\left(\boldsymbol{S}_w^{-1}\boldsymbol{S}_b\right)$ 为例。

进行变换 $\boldsymbol{y} = \boldsymbol{A}^{\mathrm{T}}\boldsymbol{x}$ 后，希望在 m 维的 $\boldsymbol{Y}$ 空间中样本的类别可分性好，也就是希望在 $\boldsymbol{Y}$ 空间中，准则函数 J_2 能取得最大值。

根据协方差传播定律，$\boldsymbol{Y}$ 空间中的协方差矩阵 $\boldsymbol{C}_y$ 与 $\boldsymbol{X}$ 空间中的协方差矩阵 $\boldsymbol{C}_x$ 的关系如下：

$$\boldsymbol{C}_y = \boldsymbol{A}^{\mathrm{T}}\boldsymbol{C}_x\boldsymbol{A} \tag{2.8}$$

那么，$\boldsymbol{Y}$ 空间中的类内离散度矩阵 $\boldsymbol{S}_{yw}$ 可以通过 $\boldsymbol{X}$ 空间中的类内离散度矩阵 $\boldsymbol{S}_{xw}$ 计算得到，即

$$\boldsymbol{S}_{yw} = \boldsymbol{A}^{\mathrm{T}}\boldsymbol{S}_{xw}\boldsymbol{A} \tag{2.9}$$

$$\boldsymbol{S}_{yb} = \boldsymbol{A}^{\mathrm{T}}\boldsymbol{S}_{xb}\boldsymbol{A} \tag{2.10}$$

那么，$\boldsymbol{Y}$ 空间中的可分性准则函数为

$$J_2 = \mathrm{tr}\left(\boldsymbol{S}_{yw}^{-1}\boldsymbol{S}_{yb}\right) = \mathrm{tr}\left[\left(\boldsymbol{A}^{\mathrm{T}}\boldsymbol{S}_{xw}\boldsymbol{A}\right)^{-1}\left(\boldsymbol{A}^{\mathrm{T}}\boldsymbol{S}_{xb}\boldsymbol{A}\right)\right] \tag{2.11}$$

上式对 $\boldsymbol{A}$ 求导并令导数等于零，即

$$\frac{\partial J_2}{\partial \boldsymbol{A}} = -2\boldsymbol{S}_{xw}\boldsymbol{A}\boldsymbol{S}_{yw}^{-1}\boldsymbol{S}_{yb}\boldsymbol{S}_{yw}^{-1} + 2\boldsymbol{S}_{xb}\boldsymbol{A}\boldsymbol{S}_{yw}^{-1} = 0 \tag{2.12}$$

从而可以得到

$$\left(\boldsymbol{S}_{xw}^{-1}\boldsymbol{S}_{xb}\right)\boldsymbol{A} = \boldsymbol{A}\left(\boldsymbol{S}_{yw}^{-1}\boldsymbol{S}_{yb}\right) \tag{2.13}$$

利用线性变换 $\boldsymbol{z}=\boldsymbol{B}^{\mathrm{T}}\boldsymbol{y}=(\boldsymbol{AB})^{\mathrm{T}}\boldsymbol{x}$，可以将对称矩阵 $\boldsymbol{S}_{yb}$、$\boldsymbol{S}_{yw}$ 同时对角化：

$$\boldsymbol{B}^{\mathrm{T}}\boldsymbol{S}_{yb}\boldsymbol{B}=\boldsymbol{\Lambda},\quad \boldsymbol{B}^{\mathrm{T}}\boldsymbol{S}_{yw}\boldsymbol{B}=\boldsymbol{I} \tag{2.14}$$

其中，$\boldsymbol{B}$ 表示 $m\times m$ 阶的非奇异方阵。

$$\begin{aligned}\operatorname{tr}\left(\boldsymbol{S}_{zw}^{-1}\boldsymbol{S}_{zb}\right)&=\operatorname{tr}\left[\left(\boldsymbol{B}^{\mathrm{T}}\boldsymbol{S}_{yw}\boldsymbol{B}\right)^{-1}\left(\boldsymbol{B}^{\mathrm{T}}\boldsymbol{S}_{yw}\boldsymbol{B}\right)\right]=\operatorname{tr}\left[\boldsymbol{B}^{-1}\boldsymbol{S}_{yw}^{-1}\left(\boldsymbol{B}^{\mathrm{T}}\right)^{-1}\boldsymbol{B}^{\mathrm{T}}\boldsymbol{S}_{yb}\boldsymbol{B}\right]\\&=\operatorname{tr}\left[\boldsymbol{S}_{yw}^{-1}\boldsymbol{S}_{yb}\boldsymbol{B}\boldsymbol{B}^{-1}\right]=\operatorname{tr}\left(\boldsymbol{S}_{yw}^{-1}\boldsymbol{S}_{yb}\right)\end{aligned} \tag{2.15}$$

由式（2.15）可知，从 y 到 z 的非奇异变换不会改变准则函数的值。利用式（2.14）和式（2.13）可以改写为

$$\left(\boldsymbol{S}_{xw}^{-1}\boldsymbol{S}_{xb}\right)\boldsymbol{A}=\boldsymbol{A}\left(\boldsymbol{B}\boldsymbol{\Lambda}\boldsymbol{B}^{-1}\right) \tag{2.16}$$

$$\left(\boldsymbol{S}_{xw}^{-1}\boldsymbol{S}_{xb}\right)(\boldsymbol{AB})=(\boldsymbol{AB})\,\boldsymbol{\Lambda} \tag{2.17}$$

$$\left(\boldsymbol{S}_{xw}^{-1}\boldsymbol{S}_{xb}\right)\boldsymbol{\varphi}_i=\boldsymbol{\varphi}_i\lambda_i, i=1,2,\cdots,n \tag{2.18}$$

由式（2.18）可知，λ 和 $\boldsymbol{\varphi}$ 是 $\boldsymbol{S}_{xw}^{-1}\boldsymbol{S}_{xb}$ 的特征值和特征向量。

设 $\boldsymbol{S}_{xw}^{-1}\boldsymbol{S}_{xb}$ 的特征值为 $\lambda_1,\lambda_2,\cdots,\lambda_n$，将其按照从大到小顺序依次排列为 $\lambda_1\geqslant\lambda_2\geqslant\cdots\geqslant\lambda_m\geqslant\cdots\geqslant\lambda_n$。选取前 m 个特征值对应的特征向量构成变换矩阵 $\boldsymbol{A}^{\mathrm{T}}=(\boldsymbol{\varphi}_1,\boldsymbol{\varphi}_2,\cdots,\boldsymbol{\varphi}_m)^{\mathrm{T}}$，此时准则函数取最大值：

$$J_2=\operatorname{tr}\left(\boldsymbol{S}_{yw}^{-1}\boldsymbol{S}_{yb}\right)=\sum_{i=1}^{n}\lambda_i \tag{2.19}$$

3. 基于非线性准则的特征提取

该类方法是通过增加类间可分性，在原始样本类间距离保持不变的条件下，改变类内距离；经过可分性操作的变换，可以使样本在一定程度上更易区分，提高了分类的精度。经过变换，将原始样本从初始空间投影到新的空间，可以用单调性、应力、连续性三种性质来衡量空间变换对样本的分布造成的影响程度。

（1）单调性：倾向保持样本间距离的排序不变。

$$\sum_{j<i}^{N}\sum_{j<i}^{N}\omega_{ij}f\left\{R\left(d_{ij}^{*}\right)-R\left(d_{ij}\right)\right\}d_{ij}^{*},f\left(\xi\right)\begin{cases}=0,\xi=0\\>0,\xi\neq0\end{cases} \tag{2.20}$$

式中，R 表示距离的排序。

（2）应力：给相应的样本间距离加上一种比较强的关系。

$$\sum_{j<i}^{N}\sum_{j<i}^{N}\omega_{ij}\left(d_{ij}^{*}-d_{ij}\right)^{2} \tag{2.21}$$

（3）连续性：对于小的 d_{ij} 限制 d_{ij}^*。

$$\sum_{j<i}^{N}\sum_{j<i}^{N}\omega_{ij}\left(d_{ij}^*/d_{ij}\right)^2 \tag{2.22}$$

式中，求和是对所有不同的 (i,j) 对进行的；d_{ij} 和 d_{ij}^* 代表初始空间和投影空间中样本之间的距离。对于较小的 d_{ij}，其权重值通常比较大。ω_{ij} 可以通过下式计算：

$$\omega_{ij}=\frac{\left(\dfrac{1}{d_{ij}}\right)^{\alpha}}{\displaystyle\sum_{j<i}^{N}\sum_{j<i}^{N}\left(\dfrac{1}{d_{ij}}\right)^{\alpha}} \tag{2.23}$$

具体来讲，很多线性特征提取方法都有对应的非线性核方法，如核主成分分析（kernel principle component analysis，KPCA; Schölkopf et al., 1997）、核独立主成分分析（kernel independent component analysis，KICA; Bach and Jordan, 2003）以及核判别分析（kernel linear discriminant analysis，KLDA; Mika et al., 1999）等。以上方法都是在原始线性数据降维算法的基础上，引入核方法，通过核函数，将数据映射到高维特征空间，在高维特征空间中运算线性降维方法，实现原始空间中非线性的高光谱数据降维。近年来，流形学习作为新兴的数据降维方法，已成为诸多领域的研究热点，代表性方法有局部线性嵌入（LLE; Roweis, 2000）、拉普拉斯特征映射（Laplacian eigenmaps，LE; Belkin and Niyogi, 2003）、局部切空间排列法（LTSA; Zhang and Zha, 2004; Zhang et al., 2009）等。近年来，基于稀疏图嵌入流形学习的特征提取方法受到了关注，传统方法的图构建过程计算复杂度较高，图像表现出空间变异性和光谱多模态，不足以充分刻画高光谱遥感影像数据的复杂非线性流形特性。因此，Xue 等（2015）探索了两种新的特征提取和分类方法：一种是协同稀疏图嵌入方法（SSGE），基于稀疏码的矩阵计算构造稀疏图，然后在构造的稀疏图的基础上，利用线性图嵌入方法生成低维特征，其考虑了光谱特征的空间变异性，能够对本地和全局数据结构进行建模；另一种是协同稀疏图嵌入方法（SSMML），将生成多个视图来表示不同的模式，可以对多模态数据结构进行建模，提升了泛化性能。

4. 基于光谱重排的特征提取

不同的地物具有不同的光谱信息，在某些情况下可以利用原始数据直接进行光谱特征提取从而实现降维的目的；但是大部分情况下这种直接提取的方法并不可行，因为有时不同地物的显著特征信息可能相似，即同谱异物，这种情况下很难从中提取到有用信息。针对同谱异物的情况，可以使用光谱重排的特征提取方法，该方法根据光谱反射率的大小重新对地物的波段信息进行排列。实验证明，对于光谱重排后的地物，比较典型的特征信息会在不同于原始波长位置的地方出现，如果基谱的选择随机化，不同的光谱曲线所对应的特征信息位置也会随之改变。针对噪声对光谱信息空间产生的影响，可用小波变换对其进行平滑处理。小波变换 (WT) 以傅里叶变换为基础，是一种新的时域-频域局部分析方法，因其在时域中的多分辨率分析特性，实现了比傅里叶变换更为有效的特征提取性能，近年来逐渐应用于图像特征提取。

2.3 特征选择

2.3.1 特征选择概述

特征选择也称波段选择，它是从原始波段空间中直接选择若干有效的波段，被选择出来的波段组成了新的光谱特征空间，而且能够最大限度地反映原目标对象的主要光谱特征。波段选择不需要进行任何变换处理，只是通过选择来简化原始特征空间，能够在保留原始影像较完整物理信息的情况下，有效地降低特征空间的维数。光谱波段选择的过程如图 2-3 所示。

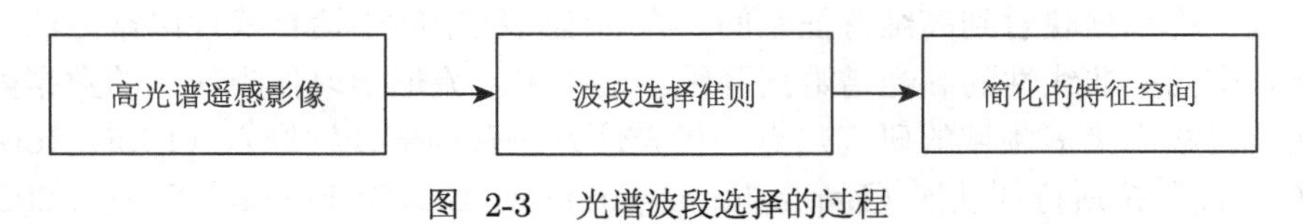

图 2-3 光谱波段选择的过程

波段选择的方式可概括为三种，即基于信息量原则、基于类别可分性原则和基于光谱特征位置搜索的方法。通过波段选择，可以选出那些可分性大或带有主要光谱信息的波段，从而去除对分类效果可有可无的信息冗余波段。

2.3.2 特征选择方法

1. 基于信息量原则

1）熵和联合熵

根据香农信息论原理，一幅 8bit 的图像 $\boldsymbol{X}$ 的熵为

$$H(\boldsymbol{X}) = -\sum_{i=0}^{255} P_i \log_2 P_i \tag{2.24}$$

式中，$\boldsymbol{X}$ 表示输入图像；P_i 表示图像像素灰度值为 i 的概率。

同理，两个波段的联合熵为

$$H\left(\boldsymbol{X},\boldsymbol{Y}\right)=-\sum_{x}\sum_{y}P\left(x,y\right)\log_2\left[P\left(x,y\right)\right] \tag{2.25}$$

则 n 个波段图像的联合熵为

$$\begin{aligned}&H\left(\boldsymbol{X}_1,\boldsymbol{X}_2,\cdots,\boldsymbol{X}_n\right)\\&=-\sum_{x_1}\sum_{x_2}\cdots\sum_{x_n}P\left(x_1,x_2,\cdots,x_n\right)\log_2\left[P\left(x_1,x_2,\cdots,x_n\right)\right]\end{aligned} \tag{2.26}$$

一般来说，联合熵越大，图像所含信息越丰富。对所有可能的波段组合计算其联合熵，并按从大到小的顺序进行排列，则联合熵最大的就是最佳波段组合。进行联合熵波段选择的结果是使波段容易聚集在某一连续的波段空间。但是由于高光谱遥感数据的波段信息之间的强相关性，使得多种波段组合方式具有相同的联合熵，往往达不到令人满意的特征选择效果。

2）最佳指数因子

高光谱图像数据波段标准差大，信息量丰富，而波段间的相关系数小，波段信息冗余度小。根据这一原理，Chavez 等（1982）提出了一种组合波段的优选方法，即最佳指数因子（optimum index factor, OIF）。该方法根据式（2.27）给出了 N 个波段组合中的最优指数大小：

$$\mathrm{OIF}=\frac{\sum\limits_{i=1}^{n}S_i}{\sum\limits_{i=1}^{n}\sum\limits_{j=i+1}^{n}\left|R_{i,j}\right|} \tag{2.27}$$

式中，S_i 表示第 i 个波段的标准差；$R_{i,j}$ 表示第 i 个波段与第 j 个波段之间的相关系数。选择的波段数目一般为 3，即将所有可能的三个波段组合在一起。OIF 越大，代表相应组合波段图像的信息量越大。

但是在实际应用中，该方法存在局限性。首先，选择出来的最优波段未必是最优的；其次，OIF 算法对于高光谱图像波段选择而言计算量过大。

3）自动子空间划分

该方法通过定义波段相关系数矩阵及其近邻可传递相关矢量，将高光谱数据空间划分为合适的数据子空间。该方法有着充分的理论依据，反映了数据的局部特性。自动子空间划分即根据相关系数矩阵灰度图成块的特点，依据高光谱影像相邻波段相关系数的大小，将波段划分为合适的数据子空间，最后在子空间中进行波段选择。

相关系数矩阵为

$$\boldsymbol{R}=\begin{bmatrix}\boldsymbol{r}_{11} & \cdots & \boldsymbol{r}_{1N}\\ \vdots & & \vdots\\ \boldsymbol{r}_{N1} & \cdots & \boldsymbol{r}_{NN}\end{bmatrix} \tag{2.28}$$

进一步地，可以将传递的相关矢量定义为

$$\boldsymbol{r}_{\mathrm{NTR}}=(\boldsymbol{r}_{1,2},\boldsymbol{r}_{2,3},\cdots,\boldsymbol{r}_{i,i+1},\cdots,\boldsymbol{r}_{N-1,N})^{\mathrm{T}} \tag{2.29}$$

对该矢量进行处理，从中提取局部相关的极小值。根据这些自动提取的极小值［设在波段开区间（1，N）内这样的极小值共有 $P-1$ 个］，将高光谱空间 S 划分为 P 个合适的数据子空间（它的维数是 $L_j, j=1,2,\cdots,P-1$）。

4）自适应波段选择

自适应波段选择（adaptive band selection，ABS）方法针对 OIF 方法在实际应用中存在的局限性，充分考虑了各波段的空间相关性和谱间相关性，通过计算各个波段的指数选择信息量大且与其他波段相关性小的波段，在对各波段相应的指数进行排列后，采用两种方法选择指数大的波段，一种是选择波段指数比设定指数大的波段，另一种是选择波段指数排在前 n 个的所有波段。其计算公式如下：

$$I_i=S_i/\left[\left(R_{i-1,i}+R_{i,i+1}\right)/2\right] \tag{2.30}$$

式中，S_i 代表第 i 个波段的标准差；$R_{i-1,i}$ 和 $R_{i,i+1}$ 代表第 i 个波段与其前后两个波段的相关系数或第 i 个波段与任意两个波段的相关系数；I_i 代表第 i 幅图像指数的大小。

该方法效果明显，计算复杂度也大大降低。但是该方法并没有从地物具有的连续光谱特征出发，忽略了高光谱数据的重要特性。

5）波段指数

基于全局算法选择的波段往往是连续地集中在某一个连续子空间中，而连续子空间的相似性往往比较大，会导致信息的重复使用，从而影响后续的处理效果。基于以上考虑，将高光谱数据分为 k 组，每组波段数分别为 $n_1,n_2,\cdots,n_k$，定义波段指数为

$$P_i=\frac{\sigma_i}{R_i},\quad R_i=R_w+R_a,\quad R_w=\frac{1}{nk}\sum_{j=1}^{nk}|\rho_{ij}| \tag{2.31}$$

式中，σ_i 表示第 i 波段的均方差；R_w 表示第 i 波段与所在组内其他波段相关系数的绝对值之和的平均值；R_a 表示第 i 波段与所在组其他波段之间的相关系数的绝对值之和。

2. 基于类别可分性原则

高光谱遥感影像数据光谱信息丰富，包含了大量的地物特征；可以根据特征来进行地物分类，用分类的精确度或错误概率作为波段选择是否有效的判断依据。根据规定的计算准则算出目标类别波段间的统计距离，样本类别之间可分性的优劣程度就由距离值的大小来判定。特征选择又分为基于空间维和光谱维两个方面。基于空间维的原理是计算目标地物类别波段间的统计距离，常用的类别可分性准则归纳起来有以下几种。

1）样本间的平均距离

各类样本间的距离越大，类别可分性就越大。因此，可以用各类样本间的平均距离作为可分性准则。

$$J_d = \frac{1}{2} \sum_{i=1}^{C} P_i \left[\sum_{j=1}^{C} P_j \left(\frac{1}{N_i N_j} \sum_{\boldsymbol{x}_i \in W_i} \sum_{\boldsymbol{x}_j \in W_j} D(\boldsymbol{x}_i, \boldsymbol{x}_j) \right) \right] \tag{2.32}$$

式中，C 表示类别数；N_i 表示 W_i 类中的样本数；N_j 表示 W_j 类中的样本数；P_i, P_j 表示相应类别的先验概率；$D(\boldsymbol{x}_i, \boldsymbol{x}_j)$ 表示样本 $\boldsymbol{x}_i$ 与样本 $\boldsymbol{x}_j$ 之间的距离。常见的两类样本之间的距离包括欧氏距离、马氏距离和闵氏距离等多种空间距离衡量标准。如果采用欧氏距离，则有

$$D(\boldsymbol{x}_i, \boldsymbol{x}_j) = (\boldsymbol{x}_i - \boldsymbol{x}_j)^{\mathrm{T}} (\boldsymbol{x}_i - \boldsymbol{x}_j) \tag{2.33}$$

用 $\boldsymbol{m}_i$ 表示第 i 类样本集的均值向量：

$$\boldsymbol{m}_i = \frac{1}{N_i} \sum_{\boldsymbol{x}_i \in W_i} \boldsymbol{x}_i \tag{2.34}$$

用 $\boldsymbol{m}$ 表示所有各类样本集的总平均向量：

$$\boldsymbol{m} = \sum_{i=1}^{C} P_i \boldsymbol{m}_i \tag{2.35}$$

将式（2.33）、式（2.34）和式（2.35）代入式（2.32）得

$$J_d = \sum_{i=1}^{C} P_i \left[\frac{1}{N_i} \sum_{\boldsymbol{x}_i \in W_i} (\boldsymbol{x}_i - \boldsymbol{m}_i)^{\mathrm{T}} (\boldsymbol{x}_i - \boldsymbol{m}_i) + (\boldsymbol{m}_i - \boldsymbol{m})^{\mathrm{T}} (\boldsymbol{m}_i - \boldsymbol{m}) \right] \tag{2.36}$$

把式（2.36）用矩阵形式表达，令

$$\boldsymbol{S}_b = \sum_{i=1}^{C} P_i (\boldsymbol{m}_i - \boldsymbol{m}) (\boldsymbol{m}_i - \boldsymbol{m})^{\mathrm{T}} \tag{2.37}$$

$$\boldsymbol{S}_w = \sum_{i=1}^{C} P_i \left[\frac{1}{N_i} \sum_{\boldsymbol{x}_i \in W_i} (\boldsymbol{x}_i - \boldsymbol{m}_i)(\boldsymbol{x}_i - \boldsymbol{m}_i)^{\mathrm{T}} \right] = \sum_{i=1}^{C} P_i \boldsymbol{C}_i \tag{2.38}$$

那么

$$J_d = \mathrm{tr}(\boldsymbol{S}_w + \boldsymbol{S}_b) \tag{2.39}$$

式中，$\mathrm{tr}(\boldsymbol{S}_w + \boldsymbol{S}_b)$ 表示取矩阵 $\boldsymbol{S}_w + \boldsymbol{S}_b$ 的迹；$\boldsymbol{S}_w$ 表示类内离散度矩阵；$\boldsymbol{S}_b$ 表示类间离散度矩阵。式（2.39）表明，随着各类样本间的平均距离的增加，类别间的可分性增加。但是在很多情况下类别间的平均距离并不能完全反映类别间的可分离性。

2）归一化距离

归一化距离即类别间的相对距离（Swain and Davis, 1978），分类时一般希望类别内离散度最小，类别间的离散度最大，根据该原则可以用类别间的相对距离作为可分性的一种测量工具。归一化距离的数学表达式如下式：

$$d_{\mathrm{norm}} = \frac{|\mu_1 - \mu_2|}{\sigma_1 + \sigma_2} \tag{2.40}$$

式中，μ_1, μ_2 为样本均值；σ_1, σ_2 为样本方差。但是在样本分布十分离散或样本均值十分相近时用归一化距离衡量可分性的效果会大大降低。

3）离散度

归一化距离基于的是类间距离和类内方差，离散度则是一种基于类条件概率差的度量方式，它由类间的分布差异和类间的归一化距离决定，且随归一化距离的变化而单调增加或减小，分类精度在一定范围内随离散度增加而呈指数上升，达到一定值时不再增加。当样本分布相对集中时，离散度衡量可分性较平均距离和归一化距离更为有效。离散度的数学表达式如下：

$$D_{ij} = E\left[L'_{ij}(X)/\omega_i\right] + E\left[L'_{ji}(X)/\omega_j\right] \tag{2.41}$$

式中，E 表示数学期望值；L'_{ji} 表示 L_{ij} 的自然对数，而 L_{ij} 是某一点的似然比：

$$L_{ij} = \frac{p(X/\omega_i)}{p(X/\omega_j)} \tag{2.42}$$

所以有

$$L'_{ji} = \ln L_{ij}(X) = \ln p(X/\omega_i) - \ln p(X/\omega_j) \tag{2.43}$$

式（2.41）中，E 代表数学期望值，即

$$E\left[L'_{ij}(X)/\omega_i\right] = \int L'_{ij} p(X/\omega_i)\,\mathrm{d}X \tag{2.44}$$

$$E\left[L'_{ij}(X)/\omega_j\right]=\int L'_{ij}p(X/\omega_j)\,\mathrm{d}X \tag{2.45}$$

也就是说，D_{ij} 是各类样本点的似然比的比值。这个均值越大，类别间的可分性就越大。假如各类样本均服从于正态分布，即

$$p(X/\omega_i)=N(\mu_i,\sigma_i) \tag{2.46}$$

$$p(X/\omega_j)=N(\mu_j,\sigma_j) \tag{2.47}$$

从而可以把式（2.41）表示为类均值与方差的函数，即

$$D_{ij}=\frac{1}{2}\mathrm{tr}\left[(\sigma_i-\sigma_j)\left(\sigma_j^{-1}-\sigma_i^{-1}\right)\right]+\frac{1}{2}\mathrm{tr}\left[\left(\sigma_i^{-1}+\sigma_j^{-1}\right)(\mu_1-\mu_2)(\mu_1-\mu_2)^{\mathrm{T}}\right] \tag{2.48}$$

式中，σ 为样本方差；μ 为样本均值。式（2.48）右边第一项是两类的方差之差，代表两类的分布差异；第二项是两类间的归一化距离。显然在一般情况下 D_{ij} 不等于零，除非这两类均值相等且分布相同。

上述离散度是两类可分性的度量，当类别多于两个时，可以用平均离散度来衡量多类别可分性。

$$D_{\mathrm{ave}}=\sum_{i=1}^{m}\sum_{j=1}^{m}p(\omega_i)p(\omega_j)\,D_{ij} \tag{2.49}$$

式中，D_{ave} 表示以各类的先验概率作为权的加权平均值。

4）JM 距离

JM（Jeffreys-Matusita）距离也是基于类条件概率之差（Bruzzone et al，1995），它的表达式为

$$J_{ij}=\left\{\int\left[\sqrt{p(X/\omega_i)}-\sqrt{p(X/\omega_j)}\right]^2\mathrm{d}X\right\}^{\frac{1}{2}} \tag{2.50}$$

由式（2.50）可知，JM 距离实际上就是两类概率密度函数之差。当样本服从正态分布时，JM 距离可以简化为

$$J_{ij}=\left[2\left(1-\mathrm{e}^{-\alpha}\right)\right]^{\frac{1}{2}} \tag{2.51}$$

式中，

$$\alpha=\frac{1}{8}(\mu_i-\mu_j)^{\mathrm{T}}\left(\frac{\sigma_i+\sigma_j}{2}\right)^{-1}(\mu_i-\mu_j)+\frac{1}{2}\ln\left[\frac{|(\sigma_i+\sigma_j)/2|}{(|\sigma_i|\times|\sigma_j|)^{\frac{1}{2}}}\right] \tag{2.52}$$

由式（2.52）可以看出，JM 距离是 α 的单调增加函数。和离散度一样，α 也由两部分组成，它本身有一部分由归一化距离决定但作用较小，JM 距离增加到一定程度时就不再增加，其分类精度也是如此，达到一定值后就停止上升（Landgrebe, 2003）。因为 JM 距离是基于样本分布和先验概率的，其可分性和可操作性都较为优越（马娜等，2010）。

上述准则都基于高光谱遥感数据的空间维特性来考虑样本类别间可分性，然而高光谱遥感数据还具有光谱维特性，所以从这个角度来讲，有光谱混合距离模型、光谱角度制图法和光谱相关系数（Yang et al., 2011）等可应用于波段选择。从理论上考虑，选择哪一种光谱可分性准则需要认真衡量，但是在实际操作时，还需要通过实验比较分类结果来选择合适的可分性准则。

3. *基于光谱特征位置搜索的方法*

利用光谱位置搜索最常用的方法就是利用地物的波段吸收特性进行波段选择，因此需要具有地物波谱特征的先验知识，而且通常先要做包络线去除，所以该方法的实现过程包括包络线去除和光谱特征位置搜索两个部分。

光谱曲线的包络线从直观上来看，相当于光谱曲线的“外壳”。因为实际的光谱曲线由离散的样点组成，所以用连续的折线段来近似表示光谱曲线的包络线，求光谱曲线包络线的算法描述如下。

设有反射率曲线样点数组：$r(i), i=0,1,\cdots,k-1$。

波长数组：$w(i), i=0,1,\cdots,k-1$。

（1）$i=0$，将 $r(i), w(i)$ 加入包络线节点表中；

（2）求新的包络节点，若 $i=k-1$ 则结束，否则 $j:=i+1$；

（3）连接 i,j；检查 (i,j) 直线与反射率曲线的交点，如果 $j=k-1$，则结束，将 $r(j), w(j)$ 加入包络线节点表中，否则

① $m:=j+1$；

② 若 $m=k_m=k-1$ 则完成检查，j 是包络线上的点，将 $r(j), w(j)$ 加入包络线节点表中，$i=j$，转到（2）；

③ 否则求 i,j 与 $w(m)$ 的交点 $r_1(m)$；

④ 如果 $r(m)<r_1(m)$，则 j 不是包络线上的点，$j:=i+1$，转到（3）；如果 $r(m)\geqslant r_1(m)$，则 i,j 与光谱曲线最多有一交点，$m:=m+1$，转到②。

（4）得到包络线节点表后，将相邻的节点用直线段依次相连，求出 $w(i)\,(i=0,1,\cdots,k-1)$ 所对应的折线段上的点的函数值 $h(i)\,(i=0,1,\cdots,k-1)$；从而得到该光谱曲线的包络线，显然有 $h(i)\geqslant r(i)$；

（5）求出包络线后对光谱曲线进行包络线去除：

$$r'(i)=r(i)/h(i)\quad i=0,1,\cdots,k-1$$

经过包络线去除后，不同地物光谱曲线的吸收特征会更加明显，而且光谱曲线都归一化到 0~1 之间。经过包络线去除处理后的曲线可以用于光谱吸收特征分析和光谱特征选择。

光谱特征位置搜索是根据专家知识对特定地物的物理化学特性和光谱特性的先验知识或者纯光谱特征分析，选择最具排他性的光谱特征波段。

2.4 特征挖掘

2.4.1 特征挖掘概述

高光谱遥感影像特征挖掘方法归纳为以综合利用所有观测数据信息为主要特色的特征提取、以保留波段物理意义为主要目的的特征选择和考虑亚像元多目标混合信息的特征混合三大类（何明一等，2013）。

在高光谱遥感目标检测、分类与识别中，根据其空间分辨率和目标尺度的关系及需求的特征类型不同，按照目标相对空间分辨率尺度大小分成多像元、单像元和亚像元 3 种情况。

（1）多像元情况：目标一般由多个像素组成，对目标的检测、分类或识别不但可以利用光谱信息，而且还可以利用形态信息。特别是当空间分辨率很高时，空间形态可能比光谱提供的信息更多，一般需要综合利用光谱和形态信息。

（2）单像元情况：目标只有一个像素，对目标的检测、分类或识别可利用的唯一信息是光谱信息。

（3）亚像元情况：目标尺度太小或图像空间分辨率太低，一个像素往往对应多个目标及背景的混合观测，因此也称为混合目标分类问题。亚像元分析又称为解混合像元，也就是通过对该像元各个波段观测数据的分析，推演出该像元是由哪些目标及何种比例混合而成的，即端元提取和丰度计算。亚像元混合分析的关键是通过信号处理突破传感器空间分辨率限制来提高对小目标的探测识别能力。

高光谱遥感影像处理涉及提取光谱特征和形态特征，如表 2-1 所示。常规图像处理中的形态特征技术已比较成熟，因此本节重点讨论光谱特征和混合光谱特征的获取方法。

表 2-1　高光谱遥感影像空间分辨率、目标尺度与特征需求

目标尺度	空间分辨率	光谱	形态
多像元	高	光谱特征	形态特征
单像元	较低	光谱特征	形态特征
亚像元	低	混合光谱特征	形态特征

在多光谱和高光谱遥感技术中，光谱特征（spectral signature）是指化学成分、化合物或混合物在不同电磁波段的一组反射或辐射率数值或派生出来的参数。

常见的光谱特征参数主要有光谱吸收位置、反射率、对称性、反射曲线深度、宽度与强度、光谱曲线的峰谷位置与数量以及斜率、光谱曲线的梯度与高阶统计量等。反映物质差别的特征光谱的吸收峰或反射峰的宽度一般在 5~50nm，且越精细的物质分类需要越高的光谱分辨率，而传统的多光谱数据源的光谱分辨率在几十到几百纳米之间，显然无法满足分类的需要，因此必须采用高光谱影像数据。

在给定目标的情况下，根据光谱曲线上各个物体的特点，例如吸收谱、峰值谱及敏感谱等，可以用较少的谱段来有效区分和鉴别出各种目标，通常把这样的谱段组合称为目标的光谱特征。显然，针对特定的应用，目标的高光谱影像特征并不唯一，其特征数量有时可能很少。因此，通过特征挖掘技术不仅可以大大降低数据处理负担，还可大大减少高光谱传感器的波段数、简化传感器结构及降低传感器成本，对空间遥感的发展具有重要意义。

2.4.2 特征混合

波段选择和特征提取的方法在前两节已经讨论过，本节主要讨论光谱特征混合的方法。高光谱遥感数据的光谱分辨率很高，但是传感器的空间分辨率限制以及自然界地物的复杂多样性，使得在单像元点处得到的光谱反映的不一定只是一种物质的特性，也可能是几种不同物质光谱的混合，这样的特征像素点被称为混合像元。此时，如果采用纯像元分类方法势必会产生分类误差，影响分类精度。因此，研究光谱特征解混是高光谱遥感分类中的重要课题。光谱特征解混技术通过信号处理手段突破传感器的分辨率物理限制，能达到高分辨的目的，不仅可以提高高光谱影像分类和目标检测等处理的精度，也是高光谱遥感定量化分析和应用的基础，在环境保护、精细农业、植被覆盖调查、自然灾害监测与评估、星球探测（如月壤分析）及军事国防等领域具有重要的应用价值。例如，在自然灾害监测与评估方面，对受灾区域（雪灾、洪灾、地震等）的高光谱影像进行混合像元分解研究，能够提取出受灾区域，并对受灾情况进行定量的评估分析（延昊和张国平，2004）；在军事国防方面，利用混合像元分解技术可以将目标探测与识别的能力提高到亚像元级别，弥补现有探测装备在空间分辨率方面的不足（杜博等，2009）。

在高光谱遥感影像中，纯净地物的特征光谱一般称为端元（endmember）光谱，而这些端元光谱在各个混合像元中所占的比例称为丰度（abundance），光谱特征解混的最终目标就是获取图像中各纯净地物的丰度图像，用于对该图像进行定量分析和解译。光谱特征解混技术主要涉及特征约简（feature reduction）、端元提取（endmember extraction）、丰度估计（abundance estimation）及混合像元盲分解等方面的问题（Keshava, 2003）。在这些处理中，图像的降维处理并不是必需的步骤，但其可以提高混合像元分解的速度。此外，降维处理对噪声有一定的抑制作用（如在波段选择时放弃信噪比低的波段），因此降维处理可以提高混合像元分解算法的抗噪性能。如果在降维处理中选择有利于混合像元分解的特征或波段（如选取端元光谱差异比较大的特征或者波段），则降维处理还可以提高混合像元分解的性能。

现有的混合像元分解算法几乎均未考虑图像降维和特征提取预处理，目前高光谱影像降维和特征提取针对性比较强，其在混合像元分解方面的推广应用有待进一步验证。纯净地物端元光谱的提取途径通常有两种：① 从已有的地物光谱信息库中选择端元光谱，通过这种途径选择的端元称为“参考端元”；② 直接从待研究图像中提取端元光谱，通过这种途径选择的端元称为“图像端元”。虽然利用参考端元进行混合像元分解，理论上比较精确，但受到大气、地形和传感器等因素的影响，图像上地物的光谱曲线与光谱库中的地物光谱曲线往往存在很大差别，而这些差别可能会在后续的丰度估计处理中造成很大的分解误差，因此，从待研究图像中获取图像端元是一种可靠的端元提取方法，如像元纯度指数法（Boardman et al., 1995）、N-FINDR 算法（Winter, 1999）、顶点分析算法（Nascimento and Dias, 2005）等。

以上算法仅利用图像中的光谱信息进行端元提取，将图像看作是一组无序的像元集合，忽略了像元的空间分布特性。因此，综合利用图像的光谱特性和空间信息进行端元光谱的提取是近些年研究的一个热点，其典型算法包括自动形态学端元提取（Plaza et al., 2002）、空谱联合端元提取（Rogge et al., 2007）、基于空间纯净度的端元提取（Mei et al., 2010）及改进的空谱联合端元提取算法等。光谱空间投影分类器、目标空间投影分类器、斜子空间投影分类器及在纯净地物的丰度估计问题中，最小二乘（朱述龙，1995）、基于高维空间凸面单形体体积的混合像元分解算法（耿修瑞等，2004）获取的分解结果虽然不能表征图像中各地物的真正面积比例，但可以用于提高遥感影像目标检测和地物分类等处理的精度。目前，该领域的研究主要集中在如何确保丰度的非负性，实现混合像元的全约束分解，提取具有物理意义的丰度值，进而对遥感影像进行定量分析。如全约束最小二乘算法、梯度熵分解法、Hopfield 神经网络法等。近年来，随着盲信号分离和非负矩阵分解等技术的兴起和发展，混合像元盲分解成为目前研究的一个热点。混合像元盲分解技术克服了传统分解算法的限制条件，为高光谱遥感影像中混合像元问题的解决提供了一条新的思路。ICA 从观测信号中提取出彼此相互独立的源信号，已经广泛应用于混合像元分解问题中。此外，非负矩阵分解（nonnegative matrix factorization, NMF）使用非负约束，将一个非负的矩阵分解成为两个非负矩阵的乘积，是一种对原始数据基于部分的表示形式，只允许对样本数据进行加性的和非负的组合，其本身就满足了线性混合模型和丰度非负性约束，对于丰度和为 1 的约束，只需在 NMF 的每一步迭代中加入丰度归一化操作即可满足，在混合像元盲分解中具有很大的应用潜力（Qian et al., 2011）。

2.5　降维方法评价与选择

2.5.1　特征提取性能评价

在高光谱影像特征提取领域，众多学者不断探索出新的提取方法，但是对特征提取质量评价的研究却很少，一般来说，特征提取的质量评价方法可以分为三类（薛朝辉，2015）。第一类，依据数据重建误差进行评价。对于特征提取方法来说，假设特征映射为 $y = F(X)$，则其重建误差可以表示为 $E\left\{\left[x - F^{-1}(F(x))\right]^2\right\}$。然而，大多数非线性特征提取方法并不能给出 F 及 F^{-1} 的闭式形式。第二类，以目标或任务为驱动的评价标准。特征提取往往服务于特定的处理需求，比如分类、目标探测等。因此，根据先验知识，采用分类误差、目标探测准确率等明确的指标来评价特征提取方法直接而有效。第三类，根据对原始数据结构的保持能力对特征提取算法进行评价能够在统一的标准下真实地反映不同特征提取方法的效果。

根据影像分类这一特定的任务，可以采用特征值曲线（eigenvalue curve）、相关系数（correlation coefficient）和 K-ary 邻域保持（K-ary neighborhood preservation）评价降维方法对原始数据空间结构的表达和保持能力。同时，采用典型样本的散点图（scattering plot）、典型地物的概率密度函数（probability density function, PDF）和费希尔比率（Fisher's ratio）来评价特征空间的可分性。进一步地，可以将上述方法概括为定性评价和定量评价指标。

1. 定性评价指标

1）特征值曲线

根据特征提取方法得到的特征值可以绘制特征值曲线，特征值的唯一性和平滑度能够显示特征提取方法对数据局部和全局结构的表达能力。具体来说，特征值呈现平滑且快速的下降表明特征提取方法对单一、较大且连续的影像特征的有效捕捉；而特征值表现为平滑且缓慢的下降则表明特征提取方法对多个非连续局部影像细节的有效表达。然而，特征值分析不能针对这一特性给出定量化的评价分析。

2）典型样本的散点图

在二维或三维特征空间中绘制典型地物样本的散点图，进而根据不同类别散点图之间的聚集与分散程度，可视化地表达特征空间的可分性。散点图分析是常用的展示特征提取效果的方法，但是仅利用二维或三维特征空间常常难以准确地反映特征空间的可分性，而且该方法也不能给出定量化评价。

3）典型地物的概率密度函数

根据一维特征空间 y，并在 95%置信度的条件下估计特征影像相对于典型地物类别（l）的均值 (μ_l) 和方差 (σ_l)，然后再利用估计值计算地类 l 的概率密度函数：

$$\xi_l = f\left(\Delta|\mu_l, \sigma_l\right) = \frac{1}{\sigma_l\sqrt{2\pi}}\mathrm{e}^{\frac{-(\Delta-\mu_l)^2}{2\sigma_l^2}} \tag{2.53}$$

通过设定均匀间隔的一组观测值 $\Delta = \{\Delta_i\}_{i=1}^{n}$，获得表示地类 l 的正态分布 $N\left(\mu_l, \sigma_l^2\right)$。将不同类别的正态分布相叠加，根据重叠情况和正态分布特征即可反映不同地物类别在给定特征空间的分离度，该方法可对较难区分的少数地类给出直观评价。

2. 定量评价指标

1）K-ary 邻域保持

K-ary 邻域保持是一种有效的定量化描述特征提取方法，是对数据空间局部和全局结构保持能力的评价方法。将高维光谱空间和低维特征空间中不同像元（索引号为 i 和 j）之间的欧氏距离分别记为 $d_{ij}^{\mathrm{H}} = \|\boldsymbol{x}_i - \boldsymbol{x}_j\|_2$ 和 $d_{ij}^{\mathrm{L}} = \left\|\boldsymbol{y}_i - \boldsymbol{y}_j\right\|_2$。在高维光谱空间，定义 $\boldsymbol{x}_i$ 相对于 $\boldsymbol{x}_j$ 的秩为 $r_{ij}^{\mathrm{H}} = \left|\left\{k : d_{ik}^{\mathrm{H}} < d_{ij}^{\mathrm{H}}\right\}\right|$ 或 ($d_{ik}^{\mathrm{H}} = d_{ij}^{\mathrm{H}}$ 和 $1 \leqslant k \leqslant j \leqslant N$)，其中 $|A|$ 表示集合 A 的元素个数。类似地，在低维特征空间，$\boldsymbol{y}_i$ 相对于 $\boldsymbol{y}_j$ 的秩为 $r_{ij}^{\mathrm{L}} = \left|\left\{k : d_{ik}^{\mathrm{L}} < d_{ij}^{\mathrm{L}}\right\}\right|$ 或 $\left(d_{ik}^{\mathrm{L}} = d_{ij}^{\mathrm{L}}\right.$ 和 $\left.1 \leqslant k \leqslant j \leqslant N\right)$。进一步地，$\boldsymbol{x}_i$ 和 $\boldsymbol{y}_i$ 的 K-ary 邻域分别定义为 $\Omega_K^{\mathrm{H}}(i) = \left\{j : 1 \leqslant r_{ij}^{\mathrm{H}} \leqslant S_k\right\}$ 和 $\Omega_K^{\mathrm{L}}(i) = \left\{j : 1 \leqslant r_{ij}^{\mathrm{L}} \leqslant S_k\right\}$。那么，$K$-ary 邻域保持能力可以由两个邻域的交集得出：

$$Q_{NX}\left(S_K\right) = \sum_{i=1}^{N} \frac{\left|\Omega_K^{\mathrm{H}}(i) \cap \Omega_K^{\mathrm{L}}(i)\right|}{S_k N}, 1 \leqslant S_k \leqslant N-1 \tag{2.54}$$

式中，$Q_{NX}\left(S_K\right)$ 的取值范围是 0（邻域结构无重叠）~1（邻域结构完全重叠）。为了使 $Q_{NX}\left(S_K\right)$ 可以适应不同的邻域，以均衡地反映特征提取方法对数据结构的保持能力，对其进行归一化处理：

$$R_{NX}\left(S_K\right) = \frac{(N-1)\, Q_{NX}\left(S_K\right) - S_K}{N - 1 - S_K}, 1 \leqslant S_k \leqslant N-2 \tag{2.55}$$

最终，采用该方法可以绘制出 R_{NX} 随 S_K 的变化曲线，并借助曲线下面积（area under curve, AUC）来表达特征提取方法在不同邻域尺度下对数据结构的保持能力，即

$$\mathrm{AUC}_{\ln S_K}\left(R_{NX}\left(S_K\right)\right)=\frac{\displaystyle\sum_{S_K=1}^{N-2}\frac{R_{NX}\left(S_K\right)}{S_K}}{\displaystyle\sum_{S_K=1}^{N-2}\frac{1}{S_K}} \tag{2.56}$$

2）相关系数

去相关或去冗余是高光谱遥感影像特征提取的基本目的。相关系数是统计学中比较常见的衡量变量之间相关性的指标。若变量之间呈现正相关关系，取值范围在 0~1；若呈现负相关关系，取值范围在 $-1\sim0$。相关系数可以表示为

$$\boldsymbol{R}(i,j)=\frac{\boldsymbol{C}(i,j)}{\sqrt{\boldsymbol{C}(i,j)\,\boldsymbol{C}(i,j)}} \tag{2.57}$$

式中，$\boldsymbol{C}=\mathrm{Cov}\left(\boldsymbol{X}^{\mathrm{T}}\right)$ 表示 $\boldsymbol{X}$ 的协方差矩阵；$\boldsymbol{R}$ 表示相关系数矩阵，通常采用其平方来衡量相关性。研究表明，相关性较低的特征具有较高的可分性。

3）费希尔比率

费希尔比率（Fisher's ratio）利用类内与类间散布矩阵的比值构建面向分类的判别函数。基于费希尔比率的类别可分性准则定义为

$$J_{B/W}=\mathrm{tr}\left(\boldsymbol{S}_W^{-1}\boldsymbol{S}_B\right)=\mathrm{tr}\left(\boldsymbol{S}_B\boldsymbol{S}_W^{-1}\right) \tag{2.58}$$

以上指标的综合运用可以从不同角度较为全面地评价特征提取效果。特征值分析可以揭示特征提取方法对影像局部和全局空间结构描述的不同侧重，这与特征提取效果直接相关；相关分析可以从去相关或去冗余的角度对特征提取方法给出直观的定量化评价；K-ary 邻域保持能够定量化地描述不同特征提取方法对数据局部和全局空间结构的表达能力；典型样本的散点图分析可以从类别划分的角度间接预示后续基于特征的分类效果；典型地物的概率密度函数有助于直观地展现不同特征提取方法对高度相似地类的区分能力；费希尔比率可以定量化地描述特征空间的可分性。此外，鲁棒性分析能够检验特征提取方法对噪声的抗干扰能力，而计算复杂度分析可以说明不同特征提取方法的效率。

2.5.2　特征选择策略

对于高光谱遥感影像来说，波段数往往很多，要从 n 个特征中找出具有 m 个特征的最优子集并不是一件容易的事。因此，如何找到一个较好的特征选择策略，以便在较短的时间内获取最优的特征子集，是一个很重要的问题。总的来说，特征选择策略有四种。

1. 单独选择法

根据可分性准则函数计算每一个特征的可分性，然后根据各个特征的可分性大小进行排序，选择可分性最大的前 m 个特征。

2. 扩充最优特征子集

该方法的基本步骤是：首先，根据类别可分性准则函数计算每一个特征对于所有类别的可分性，选择可分性最大的那一个特征进入最优特征子集；然后，增加一个特征，与最优特征子集中的特征形成新的组合，并计算新的特征组合的可分性，选择可分性最大的特征组合作为新的最优特征子集；最后，重复执行上一步，直到最优特征子集中的特征数达到 m 个为止。

3. 根据分类贡献度进行由大到小的特征排序

该方法的基本步骤是：第一，根据类别可分性准则函数计算每一个类对的可分性，找出最难分的类对；第二，计算各个特征对于最难分的类对的可分性，挑选可分性最大的特征进入最优特征子集；第三，增加一个特征，与最优特征子集中的特征形成新的组合，并计算新的特征组合对于最难分的类对的可分性，选择可分性最大的特征组合作为新的最优特征子集；第四，重复执行第三步，直到最优特征子集中的特征数达到 m 个为止。

4. 根据分类贡献度进行由小到大的特征去除

该方法的基本步骤是：第一，根据类别可分性准则函数计算每一个类对的可分性，找出最难分的类对；第二，计算各个特征对于最难分的类对的可分性，去掉可分性小的特征，剩下的特征作为最优特征子集；第三，从最优特征子集中任意减少一个特征，作为新的特征组合，并计算新的特征组合对于最难分的类对的可分性，选择可分性最大的特征组合作为新的最优特征子集；第四，重复执行第三步，直到最优特征子集中的特征数达到 m 个为止。

2.6 本章小结

由于高光谱遥感影像谱段数多、信息冗余性大，处理复杂耗时，有必要对其进行降维处理。目前，常见的高光谱遥感影像降维方法主要有三种：特征提取、波段选择和特征挖掘。本章主要介绍了高光谱遥感影像降维的常见方法及其评价准则，主要内容包括高光谱遥感降维的理论基础；高光谱遥感特征提取方法，如主成分分析、可分性准则、非线性准则和光谱重排等；高光谱遥感特征选择的方法，如基于信息量原则、基于类别可分性原则和基于光谱特征位置搜索等方法；常用的高光谱特征挖掘方法；高光谱降维方法的性能评价，包括定性指标和定量指标。

总之，在处理高光谱遥感影像时，一方面，大量的光谱波段可以提供丰富的光谱信息，另一方面，波段数的增多也必然会导致信息的冗余和处理的复杂。现有的降维方法已经较为成熟，但仍然需要更多的学者去探究更简单、高效的高光谱遥感影像降维新途径。

参考文献

陈亮, 刘代志, 黄世奇. 2007. 基于光谱角匹配预测的高光谱图像无损压缩. 地球物理学报, 50(6)：276-280.

杜博, 张良培, 李平湘, 等. 2009. 基于最小噪声分离的约束能量最小化亚像元目标探测方法. 中国图象图形学报, 14(9): 1850-1857.

耿修瑞, 张兵, 张霞, 等. 2004. 一种基于高维空间凸面单形体体积的高光谱图像解混算法. 自然科学进展, 14(7): 810-814.

何明一, 畅文娟, 梅少辉. 2013. 高光谱遥感数据特征挖掘技术研究进展. 航天返回与遥感, 34(1): 1-12.

马娜, 胡云峰, 庄大方, 等. 2010. 基于最佳波段指数和 J-M 距离可分性的高光谱数据最佳波段组合选取研究. 遥感技术与应用, 25(3): 358-365.

田野. 2008. 高光谱遥感图像降维方法研究. 哈尔滨: 哈尔滨工程大学.

童庆禧，张兵，郑兰芬. 2006. 高光谱遥感——原理、技术与应用. 北京: 高等教育出版社.

薛朝辉. 2015. 高光谱遥感影像稀疏图嵌入分类研究. 南京: 南京大学.

延昊, 张国平. 2004. 混合像元分解法提取积雪盖度. 应用气象学报, 15(6): 665-671.

朱述龙. 1995. 基于混合像元的遥感图像分类技术. 解放军测绘学报, 12(4): 276-278.

Bach F R, Jordan M I. 2003. Kernel Independent Component Analysis. IEEE International Conference on Acoustics.

Belkin M, Niyogi P. 2003. Laplacian eigenmaps for dimensionality reduction and data representation. Neural Computation, 15(6): 1373-1396.

Boardman J, Kruse F, Green R. 1995. Mapping target signatures via partial unmixing of AVIRIS data. Summaries of JPL Airborne Earth Science Workshop: 23-26.

Bruzzone L, Roli F, Serpico S B. 1995. An extension of the Jeffreys-Matusita distance to multiclass cases for feature selection. IEEE Transactions on Geoscience Remote Sensing, (33): 1318-1321.

Chavez P, Berlin G, Sowers L. 1982. Statistical method for selecting Landsat MSS ratios. Journal of Applied Photographic Engineering, 8(1): 23-30.

Du Q. 2007. Modified Fisher's linear discriminant analysis for hyperspectral imagery. IEEE Geoscience and Remote Sensing Letters, 4(4): 503-507.

Farrell M D, Mersereau R M. 2005. On the impact of PCA dimension reduction for hyperspectral detection of difficult targets. IEEE Geoscience and Remote Sensing Letters, 2(2): 192-195.

Fisher R A. 1936. The use of multiple measurements in taxonomic problems. Annals of Human Genetics, 7(7): 179-188.

Gao L, Zhang B, Sun X, et al. 2013. Optimized maximum noise fraction for dimensionality reduction of Chinese HJ-1A hyperspectral data. Journal on Advances in Signal Processing, (1): 65.

Green A A, Berman M, Switzer P, et al. 1988. A transformation for ordering multispectral data in terms of image quality with implications for noise removal. IEEE Transactions on Geoscience and Remote Sensing, 26(1): 65-74.

Hughes G F. 1968. On the mean accuracy of statistical pattern recognizers. IEEE Transactions on Information Theory, 14(1): 55-63.

Jia X P, Richards J A. 1999. Segmented principal components transformation for efficient hyperspectral remote-sensing image display and classification. IEEE Transactions on Geoscience and Remote Sensing, 37(1): 538-542.

Keshava N A. 2003. Survey of spectral unmixing algorithms. Lincoln Laboratory Journal, 14(1): 55-78.

Landgrebe D. 2003. Signal Theory Methods in Multispectral Remote Sensing. Hoboken: John Wiley and Sons.

Lee T W. 1998. Independent Component Analysis: Theory and Applications. Boston: Kluwer Academic Publisher.

Mei S H, He M Y, Wang Z Y, et al. 2010. Spatial purity based endmember extraction for spectral mixture analysis. IEEE Transaction on Geoscience and Remote Sensing, 48(9): 3434-3445.

Mika S, Ratsch G, Weston J, et al. 1999. Fisher discriminant analysis with kernels. Neural Networks for Signal Processing IX//Proceedings of the 1999 IEEE Signal Processing Society Workshop. Piscataway: IEEE: 41-48.

Nascimento J, Dias J. 2005. Vertex component analysis: A fast algorithm to unmix hyperspectral data. IEEE Transactions on Geoscience and Remote Sensing, 43(4): 898-910.

Pearson K. 1901. On lines and planes of closest fit to systems of points in space. Philosophical Magazine, 2(11): 559-572.

Plaza A, Martinez P, Perez R, et al. 2002. Spatial/spectral endmember extraction by multidimensional morphological operations. IEEE Transaction on Geoscience and Remote Sensing, 40(9): 2025-2041.

Qian Y, Jia S, Zhou J, et al. 2011. Hyperspectral unmixing via sparsity-constrained nonnegative matrix factorization. IEEE Transaction on Geoscience and Remote Sensing, 49(11): 4282-4297.

Rogge D, Rivard B, Zhang J, et al. 2007. Integration of spatial-spectral information for the improved extraction of endmembers. Remote Sensing of Environment, 110(3): 287-303.

Roweis S T. 2000. Nonlinear dimensionality reduction by locally linear embedding. Science, 290(5500): 2323-2326.

Schölkopf B, Smola A, Müller K R. 1997. Kernel principal component analysis//Gerstner W, Germond A. Artificial Neural Networks—ICANN'97. Switzerland: Springer-Verlag GmbH: 538-588.

Swain P H, Davis S M. 1978. Remote Sensing: The Quantitative Approach. New York: McGraw Hill.

Winter M. 1999. N-FINDR: An algorithm for fast autonomous spectral endmember determination in hyperspectral data. Proceedings of SPIE, Image Spectrometry V, 3753: 266-277.

Xue Z, Du P, Li J, et al. 2015. Simultaneous sparse graph embedding for hyperspectral image classification. IEEE Transactions on Geoscience and Remote Sensing, 53(11): 1-20.

Yang H, Du Q, Chen G. 2011. Unsupervised hyperspectral band selection using graphics processing units. Applied Earth Observations and Remote Sensing, 4(3): 660-668.

Zhang T, Tao D, Li X, et al. 2009. Patch alignment for dimensionality reduction. IEEE Transactions on Knowledge and Data Engineering, 21(9): 1299-1313.

Zhang Z Y, Zha H Y. 2004. Principal manifolds and nonlinear dimensionality reduction via tangent space alignment. Journal of Shanghai University, 8(4): 406-424.

第 3 章　高光谱遥感影像特征提取

本章主要介绍高光谱遥感影像特征提取的方法，3.1 节介绍两个经典的高光谱遥感影像特征提取方法：主成分分析和线性判别分析，并对算法进行详细推导。3.2 节介绍基于改进 K 均值的高光谱遥感影像特征提取新方法，并在算法复杂性、显著性水平检验、分类应用等方面对提出的算法性能进行评估。3.3 节介绍提出的基于层次聚类和正交投影散度的高光谱遥感影像特征提取方法，并通过实验证明该方法在高光谱遥感影像分类上的有效性。3.4 节介绍提出的最小噪声分离约束的优化判别局部对齐的高光谱遥感影像特征提取算法，并通过实验验证该方法在特征提取方面的效果。

3.1　主成分分析和线性判别分析

3.1.1　主成分分析

主成分分析（PCA）是经典的线性特征提取方法，该方法对原始数据进行某种变换，将关系紧密的变量变换成尽可能少的两两不相关的新变量，用较少的指标分别代表存在于各个变量中的各类信息。可通过观察变换后数据的重要成分进行分类，也可通过消除或过滤掉不重要成分减少或压缩数据。

由于 PCA 是一种线性特征提取方法，可以想象对正交属性空间中的样本点用一个超平面对所有样本进行恰当的表达，这样的超平面应该满足两点：① 最近重构性，样本点到这个超平面的距离足够近；② 最大可分性，样本点在这个超平面上的投影尽可能分开（周志华，2016）。

1. 数据介绍

原始数据矩阵为 $\boldsymbol{X}$，有 m 个样本，定义如下：

$$\boldsymbol{X} = (\boldsymbol{x}_1, \boldsymbol{x}_2, \cdots, \boldsymbol{x}_m) \tag{3.1}$$

每个列向量 $\boldsymbol{x}_i$ 有 n 个元素或特征，即

$$\boldsymbol{x}_i = (x_{i,1}, x_{i,2}, \cdots, x_{i,n})^{\mathrm{T}} \tag{3.2}$$

在高光谱遥感影像数据中，每个向量表示一个观测值，向量的每个元素可以表示光谱特征。PCA 技术通过变换特征向量来定义新的向量，新向量具有代表性的成分信息。因此，通过对数据中定义了重要变化的元素按照距离准则进行聚类，可以对新向量进行分组。PCA 确保根据最大协方差来衡量具有最大变化的数据。

2. 协方差与协方差矩阵

协方差表示两个随机变量之间的相关程度，而特征之间的协方差可通过每个向量的成分进行定义。若 $\boldsymbol{x}_i=(x_{i,1},x_{i,2})^{\mathrm{T}}$，那么协方差用矩阵形式表示为

$$\sigma_{X,1,2}=\frac{1}{m}\left[(\boldsymbol{x}_i-\boldsymbol{\mu}_{\boldsymbol{x}})(\boldsymbol{x}_i-\boldsymbol{\mu}_{\boldsymbol{x}})^{\mathrm{T}}\right] \tag{3.3}$$

式中，T 表示矩阵的转置；$\boldsymbol{\mu}_{\boldsymbol{x}}=\dfrac{1}{m}\sum_{i=1}^{m}\boldsymbol{x}_i$，也可以用期望值 $E(\cdot)$ 表示为 $\boldsymbol{\mu}_{\boldsymbol{x}}=E(\boldsymbol{X})$，向量 $\boldsymbol{\mu}_{\boldsymbol{x}}$ 中的每个元素表示各个特征的均值。

计算得到的协方差的值越大，表示两个特征变量的相关性越大，当协方差的值为零或非常小时，说明两个特征变量相互独立。协方差衡量的是线性关系，即数据之间按照线性关系相互关联，如果特征通过另一个关系相关联，如平方关系，那么得到的协方差值也会很小。因此，线性也被看作是 PCA 的主要局限性（尼克松，2010）。

对于维度超过二维的数据，可以根据每一对成分定义协方差，用矩阵形式表示协方差矩阵，定义为

$$\Sigma\boldsymbol{X}=\begin{bmatrix}\sigma_{X,1,1} & \sigma_{X,1,2} & \cdots & \sigma_{X,1,n}\\ \sigma_{X,2,1} & \sigma_{X,2,2} & \cdots & \sigma_{X,2,n}\\ \vdots & \vdots & & \vdots\\ \sigma_{X,n,1} & \sigma_{X,n,2} & \cdots & \sigma_{X,n,n}\end{bmatrix} \tag{3.4}$$

根据式（3.3）协方差矩阵还可以表示为

$$\Sigma\boldsymbol{X}=\frac{1}{m}\left[(\boldsymbol{X}-\boldsymbol{\mu}_{\boldsymbol{X}})(\boldsymbol{X}-\boldsymbol{\mu}_{\boldsymbol{X}})^{\mathrm{T}}\right] \tag{3.5}$$

式中，$\boldsymbol{\mu}_{\boldsymbol{X}}$ 是列向量 $\boldsymbol{\mu}_{\boldsymbol{x}}$ 组成的矩阵。协方差矩阵中的对角线定义了特征的方差，协方差矩阵也给出了关于数据的重要信息。矩阵中接近于零的值，可以突出有利于分类的不相关特征，值很高或很低表明两个特征的依赖程度，不会对区分数组提供任何新的有用信息。PCA 通过将协方差矩阵变为对角阵的方式确定变换数据的方法，即除了对角线外的所有元素皆为零，表明数据不相关，特征可以用来分类。

3. 矩阵变换

需要找到一个变换矩阵 $\boldsymbol{W}$，使定义在原始数据矩阵 $\boldsymbol{X}$ 中的每个特征向量映射到矩阵 $\boldsymbol{Y}$ 中的另一个特征向量中，从而使 $\boldsymbol{Y}$ 中的协方差矩阵为对角阵。线性变换定义为

$$\boldsymbol{Y} = \boldsymbol{W}^{\mathrm{T}}\boldsymbol{X} \tag{3.6}$$

为了根据 $\boldsymbol{X}$ 的特征获得 $\boldsymbol{Y}$ 的特征的协方差，可以根据式（3.5）和式（3.6）得到

$$\begin{aligned}\Sigma\boldsymbol{Y} &= \frac{1}{m}\left[\left(\boldsymbol{W}^{\mathrm{T}}\boldsymbol{X} - E\left(\boldsymbol{W}^{\mathrm{T}}\boldsymbol{X}\right)\right)\left(\boldsymbol{W}^{\mathrm{T}}\boldsymbol{X} - E\left(\boldsymbol{W}^{\mathrm{T}}\boldsymbol{X}\right)\right)^{\mathrm{T}}\right] \\ &= \frac{1}{m}\left[\boldsymbol{W}^{\mathrm{T}}\left(\boldsymbol{X} - \boldsymbol{\mu}_{\boldsymbol{X}}\right)\left(\boldsymbol{X} - \boldsymbol{\mu}_{\boldsymbol{X}}\right)^{\mathrm{T}}\boldsymbol{W}\right] \\ &= \boldsymbol{W}^{\mathrm{T}}\Sigma\boldsymbol{X}\boldsymbol{W}\end{aligned} \tag{3.7}$$

找矩阵 $\boldsymbol{W}$ 的过程在线性代数中称为矩阵对角化。

式（3.7）确定了从 $\boldsymbol{X}$ 的特征到新的特征 $\boldsymbol{Y}$ 的变换，为了得到从 $\boldsymbol{Y}$ 到 $\boldsymbol{X}$ 的映射，可以使用变换的逆。这里所确定的变换满足变换的逆等于变换的转置，则变换矩阵可表示为

$$\boldsymbol{W}^{-1} = \boldsymbol{W}^{\mathrm{T}} \tag{3.8}$$

式（3.7）可改写为

$$\Sigma\boldsymbol{X} = \boldsymbol{W}\Sigma\boldsymbol{Y}\boldsymbol{W}^{\mathrm{T}} \tag{3.9}$$

由于协方差矩阵是对称矩阵并且变换矩阵 $\boldsymbol{W}$ 的逆等于变换的转置，则式（3.6）可以改写为

$$\boldsymbol{X}^{\mathrm{T}} = \boldsymbol{Y}^{\mathrm{T}}\boldsymbol{W}^{\mathrm{T}} \tag{3.10}$$

式（3.10）中仅需使用 $\boldsymbol{Y}$ 中的最重要元素即可近似矩阵 $\boldsymbol{X}$，这在压缩应用中重构数据是非常重要的。

4. 特征值及其求解

由于变换矩阵满足 $\boldsymbol{W}^{-1} = \boldsymbol{W}^{\mathrm{T}}$，可将式（3.9）改写为

$$\Sigma\boldsymbol{X}\boldsymbol{W} = \boldsymbol{W}\Sigma\boldsymbol{Y} \tag{3.11}$$

等式右边更明确地表示为

$$\boldsymbol{W}\Sigma\boldsymbol{Y} = \begin{bmatrix} w_{1,1} & w_{1,2} & \cdots & w_{1,n} \\ w_{2,1} & w_{2,2} & \cdots & w_{2,n} \\ \vdots & \vdots & & \vdots \\ w_{n,1} & w_{n,2} & \cdots & w_{n,n} \end{bmatrix} \begin{bmatrix} \lambda_1 & 0 & \cdots & 0 \\ 0 & \lambda_2 & \cdots & 0 \\ \vdots & \vdots & & \vdots \\ 0 & 0 & \cdots & \lambda_n \end{bmatrix}$$

$$
= \lambda_1 \begin{bmatrix} w_{1,1} \\ w_{2,1} \\ \vdots \\ w_{n,1} \end{bmatrix} + \lambda_2 \begin{bmatrix} w_{1,2} \\ w_{2,2} \\ \vdots \\ w_{n,2} \end{bmatrix} + \cdots + \lambda_n \begin{bmatrix} w_{1,n} \\ w_{2,n} \\ \vdots \\ w_{n,n} \end{bmatrix} \tag{3.12}
$$

式中，对角矩阵对角线上的元素用代数符号 λ 标记。同理，等式左边表示为

$$
\Sigma \boldsymbol{X} \boldsymbol{W} = \Sigma \boldsymbol{X} \begin{bmatrix} w_{1,1} \\ w_{2,1} \\ \vdots \\ w_{n,1} \end{bmatrix} + \Sigma \boldsymbol{X} \begin{bmatrix} w_{1,2} \\ w_{2,2} \\ \vdots \\ w_{n,2} \end{bmatrix} + \cdots + \Sigma \boldsymbol{X} \begin{bmatrix} w_{1,n} \\ w_{2,n} \\ \vdots \\ w_{n,n} \end{bmatrix} \tag{3.13}
$$

因此，可通过下式求得 $\boldsymbol{W}$：

$$
\Sigma \boldsymbol{X} \boldsymbol{w}_i = \lambda_i \boldsymbol{w}_i, \quad i = 1, 2, \cdots, n \tag{3.14}
$$

式中，$\boldsymbol{w}_i$ 是 $\Sigma \boldsymbol{X}$ 的特征向量，也表示 $\boldsymbol{W}$ 的第 i 列；λ_i 是 $\Sigma \boldsymbol{X}$ 的特征值。

要求解特征值和特征向量，可以将特征值问题表示为

$$
(\lambda_i \boldsymbol{I} - \Sigma \boldsymbol{X}) \boldsymbol{w}_i = 0 \tag{3.15}
$$

要求特征值，可通过求解以下特征方程得到

$$
\det (\lambda_i \boldsymbol{I} - \Sigma \boldsymbol{X}) = 0 \tag{3.16}
$$

只要求得 λ_i，即可根据式（3.15）求解对应的 $\boldsymbol{w}_i$，每个 λ_i 对应一个 $\boldsymbol{w}_i$。由于 PCA 的工作是从原始空间中顺序地找一组相互正交的坐标轴，因此这里 $\boldsymbol{w}_i$ 是归一化并且是线性无关的，满足 $\|\boldsymbol{w}_i\|_2 = 1$，$\boldsymbol{w}_i^{\mathrm{T}} \boldsymbol{w}_j = 0\,(i \neq j)$。

5. PCA 推导

上文提到基于最近重构性和最大可分性分别得到主成分分析的两种等价推导。下面介绍最近重构性推导过程，原来的数据经过投影变换得到的新坐标系为 $\{\boldsymbol{w}_1, \boldsymbol{w}_2, \cdots, \boldsymbol{w}_n\}$，若要丢弃新坐标系中的部分坐标，即将维度降低到 $d < n$，则原始数据中的每个向量，即样本点 $\boldsymbol{x}_i$ 在低维坐标系中的投影是 $\boldsymbol{y}_i = (y_{i1}, y_{i2}, \cdots, y_{id})^{\mathrm{T}}$，变换后的数据矩阵为 $\boldsymbol{Y} = (\boldsymbol{y}_1, \boldsymbol{y}_2, \cdots, \boldsymbol{y}_m) \in \mathbf{R}^{d \times m}$，其中 $\boldsymbol{y}_i = \boldsymbol{W}^{\mathrm{T}} \boldsymbol{x}_i$。若基于 $\boldsymbol{y}_i$ 来重构 $\boldsymbol{x}_i$，则会得到 $\hat{\boldsymbol{x}}_i = \sum_{j=1}^{d} y_{ij} \boldsymbol{w}_j$，对于整个数据集，原样本点 $\boldsymbol{x}_i$ 与

基于投影重构的样本点 $\hat{\boldsymbol{x}}_i$ 之间的距离为

$$\sum_{i=1}^{m}\left\|\sum_{j=1}^{d} y_{ij}\boldsymbol{w}_j-\boldsymbol{x}_i\right\|_2^2=\sum_{i=1}^{m}\boldsymbol{y}_i^{\mathrm{T}}\boldsymbol{y}_i-2\sum_{i=1}^{m}\boldsymbol{y}_i^{\mathrm{T}}\boldsymbol{W}^{\mathrm{T}}\boldsymbol{x}_i$$
$$+\operatorname{const}\infty-\operatorname{tr}\left(\boldsymbol{W}^{\mathrm{T}}\left(\sum_{i=1}^{m}\boldsymbol{x}_i\boldsymbol{x}_i^{\mathrm{T}}\right)\boldsymbol{W}\right) \tag{3.17}$$

根据线性重构性，式（3.17）应被最小化，考虑到 $\boldsymbol{w}_j$ 是标准正交基，$\sum\limits_{i=1}^{m}\boldsymbol{x}_i\boldsymbol{x}_i^{\mathrm{T}}$ 是协方差矩阵，有

$$\min_{W}-\operatorname{tr}\left(\boldsymbol{W}^{\mathrm{T}}\boldsymbol{X}\boldsymbol{X}^{\mathrm{T}}\boldsymbol{W}\right),\quad \text{s.t.}\quad \boldsymbol{W}^{\mathrm{T}}\boldsymbol{W}=\boldsymbol{I} \tag{3.18}$$

式（3.18）即主成分分析的优化目标。

根据最大可分性原则，若让所有样本点的投影尽可能分开，则应该使投影后样本点的方差最大化。投影后样本点的方差是 $\sum\limits_{i}\boldsymbol{W}^{\mathrm{T}}\boldsymbol{x}_i\boldsymbol{x}_i^{\mathrm{T}}\boldsymbol{W}$，优化目标可以表示为

$$\max_{W}\ \operatorname{tr}\left(\boldsymbol{W}^{\mathrm{T}}\boldsymbol{X}\boldsymbol{X}^{\mathrm{T}}\boldsymbol{W}\right),\quad \text{s.t.}\ \boldsymbol{W}^{\mathrm{T}}=\boldsymbol{I} \tag{3.19}$$

显然，式（3.18）与式（3.19）等价，对式（3.18）或式（3.19）使用拉格朗日乘子法可得

$$\boldsymbol{X}\boldsymbol{X}^{\mathrm{T}}\boldsymbol{W}=\lambda\boldsymbol{W} \tag{3.20}$$

只需对协方差矩阵 $\boldsymbol{X}\boldsymbol{X}^{\mathrm{T}}$ 进行特征值分解，即可求得投影矩阵 $\boldsymbol{W}$，即将原来的数据经过投影变换得到的新坐标系为 $\{\boldsymbol{w}_1,\boldsymbol{w}_2,\cdots,\boldsymbol{w}_n\}$。

上述过程可以理解为：找到相互正交的坐标轴，第一个新坐标轴选择的是原始数据中方差最大的方向，第二个新坐标轴选取的是与第一个坐标轴正交的平面中使得方差最大的方向，第三个轴是与第一、二个轴正交的平面中方差最大的方向，依此类推，可以得到 n 个类似坐标轴。通过该方式获得新的坐标轴，大部分方差都包含在前面 d 个坐标轴中，后面的坐标轴所含的方差几乎为 0。因此，可以忽略余下的坐标轴，只保留前面 d 个含有绝大部分方差的坐标轴。事实上，这相当于保留使样本点投影后更容易被区分的坐标轴。

6. PCA 算法流程

输入原始数据矩阵 $\boldsymbol{X}=(\boldsymbol{x}_1,\boldsymbol{x}_2,\cdots,\boldsymbol{x}_m)\in\mathbf{R}^{n\times m}$，每一列表示一个样本，降维后低维空间维度为 d 维，新样本数据矩阵为 $\boldsymbol{Y}=(\boldsymbol{y}_1,\boldsymbol{y}_2,\cdots,\boldsymbol{y}_m)\in\mathbf{R}^{d\times m}$。PCA 运算可以归纳为以下几个步骤：

（1）对所有样本 $\boldsymbol{x}_i$ 进行中心化 $\boldsymbol{x}_i \leftarrow \boldsymbol{x}_i - \dfrac{1}{m}\sum_{i=1}^{m}\boldsymbol{x}_i$。

（2）根据式（3.5）计算样本的协方差矩阵 $\Sigma\boldsymbol{X}$，该矩阵给出了特征之间线性无关的信息。

（3）根据式（3.16）求解特征方程得到特征值，所求的特征值构成对角协方差矩阵 $\Sigma\boldsymbol{Y}$，该矩阵对角线上的元素就是变换数据的方差。

（4）根据式（3.15）求解相应的 $\boldsymbol{w}_i$，获得特征值对应的特征向量，这里特征向量是归一化并且线性无关的，将 $\boldsymbol{w}_i$ 组合成变换矩阵 $\boldsymbol{W}$。

（5）通过计算 $\boldsymbol{Y} = \boldsymbol{W}^{\mathrm{T}}\boldsymbol{X}$ 获得变换后的数据。

（6）对于分类应用，正如上文所提及的，选取最大的 d 个特征值对应的特征向量，组成投影矩阵 $\boldsymbol{W} = (\boldsymbol{w}_1, \boldsymbol{w}_2, \cdots, \boldsymbol{w}_d)$，投影后样本数据 $\boldsymbol{Y} = \boldsymbol{W}^{\mathrm{T}}\boldsymbol{X} \in \mathbf{R}^{d\times m}$。

（7）对于压缩应用，将值较小的 λ_i 设为零，以缩减新特征向量的维数。

3.1.2　线性判别分析

1. LDA 的基本思想

线性判别分析（LDA）是一种有监督的线性特征提取方法。与 LDA 不同的是，PCA 是无监督的降维方法，在降维过程中不需要用到类别信息，旨在降维后数据特征之间的差异性足够强，即方差足够大，并且数据仍能保留其主要的特征。而 LDA 在将数据向低维空间投影时，需要利用样本的类别信息，并且希望投影后同一种类别数据的投影点尽可能接近，不同类别数据的投影点尽可能远，概括起来就是：投影后类内方差最小，类间方差最大；即可根据投影后样本点的位置确定新样本的类别（周志华，2016）。图 3-1 是 LDA 的例子。

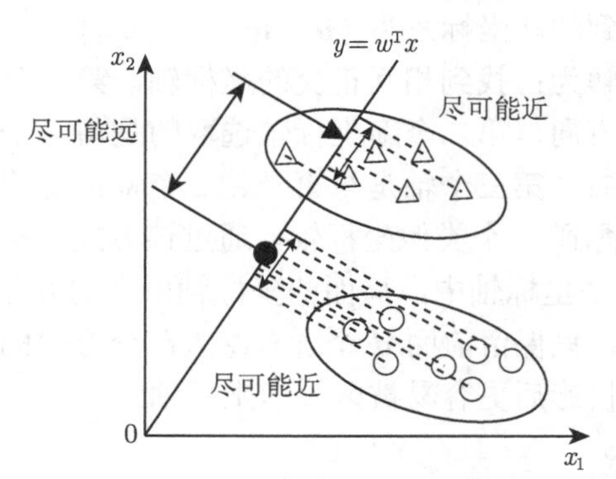

图 3-1　LDA 的二维示意图

“△”和“○”代表两个不同的类别，椭圆表示数据簇的外轮廓，

虚线表示投影，“▲”和“●”分别代表两类样本投影后的中心点

2. 二类别的 LDA 理论推导

首先讨论对只有两个类别的样本数据使用 LDA 的情况，最终需要将样本投影到一条直线上。假设原始数据集为 $D=\{(\boldsymbol{x}_1,\boldsymbol{y}_1),(\boldsymbol{x}_2,\boldsymbol{y}_2),\cdots,(\boldsymbol{x}_m,\boldsymbol{y}_m)\}$，其中样本 $\boldsymbol{x}_i$ 是特征维数为 n 的列向量，共有 m 个，每个样本对应的类别标签为 $\boldsymbol{y}_i\in\{0,1\}$，一共有两个类别，分别标记为 0, 1。第 j 类样本的个数表示为 $N_j\,(j=0,1)$，第 j 类样本的集合表示为 $\boldsymbol{X}_j\,(j=0,1)$。

在原始的特征空间中第 j 类样本的均值向量 $\boldsymbol{\mu}_j\,(j=0,1)$ 表示为

$$\boldsymbol{\mu}_j=\frac{1}{N_j}\sum_{x\in\boldsymbol{X}_j}\boldsymbol{x}\quad(j=0,1)\tag{3.21}$$

第 j 类样本的协方差矩阵 $\Sigma_j\,(j=0,1)$ 表示为

$$\Sigma_j=\sum_{x\in\boldsymbol{X}_j}(\boldsymbol{x}-\boldsymbol{\mu}_j)(\boldsymbol{x}-\boldsymbol{\mu}_j)^{\mathrm{T}}\quad(j=0,1)\tag{3.22}$$

由于只有两维数据，仅需找到一个向量 $\boldsymbol{w}$，将每个样本数据 $\boldsymbol{x}_i$ 投影到 $\boldsymbol{w}$ 上后，得到新的数据 $\boldsymbol{z}_i$，满足 $\boldsymbol{z}_i=\boldsymbol{w}^{\mathrm{T}}\boldsymbol{x}_i$。对于两个类别的中心点 $\boldsymbol{\mu}_0$ 和 $\boldsymbol{\mu}_1$，在直线上的投影分别为 $\boldsymbol{w}^{\mathrm{T}}\boldsymbol{\mu}_0$ 和 $\boldsymbol{w}^{\mathrm{T}}\boldsymbol{\mu}_1$，同类样本投影后的协方差分别为 $\boldsymbol{w}^{\mathrm{T}}\Sigma_0\boldsymbol{w}$ 和 $\boldsymbol{w}^{\mathrm{T}}\Sigma_1\boldsymbol{w}$。要满足投影后类内方差最小和类间方差最大两个原则，应使 $\boldsymbol{w}^{\mathrm{T}}\Sigma_0\boldsymbol{w}+\boldsymbol{w}^{\mathrm{T}}\Sigma_1\boldsymbol{w}$ 尽可能小并且 $\left\|\boldsymbol{w}^{\mathrm{T}}\boldsymbol{\mu}_0-\boldsymbol{w}^{\mathrm{T}}\boldsymbol{\mu}_1\right\|_2^2$ 尽可能大，可以得到优化目标

$$\arg\max_{\boldsymbol{w}} J(\boldsymbol{w})=\frac{\left\|\boldsymbol{w}^{\mathrm{T}}\boldsymbol{\mu}_0-\boldsymbol{w}^{\mathrm{T}}\boldsymbol{\mu}_1\right\|_2^2}{\boldsymbol{w}^{\mathrm{T}}\Sigma_0\boldsymbol{w}+\boldsymbol{w}^{\mathrm{T}}\Sigma_1\boldsymbol{w}}=\frac{\boldsymbol{w}^{\mathrm{T}}(\boldsymbol{\mu}_0-\boldsymbol{\mu}_1)(\boldsymbol{\mu}_0-\boldsymbol{\mu}_1)^{\mathrm{T}}\boldsymbol{w}}{\boldsymbol{w}^{\mathrm{T}}(\Sigma_0+\Sigma_1)\boldsymbol{w}}\tag{3.23}$$

定义类内散度矩阵（within-class scatter matrix）为

$$\boldsymbol{S}_w=\Sigma_0+\Sigma_1=\sum_{x\in\boldsymbol{X}_0}(\boldsymbol{x}-\boldsymbol{\mu}_0)(\boldsymbol{x}-\boldsymbol{\mu}_0)^{\mathrm{T}}+\sum_{x\in\boldsymbol{X}_1}(\boldsymbol{x}-\boldsymbol{\mu}_1)(\boldsymbol{x}-\boldsymbol{\mu}_1)^{\mathrm{T}}\tag{3.24}$$

定义类间散度矩阵（between-class scatter matrix）为

$$\boldsymbol{S}_b=(\boldsymbol{\mu}_0-\boldsymbol{\mu}_1)(\boldsymbol{\mu}_0-\boldsymbol{\mu}_1)^{\mathrm{T}}\tag{3.25}$$

则式（3.23）可以改写为

$$\arg\max_{\boldsymbol{w}} J(\boldsymbol{w})=\frac{\boldsymbol{w}^{\mathrm{T}}\boldsymbol{S}_b\boldsymbol{w}}{\boldsymbol{w}^{\mathrm{T}}\boldsymbol{S}_w\boldsymbol{w}}\tag{3.26}$$

式（3.26）可转换成广义瑞利商（generalized Rayleigh quotient）进行求解。由于式（3.26）中分子和分母都是关于 $\boldsymbol{w}$ 的二次项，因此式（3.26）的解与 $\boldsymbol{w}$ 的长度无关，只与其方向有关。令 $\boldsymbol{w}^{\mathrm{T}}\boldsymbol{S}_w\boldsymbol{w}=1$，则式（3.26）等价于

$$\arg\min_{\boldsymbol{w}} J(\boldsymbol{w})=-\boldsymbol{w}^{\mathrm{T}}\boldsymbol{S}_b\boldsymbol{w} \quad \text{s.t. } \boldsymbol{w}^{\mathrm{T}}\boldsymbol{S}_w\boldsymbol{w}=1 \tag{3.27}$$

由拉格朗日乘子法，得到

$$\boldsymbol{S}_b\boldsymbol{w}=\lambda\boldsymbol{S}_w\boldsymbol{w} \tag{3.28}$$

式中，λ 为拉格朗日乘子，并且在二分类的情况下，$\boldsymbol{S}_b\boldsymbol{w}$ 的方向恒为 $\boldsymbol{\mu}_0-\boldsymbol{\mu}_1$，可令

$$\boldsymbol{S}_b\boldsymbol{w}=\lambda(\boldsymbol{\mu}_0-\boldsymbol{\mu}_1) \tag{3.29}$$

将式（3.29）代入式（3.28）得

$$\boldsymbol{w}=\boldsymbol{S}_w^{-1}(\boldsymbol{\mu}_0-\boldsymbol{\mu}_1) \tag{3.30}$$

利用广义瑞利商的性质，$J(\boldsymbol{w})$ 的最大值为矩阵 $\boldsymbol{S}_w^{-1}\boldsymbol{S}_b$ 的最大特征值，$\boldsymbol{w}$ 为最大特征值对应的特征向量。因此，只需求出原始样本的均值和方差就可确定最佳的投影方向 $\boldsymbol{w}$。

3. 多类别的 LDA 理论推导

在二类别 LDA 的基础上可以推广到多类别 LDA。假设原始数据集为 $D=\{(\boldsymbol{x}_1,\boldsymbol{y}_1),(\boldsymbol{x}_2,\boldsymbol{y}_2),\cdots,(\boldsymbol{x}_m,\boldsymbol{y}_m)\}$，其中样本 $\boldsymbol{x}_i$ 是特征维数为 n 的列向量，共有 m 个。存在 k 个类别，每个样本对应的类别标签为 $\boldsymbol{y}_i\in\{L_1,L_2,\cdots,L_k\}$。第 j 类样本的个数表示为 $N_j(j=1,2,\cdots,k)$，第 j 类样本的集合表示为 $\boldsymbol{X}_j(j=1,2,\cdots,k)$，第 j 类样本的均值向量为 $\boldsymbol{\mu}_j(j=1,2,\cdots,k)$，第 j 类样本的协方差矩阵为 $\Sigma_j(j=1,2,\cdots,k)$。

定义全局散度矩阵为

$$\boldsymbol{S}_t=\boldsymbol{S}_b+\boldsymbol{S}_w=\sum_{i=1}^{m}(\boldsymbol{x}-\boldsymbol{\mu})(\boldsymbol{x}-\boldsymbol{\mu})^{\mathrm{T}} \tag{3.31}$$

式中，$\boldsymbol{\mu}$ 表示所有样本的均值向量。将类内散度矩阵 $\boldsymbol{S}_w$ 重新定义为每个类别的散度矩阵之和

$$\boldsymbol{S}_w=\sum_{i=1}^{k}\boldsymbol{S}_{wi} \tag{3.32}$$

式中，

$$\boldsymbol{S}_{wi}=\sum_{x\in\boldsymbol{X}_i}(\boldsymbol{x}-\boldsymbol{\mu}_i)(\boldsymbol{x}-\boldsymbol{\mu}_i)^{\mathrm{T}} \tag{3.33}$$

由式（3.31）$\sim$ 式（3.33）可得

$$\boldsymbol{S}_b = \boldsymbol{S}_t - \boldsymbol{S}_w = \sum_{i=1}^{k} N_i \left(\boldsymbol{\mu}_i - \boldsymbol{\mu}\right)\left(\boldsymbol{\mu}_i - \boldsymbol{\mu}\right)^{\mathrm{T}} \tag{3.34}$$

由多类别样本数据向低维空间投影，假设投影后的维度为 d，对应的基向量为 $(\boldsymbol{w}_1, \boldsymbol{w}_2, \cdots, \boldsymbol{w}_d)$，基向量组成的矩阵为 $\boldsymbol{W} \in \mathbf{R}^{n\times d}$，则优化目标为

$$\max_{\boldsymbol{W}} \frac{\operatorname{tr}\left(\boldsymbol{W}^{\mathrm{T}}\boldsymbol{S}_b\boldsymbol{W}\right)}{\operatorname{tr}\left(\boldsymbol{W}^{\mathrm{T}}\boldsymbol{S}_w\boldsymbol{W}\right)} \tag{3.35}$$

式中，$\operatorname{tr}(\cdot)$ 表示矩阵的迹，可通过广义特征值问题求解式（3.35）：

$$\boldsymbol{S}_b\boldsymbol{W} = \lambda\boldsymbol{S}_w\boldsymbol{W} \tag{3.36}$$

利用广义瑞利商的性质，$\boldsymbol{W}$ 的解就是 $\boldsymbol{S}_w^{-1}\boldsymbol{S}_b$ 的 $k-1$ 个最大广义特征值所对应的特征向量组成的矩阵。这里 $\boldsymbol{S}_b$ 中每个 $\boldsymbol{\mu}_i - \boldsymbol{\mu}$ 的秩为 1，因此协方差矩阵相加后最大的秩为 k，但是由于最后一个 $\boldsymbol{\mu}_k$ 可由前 $k-1$ 个 $\boldsymbol{\mu}_i$ 线性表示，所以 $\boldsymbol{S}_b$ 的秩最多为 $k-1$，而特征向量最多有 $k-1$ 个。

4. LDA 算法流程

输入原始数据集 $D = \{(\boldsymbol{x}_1, \boldsymbol{y}_1), (\boldsymbol{x}_2, \boldsymbol{y}_2), \cdots, (\boldsymbol{x}_m, \boldsymbol{y}_m)\}$，其中任意样本 $\boldsymbol{x}_i$ 是特征维数为 n 的列向量，$\boldsymbol{y}_i \in \{L_1, L_2, \cdots, L_k\}$。降维后低维空间维度为 $d\,(d \leqslant k-1)$ 维，样本集为 $Z = \{(\boldsymbol{z}_1, \boldsymbol{y}_1), (\boldsymbol{z}_2, \boldsymbol{y}_2), \cdots, (\boldsymbol{z}_m, \boldsymbol{y}_m)\}$。LDA 运算可以归纳为以下几个步骤：

（1）计算类内散度矩阵 $\boldsymbol{S}_w$。

（2）计算类间散度矩阵 $\boldsymbol{S}_b$。

（3）计算矩阵 $\boldsymbol{S}_w^{-1}\boldsymbol{S}_b$。

（4）计算 $\boldsymbol{S}_w^{-1}\boldsymbol{S}_b$ 最大的 d 个特征值和对应的 $d\,(d \leqslant k-1)$ 个特征向量，组合成投影矩阵 $\boldsymbol{W}$。

（5）对样本集中的每一个样本特征 $\boldsymbol{x}_i$ 转换为新的样本 $\boldsymbol{z}_i$，满足 $\boldsymbol{z}_i = \boldsymbol{W}^{\mathrm{T}}\boldsymbol{x}_i$。

（6）投影后的新样本集为 $Z = \{(\boldsymbol{z}_1, \boldsymbol{y}_1), (\boldsymbol{z}_2, \boldsymbol{y}_2), \cdots, (\boldsymbol{z}_m, \boldsymbol{y}_m)\}$。

LDA 通过投影减小了样本点的维数，并且在投影过程中用到了类别信息，所以是一种经典的监督降维方法。同时，LDA 选择分类性能最好的投影方向，因此也可用于分类。但是 LDA 最多只能降维到 $k-1$ 维，这也是其算法局限所在。

3.2 基于改进 K 均值的特征提取

聚类分析实质上是特征提取的一种算法，它根据数据本身的特性将相似的数据归类；因此，该类算法在处理遥感数据时，也可以把数据分成若干个聚类，其中有些聚类包含了数据的重要特征。另外，由于聚类算法没有利用先验知识，是非监督的分类方法；因此，在处理遥感数据时，当样本或者地面真实值未知时，可以利用聚类算法来处理这些数据。

3.2.1 K 均值及其存在问题

K 均值算法作为最早提出且应用广泛的聚类算法，具有简单、可伸缩性和效率高等优点，已广泛应用于数据挖掘、机器学习和模式识别等领域。K 均值算法的基本思想为：对于一个给定的包含 n 个对象的遥感数据及一个事先给定的聚类个数 K，该算法利用一定的划分准则函数，通过一个迭代过程可以将数据划分为 K 个组，其中 $K \leqslant n$，这样每一组代表一个聚类，划分后的聚类符合聚类算法的原则，即同一类中的个体有较大的相似性，不同类的个体具有较大的差异性。

1. K 均值算法

假定 $\boldsymbol{X} = \{x_i\}, i = 1, \cdots, n$ 为 n 维遥感影像数据集，该数据将被分割成 K 个聚类中心，$C = \{c_k\}, k = 1, \cdots, K$。$K$ 均值算法通过寻找一个使不同波段与聚类中心之间距离的平方差最小的阈值，实现分组的目的。设 μ_k 为聚类中心 c_k 的均值，则 μ_k 与聚类 c_k 中所有波段的距离平方差可以定义为

$$J(c_k) = \sum_{x_i \in c_k} \|x_i - \mu_k\|^2 \tag{3.37}$$

K 均值的目标是最小化所有聚类的平方差之和，即

$$J(C) = \sum_{k=1}^{K} \sum_{x_i \in c_k} \|x_i - \mu_k\|^2 \tag{3.38}$$

式 (3.38) 的目标最小化函数就是著名的 NP 难题（即使当 K =2 时），因此，K 均值作为一个贪心算法，只能收敛到局部最小。最近的研究已经证明，当聚类能够较好地区分开时，该算法可以收敛到全局最优。K 均值算法为了减少平方差，需要事先指定 K 个初始聚类中心，并且每个中心都指定了其模式。因此，随着聚类个数 K 的增加，当 $K = n$ 时，$J(C) = 0$，平方差也随之降低，直到聚类 K 达到一定数目时，平方差也将达到最小。该算法的主要步骤可以概括如下（图 3-2）。

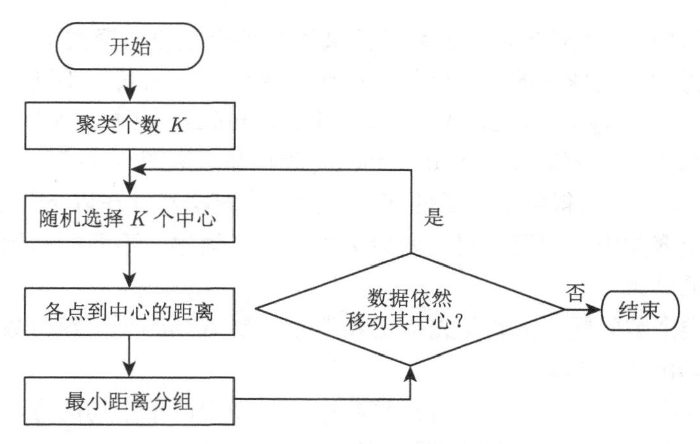

图 3-2 K 均值算法流程图

（1）初始聚类中心的选择，即确定最初类别数和类别中心 $C=\{c_k^{(1)}\}, k=1,\cdots,K$。一般选择前 K 个波段作为初始聚类中心，也可以利用其他方法进行选择；

（2）在第 k 次迭代中，计算各个波段与初始聚类中心的距离，将其归入距离其最近的类别；对于所有的 $i \neq j, i=1,2,\cdots,K$, 如果 $\left\|X-c_j^{(k)}\right\|<\left\|X-c_i^{(k)}\right\|$，则 $X \in C_J^{(k)}$，其中 $C_J^{(k)}$ 是以 $c_j^{(k)}$ 为中心的类；

（3）由上一步得到 $C_J^{(k)}$ 的新聚类中心 $c_j^{(k+1)}$，

$$c_j^{(k+1)}=\frac{1}{N_j}\sum_{X\in C_j^{(k)}} X \tag{3.39}$$

式中，N_j 为 $C_J^{(k)}$ 聚类中的波段个数，$c_j^{(k+1)}$ 符合使 $J(C)$ 最小的原则；

（4）计算新的聚类中心，以计算后的新聚类中心代替原来指定的初始聚类中心；

（5）重复步骤（2）和（3），直到所有波段所属的聚类中心不再变动，迭代结束。

2. *算法存在问题分析*

K 均值算法有三个需要用户自定义的参数：聚类个数 K、初始聚类中心和距离判别函数；其中最重要的参数为聚类个数和初始聚类中心。一般来说，K 均值算法的运行与 K 值的大小无关，实验中一般选择符合实际情况的 K 值。关于初始聚类中心问题，不同的初始聚类中心最终会导致不同的聚类结果，因为 K 均值算法一般情况下会收敛到局部最优。一个克服局部最优的方法是选择不同的初始聚类中心，重复运行该算法 k 次，最终选择能够使平方差最小的那组结果。关于距离测度问题，一般情况下选择欧氏距离测度各个波段与聚类中心之间的距离，因此该算法得到的是球状的聚类结果。同时，也可以利用其他不同的距离测度函数，如城市街区（cityblock）距离、马氏（Mahalanobis）距离、闵氏（Minkowski）距离、相关系数（correlation coefficients）、光谱角度距离（SAM）等。

虽然 K 均值算法得到了广泛的应用，然而该算法却存在以下问题：

（1）初始聚类中心问题。对初始聚类中心十分敏感，不同的初始聚类中心可能导致不同的结果。

（2）聚类个数问题。需要预先指定聚类的个数 K，当无法获得数据的先验知识时，无法预测该值的具体大小。

（3）聚类中心计算问题。在选择聚类中心时使用简单平均的方法，没有区分含有不同信息量的不同波段的重要性差异。

（4）收敛局部最优问题。已经有理论证明该算法常常收敛于局部最优，因为损失函数的局部变化是受到一定区域限制的。

（5）空聚类问题。初始聚类中心问题会导致该算法产生空聚类现象（empty clusters）；该问题并不是非常重要，但是如果产生的空聚类特别多的话，会使该算法效率下降。该问题可以通过多次重复执行该算法解决。

为了采用该算法更好地进行特征提取，本书提出了改进的 K 均值算法。

3.2.2　改进 K 均值算法

1. 初始聚类中心的选取

1）基于 OPD 监督波段选择的方法

OPD 的思路来源于正交子空间投影（orthogonal subspace projection，OSP）理论，该算法继承了正交子空间投影的特点，能够有效地分离感兴趣目标与背景信息，提高地物类别光谱向量的区分度，利用 OPD 进行波段选择能够选择出较好的算法（见本章实验部分）。而在 K 均值算法中，由于不同的初始聚类中心将导致不同的结果，较差的初始聚类中心将导致该算法收敛于局部；因此可以将 OPD 算法的波段选择结果作为 K 均值算法的初始聚类中心。

2）基于相似性非监督波段选择的方法（UsBS）

将基于相似性理论的非监督波段选择方法（Du and Yang，2008）引入 K 均值，用于改进初始聚类中心问题。该方法的思路为：假定一个 L 维度的大小为 $M \times N$ 的影像数据，该波段选择算法首先选择 B_1 和 B_2 作为初始的波段对，并形成一个波段子集 $\Phi = \{B_1, B_2\}$；然后选择与现有波段子集最不相似（利用某一判断函数）的波段 B_3，得到更新后的波段子集 $\Phi = \Phi \cup \{B_3\}$；最后，重复上一步骤，直到得到满意的波段数目。在该算法中，利用线性预测（LP）作为相似性度量的标准，LP 能够最大化像元之间的重建误差，从而得到像元组合的最佳线性因子，进而选择出最优的波段。

基于 LP 的波段选择的思想为：该方法首先被用于端元提取中，其思路是利用现有端元的线性组合而得到的具有最大重建误差的像元是图像中最具有代表性的像元。与端元选择不同，在波段选择中，线性组合时并不受约束因子的影响。假定在集合 ϕ 中有 N 个像元的 B_1 和 B_2 两个波段。为了寻找与 B_1 和 B_2 最不同的一个波段，可以利用 B_1 和 B_2 对 B 进行估计，即

$$a_0 + a_1 B_1 + a_2 B_2 = B' \tag{3.40}$$

式中，B' 为 B_1 和 B_2 对 B 的估计值或者线性预测值；a_0、a_1 和 a_2 为能够最小化线性预测误差 $e = \|B - B'\|$ 的参数。设参数向量为 $\boldsymbol{a} = (a_0, a_1, a_2)^{\mathrm{T}}$，则可以用最小二乘法求解，

$$\boldsymbol{a} = (\boldsymbol{X}^{\mathrm{T}}\boldsymbol{X})^{-1}\boldsymbol{X}^{\mathrm{T}}\boldsymbol{y} \tag{3.41}$$

式中，$\boldsymbol{X}$ 为 $N \times 3$ 的矩阵，其第一行值为 1，第二行包括 B_1 中所有 N 个像元，第三行包括 B_2 中所有像元；$\boldsymbol{y}$ 为 $N \times 1$ 的向量，它包括了 B 的所有像元。能够使误差 $e_{\min}$ 最大的波段就是与 B_1 和 B_2 最不相似的波段 B，即可以选作 B_3 放入集合 ϕ 中。很明显，当集合 ϕ 中的波段数大于 2 时，相似的过程即可以重复执行，直到满足设定的波段数。

得到波段选择的结果后，将其作为初始聚类中心输入 K 均值。为了降低算法的复杂度，利用典型地物类别的光谱数据（signatures）代替原始所有波段数据作为 K 均值算法的输入数据（称为 supervised K-means，即 SKM）。由此可以得到最接近最优值的聚类结果。

2. K 值的确定

K 值的确定是 K 均值算法中的难点问题。对于聚类分析来说，假定聚类数目从 k =1 增长到 $k = n$，那么不同聚类之间的“距离”也将从大一直减小。因此在“距离和聚类个数”的曲线图上，出现明显拐点的位置则指示了相对合理的聚类个数。所以，如果能找到这样的一个距离指标函数，根据其曲线的拐点就能很容易地找到相对合理的聚类个数。从以上思路出发，提出了类距离指标函数，即类间平均距离与类内平均距离之比（ratio of intra/inter-cluster distance，RICD）：

$$\mathrm{RICD} = d_{\mathrm{intra}}/d_{\mathrm{inter}} \tag{3.42}$$

式中，$d_{\mathrm{intra}} = \sum\limits_{j} \|x_j - \bar{x}_k\|$ 为类间平均距离；$d_{\mathrm{inter}} = \sum\limits_{i=1}^{k}\sum\limits_{j} \|x_{ij} - \bar{x}_i\|$ 为类内平均距离。可以将此函数用于估计 K 值大小。

3. 自动删除最坏聚类

得到聚类结果后，可以对 K 个聚类中心数据进行后续分析；但是，这并不意味着将用到所有的聚类，因为根据波段选择理论，有些聚类可能并不能增加目标识别的准确度，在一定情况下反而有可能弱化分类能力。因此，提出了一个新思路，即利用穷尽搜索（exhaustive search，ES）策略删除最坏的一个聚类（删除后，保留的聚类能够得到比所有聚类更好的分类效果）。根据实验验证，删除一个最坏的聚类可以提高分类精度，但是如果过多地删除比较坏的聚类则可能会大幅降低分类精度。因此，本书只删除一个最坏的聚类。该算法称为 SKMd（SKM with deleting the worst cluster）。

利用穷尽搜索策略删除性能最坏的聚类的算法，可以确保得到最高的最终分类精度。为了找出最坏的聚类，该算法需要遍历每一个聚类，假定有 K 个聚类，则需运行 $K-1$ 次；当 K 数目比较小时，算法复杂度还可以承受，但是当 K 数目比较多时，上述算法就非常耗时。为了改进该问题，假设最坏聚类的删除可以基于一定的标准，例如 OPD 等。本书提出基于 OPD 进行最坏聚类删除的新方法。假定 $\boldsymbol{c}_i$ 和 $\boldsymbol{c}_j$ 分别为第 i 和第 j 个聚类中心，其 OPD 值可以定义为

$$\mathrm{OPD}\left(\boldsymbol{c}_i,\boldsymbol{c}_j\right)=\left(\boldsymbol{c}_i^{\mathrm{T}}\boldsymbol{P}_{\boldsymbol{c}_j}^{\perp}\boldsymbol{c}_i+\boldsymbol{c}_j^{\mathrm{T}}\boldsymbol{P}_{\boldsymbol{c}_i}^{\perp}\boldsymbol{c}_j\right)^{1/2} \tag{3.43}$$

式中，$\boldsymbol{P}_{\boldsymbol{c}_k}^{\perp}=\boldsymbol{I}-\boldsymbol{c}_k\left(\boldsymbol{c}_k^{\mathrm{T}}\boldsymbol{c}_k\right)^{-1}\boldsymbol{c}_k^{\mathrm{T}}$，$k$ 的取值为 $k=i,j$，$\boldsymbol{I}$ 为单位矩阵；$\boldsymbol{P}_{\boldsymbol{c}_j}^{\perp}$ 是 $\boldsymbol{c}_j$ 的正交投影子空间，$\boldsymbol{c}_i^{\mathrm{T}}\boldsymbol{P}_{\boldsymbol{c}_j}^{\perp}\boldsymbol{c}_i$ 为聚类 $\boldsymbol{c}_i$ 在 $\boldsymbol{P}_{\boldsymbol{c}_j}^{\perp}$ 上投影的范数的平方；相似地，$\boldsymbol{c}_j^{\mathrm{T}}\boldsymbol{P}_{\boldsymbol{c}_i}^{\perp}\boldsymbol{c}_j$ 为聚类 $\boldsymbol{c}_j$ 在 $\boldsymbol{P}_{\boldsymbol{c}_i}^{\perp}$ 上投影的范数的平方。OPD 的值越大，说明聚类 $\boldsymbol{c}_i$ 和聚类 $\boldsymbol{c}_j$ 越不同。

对于 K 个聚类中心，计算每一对聚类中心的 OPD 值，如果一个聚类与其余聚类的 OPD 的平均值最大，该聚类将会被删除。基于实验分析可知，该聚类的影像质量比较低。当 K 值比较大时，基于 OPD 的聚类删除策略非常具有优势，因为 ES 算法不仅需要遍历每一个聚类，而且需要进行 K 次分类和评估过程。

4. 改进的 K 均值特征提取过程

利用所提出的 K 均值初始聚类中心选取方法和 K 值确定方法，提出了基于典型地物光谱数据的 K 均值聚类算法（supervised K-means，SKM），该算法步骤如图 3-3 所示。

（1）利用 OPD/UsBS 算法选出的 k 个波段作为 K 均值的初始聚类中心 $s^{(i)}, 1\leqslant i\leqslant k$；

（2）将影像数据的 signatures 作为输入值，计算波段 m 和波段 i（初始中心）之间的距离 $d^2(x_m,s^{(k)})$，将其余波段分配到离其最近的聚类中心；

输入:

$s(i, j)$: 含有 i 个地物和 j 个波段的地物光谱 signatures

$p(k)$: 预先确定的 k 个聚类中心

输出:

Feature(k): 提取出的 k 个聚类中心

步骤:

Step 1: 利用 OPD 或者 UsBS 算法提取 k 个聚类中心;

Step 2: 基于 $s(i, j)$ 计算波段 m^{th} 和波段 k^{th}（初始中心）之间的距离，将其余波段分配到离其最近的聚类中心;

Step 3: 一旦所有波段分配完毕，重新计算各个聚类的中心，以计算后的中心代替原来指定的初始中心;

Step 4: 根据式 (3.44) 计算各个波段与当前聚类中心的距离，更新聚类中的成员;

Step 5: 不断重复Step 3 和 4，直到聚类中心不再变动;

Step 6: 根据式 (3.42) 计算 RICD，终止迭代;

Step 7: 得到 k 个含有最大信息的聚类中心。

图 3-3 改进 K 均值算法过程

（3）一旦所有波段分配完毕，重新计算各个聚类的中心，以计算后的中心代替原指定的初始中心；

（4）利用下式计算各个波段与当前聚类中心的距离：

$$d^2(x_i, \bar{x}^{(k)}) = \sum_{j=1}^{L} (x_{ij}, \bar{x}_j^{(k)})^2 \tag{3.44}$$

将波段移动到离其最近的聚类中心，更新聚类中的成员；

（5）不断重复步骤（3）和（4），直到所有的波段所属的聚类中心不再变动；

（6）计算此刻的类内距离 d_{inter} 和类间距离 d_{intra}，得到二者距离之比 RICD，该距离比将用于后续的 K 值选择。

需要说明的是，在 K 均值算法中，可以采用不同的距离计算方法，如欧氏距离（L2）、曼哈顿距离（L1）、光谱角度距离（SAM）和光谱相关系数距离等。由于光谱相关系数距离在多/高光谱数据中的优越性，本书采用光谱相关系数距离作为距离计算的依据。另外，在评价 K 值时，为了与所提出的 RICD 算法对比，实现了几种常见的 K 值估计方法，如 R^2、SR^2 和 pseudo F 等。

3.2.3 算法复杂度分析

表 3-1 给出了不同波段聚类算法的计算复杂度。对于 SKM 算法，其计算复杂度为 $O(KLSt)$，而原始 K 均值算法为 $O(LMNKt)$；表 3-1 中 MN 为像素个

数，L 为波段数，G 为灰度级数，S 为不同地物的类别数，K 为聚类个数，t 为迭代次数。很明显，$S \ll MN$，SKM 的计算复杂度也比 WaLuMI 和 WaLuDi 算法低，因为 SKM 仅仅利用了高光谱数据的 signatures，即典型地物光谱数据。

表 3-1　不同波段聚类算法计算复杂度对比

算法	计算复杂度
SKM	$O(KLSt)$
RKM	$O(LMNKt)$
WaLuMI	$O(L^2MN)+O(L^3)$
WaLuDi	$O(LMN+L^2G)+O(L^3)$

另外，作为对比，实现了 WaLuMI、WaLuDi、BG（U）和 BG（CC）等算法。BG（U）算法将所有的波段均等分组，相邻的波段在同一组内；BG（CC）算法则按照光谱相关系数对波段进行分组，处于光谱相关系数矩阵内同一矩形的相邻波段都处于同一组。当训练样本已知时，也与 PCA 和 LDA 算法进行了对比。各种不同算法及 K 均值算法的不同变种在表 3-2 中列出。

表 3-2　不同特征提取算法列表

算法	描述
RKM	采用原始数据、随机初始聚类中心的 K 均值算法
UKM	采用原始数据、非监督波段选择结果为初始聚类中心的 K 均值算法
SKMd	采用典型地物光谱数据、非监督波段选择结果为初始聚类中心的监督K 均值算法（删除最坏聚类）
SKM	采用典型地物光谱数据、非监督波段选择结果为初始聚类中心的监督 K 均值算法
SKMd(CC)	采用典型地物光谱数据、CC 分组结果为初始聚类中心的监督 K 均值算法（删除最坏聚类）
SKM(CC)	采用典型地物光谱数据、CC 分组结果为初始聚类中心的监督 K 均值算法
BG(U)	波段均等分组方法
BG(CC)	基于光谱相关系数的波段分组方法
WaLuMI	采用原始数据的层次聚类方法（MI）
WaLuDi	采用原始数据的层次聚类方法（Di）

3.2.4　特征提取实验与分析

1. SKMd（OPD）特征提取

为了验证改进 K 均值中所提出的基于 OPD 的初始聚类中心选取方法，利用 Lunar Lake 数据进行实验研究。K 均值聚类时利用了该数据 5 种地物的光谱特征值。利用 OSP 分类算法对 Lunar Lake 进行了分类评估，同时与原始 K 均值即 KM、MSNRPCA，初始的 K 均值即 KM（MSP）、BG（CC）和 BG（U）等方法进行了对比。

分类精度结果如图 3-4 所示，可以发现，改进 K 均值算法（SKM）取得了最好的效果，其性能要高于其他 4 种算法；特别是当特征个数较少时，所提出的算法效果也较好。其他算法中，KM（MSP）的效果次之，KM 算法和 BG（U）算法的效果最差，这是因为 K 均值初始值问题导致其结果往往陷入局部最小值；而 BG（U）因为把所有波段按大小均等地分到各个聚类，导致算法不稳定，效果最差。

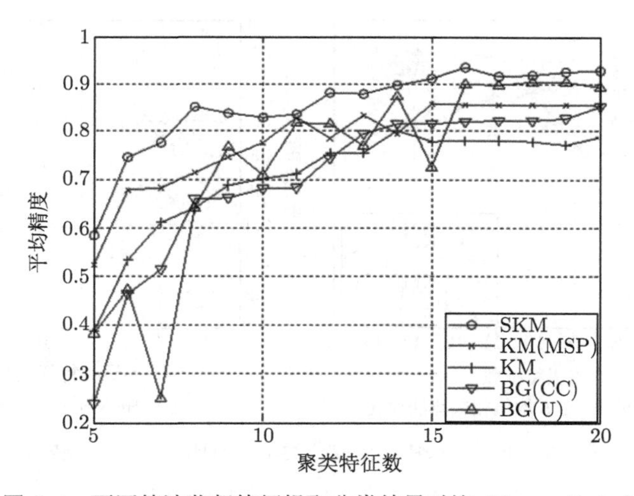

图 3-4 不同算法监督特征提取分类结果对比（Lunar Lake）

2. SKMd（UsBS）特征提取

为了验证改进 K 均值中所提出的基于 UsBS 的初始聚类中心选取方法，利用 Lunar Lake 和 Indian Pines 数据进行了实验。因为 Lunar Lake 数据的样本知识是未知的，所以利用 OSP 分类算法对其分类效果进行评估；而 Indian Pines 数据的样本知识已知，所以采用支持向量机（SVM）算法对其分类效果进行评价。同时与原始 K 均值、WaLuMI、WaLuDi、BG（CC）和 BG（U）等表 3-2 中所列的方法进行了对比。

1）实验一：Lunar Lake 数据

本节利用 AVIRIS 传感器获取的 Lunar Lake 数据进行了特征提取实验。需要说明的是，K 均值聚类时利用了该数据中包含的五种地物的光谱特征值。因为此数据没有训练样本，在图像分类时采用了 OSP 算法，采用与原始所有波段的空间相关系数作为分类图的分类精度。

结果如图 3-5(a)所示，SKMd 算法得到了最优的结果，其结果要高于 SKM 算法中所有聚类中心的分类精度。当用 CC 的分组结果作为初始聚类中心时，SKMd（CC）和 SKM（CC）的效果也分别低于其对应的算法 SKMd 和 SKM，这说明采用波段选择的结果作为初始中心比采用 CC 分组的结果作为初始中心的效果好。RKM 的结果为 50 次 K 均值随机初始的平均值；UKM 为 UsBS 波段选择的结果作为初始聚类中心的原始 K 均值的分类结果，其值要高于 RKM。如图 3-5（b）所示，SKMd 的结果与 WaLuMI、WaLuDi、BG（U）和 BG（CC）的结果进行了对比。明显地，SKMd 的结果大大高于其他算法的结果。

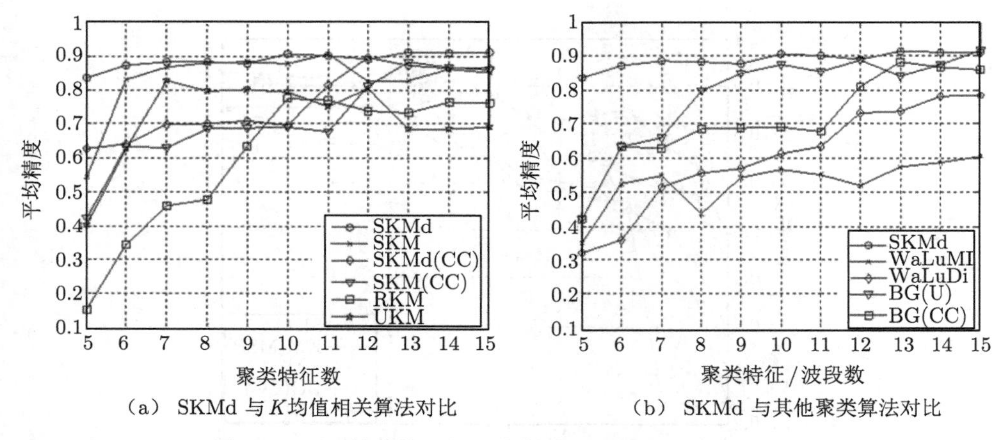

（a） SKMd 与 K 均值相关算法对比　　（b） SKMd 与其他聚类算法对比

图 3-5　不同算法特征提取分类结果对比（Lunar Lake）

2）实验二：Indian Pines 数据

本节对 AVIRIS 传感器获取的 Indian Pines 地区的影像进行了特征提取实验。该数据大小为 145×145，共含有 16 个不同的地物类型，各个地物具有不同数量的样本数据；实验中，仅仅采用了各地物所有样本的均值作为该地物的光谱特征。因为该数据具有已知的训练样本，各算法的评价采用 SVM 算法得到的总体精度进行分类评价。

分类结果如图 3-6（a）所示，SKMd 的结果依然是最高的。当 K 值大于 7 时，其结果要高于利用所有波段分类的结果。UKM 算法的性能要高于 RKM 算法，但是这两种算法的结果明显低于其他算法。图 3-6（b）中同时也显示了 PCA 和 LDA 算法的结果，这两种方法的性能都低于波段分组和波段聚类的结果。需要说明的是，LDA 算法的结果和聚类个数是无关的，非监督的 PCA 算法的性能可能优于 LDA，这和 PC 的个数有关。在实验中，BG（U）和 BG（CC）的结果比较稳定。

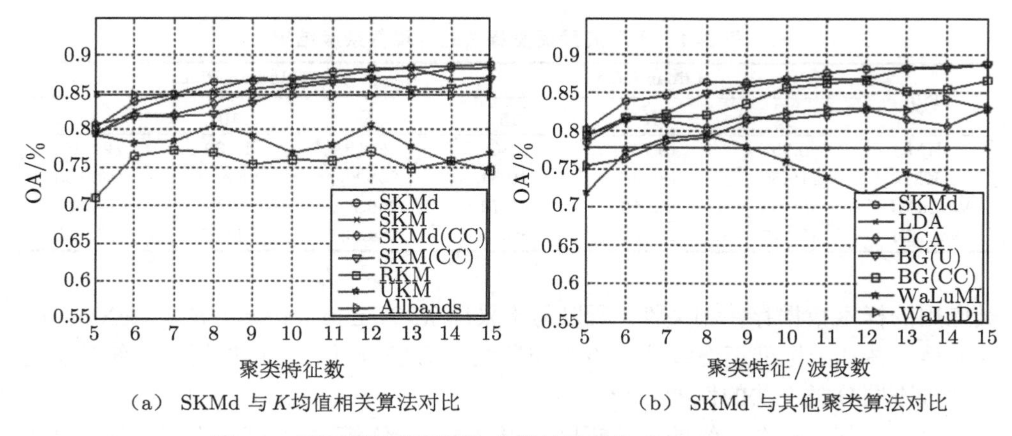

(a) SKMd 与K均值相关算法对比 (b) SKMd 与其他聚类算法对比

图 3-6 不同算法特征提取分类结果对比（Indian Pines）

3）自动删除特定聚类

本节实现了 3.2.2 节中提出的基于 OPD 的删除聚类的方法。表 3-3 中列出了基于 OPD 和 ES 删除最坏聚类的部分结果。可以看出，基于 OPD 删除聚类的方法的效果略低于 ES 方法，但是其大部分结果和 ES 方法是一致的。因此，当聚类个数 K 的个数比较大时，基于 OPD 的删除聚类方法非常有用，因为 ES 方法还需要多重复执行 K 次分类评估过程，这样会降低该算法的效率。

表 3-3 不同聚类个数 K 基于 OPD 和 ES 的聚类删除分类结果

数据	算法	5	7	9	11	13	15
Lunar Lake	ES	0.84	0.88	0.88	0.90	0.91	0.91
	OPD	0.84	0.88	0.88	0.82	0.86	0.89
Washington DC	ES	0.96	0.96	0.95	0.96	0.95	0.94
	OPD	0.95	0.96	0.95	0.96	0.95	0.94
Purdue	ES	0.80	0.85	0.86	0.88	0.88	0.89
	OPD	0.76	0.83	0.86	0.87	0.88	0.89

4）算法效率对比

为了进一步对比分析表 3-1 中各算法的计算复杂度，统计了各算法的运行时间。该运行时间基于配置为 2.26GHz CPU 和 4.0GB 内存的个人笔记本电脑。通过表 3-4 可以看出，本书提出的聚类分析算法 SKM 的运行时间大大低于其他类似算法，如 RKM、WaLuMI 和 WaLuDi 等。

5）算法显著性检验

为了从统计学的角度评估本书提出的算法与其他类似算法之间的差异性，采用常用的 McNemar's test 进行了显著性检验实验。在许多遥感分类应用中，大部分的测试样本和训练样本都是相同的。因此，样本数据是非独立的，即不同分

表 3-4　不同波段聚类算法的计算复杂度结果

算法	Lunar Lake			Indian Pines		
	5	10	15	5	10	15
SKM	0.75	0.75	0.86	20.16	18.30	24.08
RKM	119.59	188.48	210.54	998.85	2068.78	2366.58
WaLuMI	182.06	183.50	185.72	209.73	219.28	232.48
WaLuDi	177.77	179.90	188.87	284.83	260.57	262.17

类应用的样本数据存在相关性，所以易于采用 McNemar's test 方法。McNemar's test 是一种基于标准正态统计检验的非参数的 Z-Test 方法，可以用于从统计上对比两种不同分类方法的性能差异。

该方法基于一个二维的混淆矩阵（表 3-5），该矩阵并没有给出每个地物样本的分类情况，而是重点列出了分类正确和错误的两种情况。假定需要对算法 I 和算法 II 进行性能对比，基于混淆矩阵可以得到 McNemar's test 的值：

$$z = \frac{f_{12} - f_{21}}{\sqrt{f_{12} + f_{21}}} \tag{3.45}$$

式中，f_{11} 为两种算法均分类正确的样本数目；f_{22} 为两种算法都分类错误的样本数目（表 3-5）；f_{12} 为算法 I 分类正确而算法 II 分类错误的样本数目；f_{21} 为算法 II 分类正确而算法 I 分类错误的样本数目。

表 3-5　用于 McNemar's test 计算的混淆矩阵

样本标签		算法 II		
		正确	错误	Σ
算法 I	正确	f_{11}	f_{12}	
	错误	f_{21}	f_{22}	
	Σ			

根据统计显著性检验的理论，如果 $|z|$ 的值大于 1.96，则可以说在 5%的显著性水平的情况下，算法 I 的性能要显著地好于算法 II 的性能。在某些情况下，Z-Test 常常将呈离散分布的样本点看成符合连续正态分布，因此需要对式（3.45）进行连续性改造，对于相关性的样本，可以得到

$$\chi^2 = \frac{(|f_{12} - f_{21}| - 1)^2}{f_{12} + f_{21}} \tag{3.46}$$

需要说明的是，式（3.46）特别适用于样本数量比较少的情况下的统计显著性检验，如果在大数据量样本的情况下使用，可能会降低其评价能力。

表 3-6 和表 3-7 分别给出了对 Indian Pines 数据进行分析时 SKMd 算法与其他类似算法进行对比的 McNemar's test 的 $|z|$ 值和 χ^2 值，可以看出，本书提出的 SKMd 算法的性能显著地好于其他类似算法；其中，由于 SKM 算法为本书提出的未删除最坏聚类的算法，其性能虽然与 SKMd 差异不大，但是也是低于 SKMd 的。

表 3-6 Indian Pines 数据不同聚类算法的 $|z|$ 值

算法	SKMd											均值
	5	6	7	8	9	10	11	12	13	14	15	
RKM	29.12	26.31	18.97	17.54	21.38	16.93	19.70	29.40	23.20	19.43	22.01	22.18
UKM	0.86	14.47	15.53	13.69	17.80	22.60	22.07	17.89	23.20	23.62	22.83	17.69
SKM	2.14	6.38	1.28	3.30	3.44	1.20	3.67	1.99	0.69	1.59	2.07	2.52
SKMd（CC）	8.52	17.03	10.11	7.96	2.64	1.65	2.39	1.92	2.23	3.45	6.16	5.82
SKM（CC）	1.21	6.82	8.44	7.39	7.41	2.30	2.57	2.60	2.77	3.06	2.97	4.32
SKMd（BS）	16.58	21.82	23.53	24.68	19.52	19.81	21.69	18.22	19.80	19.77	18.42	20.35
SKM（BS）	18.64	24.49	23.53	24.20	27.66	20.83	21.50	22.10	21.60	16.78	20.50	21.98
WaLuMI	16.55	16.30	14.90	15.63	19.20	23.61	27.86	31.25	28.07	28.15	30.43	22.90
WaLuDi	10.22	17.84	15.38	16.29	12.94	11.72	12.20	12.53	13.94	6.97	10.02	12.73
BG（U）	3.85	10.57	5.81	5.73	5.70	1.00	3.42	3.37	2.10	4.08	4.26	4.54
BG（CC）	1.26	6.46	7.64	6.54	6.77	2.18	2.35	2.20	2.08	3.75	3.59	4.07

表 3-7 Indian Pines 数据不同聚类算法的 χ^2 值

算法	SKMd											均值
	5	6	7	8	9	10	11	12	13	14	15	
RKM	847.73	691.43	358.93	308.55	457.88	286.37	387.81	863.64	537.33	376.66	484.07	509.13
UKM	1.05	210.00	240.84	187.23	316.97	510.89	488.25	320.12	537.33	556.99	520.54	353.65
SKM	4.38	40.10	2.69	10.13	11.48	1.93	12.99	3.68	1.87	2.35	3.88	8.68
SKMd（CC）	72.49	289.12	102.47	65.02	8.10	2.88	7.10	3.82	5.17	13.02	39.16	55.30
SKM（CC）	2.01	46.75	72.12	54.64	54.56	6.61	9.09	7.45	8.50	10.16	10.10	25.63
SKMd（BS）	274.69	476.23	554.16	608.44	382.60	393.64	471.65	333.13	393.05	392.31	339.89	419.98
SKM（BS）	347.62	599.26	554.16	584.99	765.25	434.37	464.37	488.93	467.68	283.47	420.91	491.91
WaLuMI	273.01	264.76	221.64	244.14	369.31	556.45	775.35	975.49	786.61	791.37	925.16	562.12
WaLuDi	104.49	317.63	235.71	264.67	167.64	137.14	149.22	157.74	195.12	51.09	101.30	171.07
BG（U）	16.56	111.33	33.79	33.14	34.31	1.62	13.25	12.61	5.25	18.01	19.31	27.20
BG（CC）	2.54	42.01	59.63	43.52	46.28	5.01	6.91	6.37	5.60	15.95	14.78	22.60

由表 3-6 可以看出，对于 Indian Pines 数据，SKMd 算法与 SKM、SKMd（CC）、SKM（CC）、BG（U）和 BG（CC）的 $|z|$ 值相对较小，而与 RKM、UKM、SKMd（BS）、SKM（BS）、WaLuMI、WaLuDi 之间的 $|z|$ 值相对较大，均大于 1.96，这说明本书提出的 SKMd 聚类算法的分类精度要显著高于其他算法所得到的精度。由表 3-7 也可以得出类似的结果。另外需要指出的是，两种算法中

SKMd 算法与 SKM 算法之间的 Z-Test 值都是所有算法中最低的，这说明 SKM 算法的性能与 SKMd 算法的性能最为接近。

3.2.5 *K* 值估计分析

为了验证所提出的 K 值估计算法，设计了本实验。根据已有文献，该数据的 VD，即端元数目，为 22 个左右。因此，从理论上说，对该数据利用 K 均值聚类时，其 K 值也应该在 22 个左右。算法 RICD、R^2、SR^2 和 pseudo F 的实验结果如图 3-7 所示。

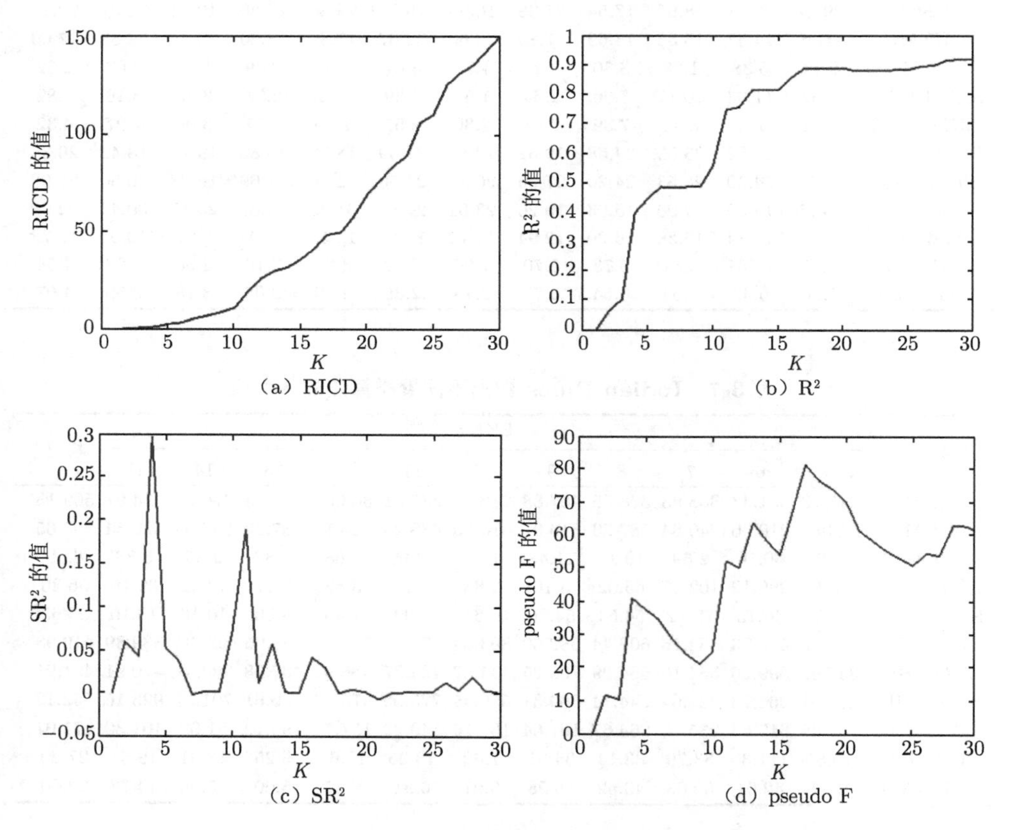

图 3-7 Cuprite 数据 K 值估计图

根据评估 K 值数目的理论，曲线上出现拐点的位置最有可能是 K 的取值；从图 3-7 中各算法的结果可以判断出可能的 K 值数目，如表 3-8 所示。可以看出 RICD 算法得到的可能值为 3、9、18、22；R^2 算法和 SR^2 得到的可能值分别为 3、9、15、22 和 9、12、15、21、27；而 pseudo F 算法得到的结果为 3、9、15、

25。可以看出，前三种算法得到的结果基本一致，相同值为 9 和 22。这与 VD 的结果是相符的，也说明本书改进 K 均值算法中 K 值估计方法的有效性。

表 3-8 Cuprite 数据 K 值估计结果

算法	K 值估计
R^2	3, 9, 15, 22
SR^2	9, 12, 15, 21, 27
pseudoF	3, 9, 15, 25
RICD	3, 9, 18, 22
最终结果	9, 22

需要说明的是，在某些情况下“距离-特征”曲线上可能找不到任何拐点，此时就无法判断和估计 K 值的大小。幸运的是，该情况不可能同时发生在所有 K 值估计算法上。因此，总可以根据某一算法估计 K 值，这也是本书提出新算法的意义所在。

本节提出了基于改进 K 均值的高光谱遥感影像特征提取新方法。针对 K 均值算法存在的初始聚类中心不稳定问题，利用典型地物光谱数据，采用线性预测（LP）方法对初始中心进行预选；聚类后，利用正交投影散度（OPD）对最坏的一个聚类进行删除，最后进行分类应用；并在算法复杂性、显著性水平检验等方面对改进的 K 均值算法进行了评估。

3.3 基于层次聚类和正交投影散度的特征提取

高光谱遥感技术通过连续的、窄的光谱通道提供了精细、详细的信息，其丰富的光谱信息为准确识别目标提供了可能。然而，其庞大的数据量也给数据传输和存储带来了问题。降维技术作为高光谱遥感影像分析的一种常用技术，可以解决这些问题，即通过变换方法，将原始高维数据根据一定的准则投影到低维空间中。例如，主成分分析（PCA）的目标是使转换后的数据方差最大（或最小化重构误差），而 Fisher 线性判别分析的目的是最大化类的可分性。

降维还可以通过波段选择来实现，其目标是找到包含重要数据信息的一小部分波段。波段选择算法已运用于高光谱遥感数据分析。它可以分为两类：监督方法和非监督方法。监督方法是为了保存所需要的目标信息，这是先验的，而非监督方法不假设任何目标信息。例如，Du 等采用线性预测和 K 均值聚类进行波段选择（Du and Yang，2008；Su et al.，2011）；距离测量、信息方法（散度、转换散度、互信息）和特征分析（主成分分析）被应用于图像的波段选择（Chang et al.，1999；Ifarraguerri，2004；Backer et al.，2005；Chang，2009）。虽然这些监督技术的目的是选择包含重要目标信息的波段，并且所选择的波段可以比非监督技术提供更好的检测或分类效果，但在实践中可能无法获得所需的先验知识。

非监督方法不需要训练样本就能学习 [称为波段分组（BG）或波段聚类]。例如，可以将相邻的波段分组，并选择每组的一个代表参与后面的数据分析。直观上来说，相邻波段可以均匀划分 [记为 BG（U）]，也可以基于光谱相关系数划分 [记为 BG（CC）]（Su et al.，2011）。聚类算法已应用于高光谱遥感数据分析。典型的实现方法是基于光谱特征对像元进行聚类，从而将图像场景在空间上分割成多个子区域。聚类算法的另一种实现方法是在空间域，也就是说，一个光谱波段经过列或行叠加后转换成一个向量，然后根据它们的相似性将这些波段向量聚集成若干组。如 Martínez-Usó 等（2007）提出了两种聚类方法：互信息层次聚类方法（Ward's linkage strategy using mutual information，WaLuMI）和散度层次聚类方法（Ward's linkage strategy using divergence，WaLuDi），并将最终的聚类进一步用于波段选择。

虽然在实践中可能很难为每个类别获得足够的训练样本，但是可以得到每个类别的 signature 信息，可以利用 signature 信息进行波段聚类（Haq et al.，2009）。因此，本节提出了仅使用 signature 的层次聚类方法，需要说明的是，一个类别 signature 就是一个类的代表光谱。

3.3.1　基于层次聚类的特征提取方法

1. *基于层次结构的波段聚类与选择*

Martínez-Usó 等没有使用标记信息，采用分层聚类方法对高光谱图像进行波段选择（Martínez-Usó et al.，2007；Haq and Xu，2008），该方法在波段之间的相似性空间中执行。然而，Haq 等（2009）认为可以用 SID 对高光谱图像数据和目标光谱数据得到的相似性空间进行度量。本节尝试用正交投影散度（OPD）信息度量方法对高光谱遥感影像进行降维，提出了基于 signature 的相似性空间层次聚类的波段聚类和波段选择算法。

层次聚类通过创建聚类树或树状图将数据按不同的尺度进行分组，其中不同的联动策略会创建不同的树结构。本节采用聚类策略（Ward's linkage method，沃德联动方法）进行层次聚类，使群的数量依次减少。基于层次聚类的降维方法描述如下。

（1）利用已知的类别 signature 数据，在每对波段之间建立相似性矩阵。

（2）将波段按沃德联动方法分组成二进制聚类，将新形成的簇分组成更大的聚类，直到形成层次树。

（3）在建立了二进制聚类的层次树之后，可以通过指定任意聚类的方式对该树进行修剪，将数据划分为多个聚类。

（4）选择能够较好地预测聚类中其他波段信息的波段作为聚类代表。

对于沃德联动方法，Martínez-Usó 等假设聚类 C_r 与 C_s 合并，新聚类 $C_{\text{new}} = (C_r, C_s)$ 与任何其他聚类（C_k）之间的距离可以被定义为

$$D(C_k, C_{\text{new}}) = \alpha \cdot D(C_k, C_r) + \beta \cdot D(C_k, C_s) + \gamma \cdot D(C_{\text{new}}) + \delta \cdot |D(C_k, C_r) - D(C_k, C_s)| \tag{3.47}$$

式中，α、β、γ 和 δ 是合并系数，沃德联动方法的聚类间距离由以下系数决定：

$$\alpha = \frac{n_r + n_k}{n_r + n_s + n_k}, \quad \beta = \frac{n_s + n_k}{n_r + n_s + n_k}, \quad \gamma = \frac{-n_k}{n_r + n_s + n_k}, \quad \delta = \phi \tag{3.48}$$

式中，n_i 是组 i 中实例的数量。沃德联动方法具有生成最小方差分区的特性，它可以在不丢失重要信息的情况下形成组。

聚类后，k 个聚类中心即为要提取的聚类特征。然而，也可以通过一些标准从每个聚类中选择有代表性的波段进行进一步的分析。考虑一个包含 N 个波段的聚类 C，每个波段 $X_i \in C$ 的权值定义为

$$W_i = \frac{1}{N} \sum_{j \in C, j \neq i} \frac{1}{\varepsilon + D(X_i, X_j)^2} \tag{3.49}$$

式中，ε 是一个可以避免奇异值问题的很小的正值，函数 D（X_i, X_j）返回波段 i, j 之间的 OPD 距离值。选取每个聚类中具有代表性的波段作为聚类中 W_i 最高的波段。

在基于聚类的波段选择中，选择与聚类内其他波段平均相关度最高（OPD 最小）的聚类内波段作为代表性波段，可以更好地预测聚类内其他波段的信息。这是因为两个随机变量共享的 OPD 越低，其中一个变量对另一个变量的预测信息就越多。

2. 信息测度

降维的主要目的是通过保持分类任务的高精度，显著减少冗余信息。因此，可以找到一些信息度量方法，以量化给定的随机变量对另一个随机变量的预测能力。需要注意的是，层次聚类可以采用几个距离度量，包括欧氏距离（L2）、变换散度、JM 距离、光谱余弦（光谱角）。本小节采用 Chang（2003）提出的 OPD 作为距离准则（将基于 OPD 的层次聚类称为 HCOPD），设 $\boldsymbol{c}_i$ 和 $\boldsymbol{c}_j$ 分别表示第 i 和第 j 波段，OPD 定义为如式（3.43）的形式。

对 K 个波段，计算每对 OPD 的值。根据经验，与其他波段相比，OPD 值最大的波段通常具有较低的图像质量，也就是说，这个波段通常具有低信噪比。

3. 计算复杂度和对比算法

表 3-9 列出了波段聚类过程中不同方法的计算复杂度。对于 HCOPD，它的复杂度为 $O(LS{+}L^2S)+O(L^3)$，与 WaLuDi 的复杂度 $O(LN{+}L^2G)+O(L^3)$ 相比（其中 S 为类标记数，N 为像元数），很明显，$S \ll N$，HCOPD 的复杂性也比 WaLuMI 低得多，因为它只使用类标记。对于 SIDSA，它的复杂度与 HCOPD 相同。

表 3-9 波段聚类的计算复杂度

算法	乘法数量
HCOPD	$O(LS + L^2S) + O(L^3)$
SIDSA	$O(LS + L^2S) + O(L^3)$
WaLuMI	$O(L^2N) + O(L^3)$
WaLuDi	$O(LN + L^2G) + O(L^3)$

注：N 为像元数；L 为波段数；G 为灰度级数；S 为类别数；K 为聚类个数。

为了方便比较，实现了 WaLuMI、WaLuDi 和 SIDSA 方法的实验。此外，本实验还采用了均匀波段分组 [BG（U）] 和相关系数波段分组 [BG（CC）]。细节将在下面讨论。

WaLuMI 是 Martínez-Usó 等（2007）提出的一种用于高光谱聚类和波段选择的较好的聚类方法。可将该算法做如下总结：首先定义一个不同的（互信息）空间，然后进行层次聚类，直到达到 k 个聚类数，再采用以聚类间距离为目标函数的联动策略得到层次簇；最后，从每个最终聚类中选择一个有代表性的波段，可以认为是 k 个最相关的波段。从最终的聚类中选择的波段具有显著的独立性，因此，适当地减少表示将提供更好的分类结果。

WaLuDi：是 Martínez-Usó 等（2007）提出的另外一种较好的聚类方法。需要注意的是，该方法遵循的策略与 WaLuMI 相同，即基于 Ward's linkage 策略的分层聚类过程，最终从每个聚类中选择一个波段。然而，在这种方法中距离矩阵被库尔贝克–莱布勒（Kullback-Leibler）散度改变。该方法耗时较长，根据图像大小，可能需要几个小时。

SIDSA：一种基于层次聚类树的方法，利用目标 signature 的 SID 来度量相似度（Haq et al., 2009）。该方法利用数据 SID 和目标 signature 对波段进行聚类，采用平均联动策略构造层次聚类树，用于高光谱遥感波段聚类和波段选择。最后，一旦对波段进行聚类，就可以根据 SID 等标准从每个聚类中选择一个有代表性的波段。

BG（U）：基于均匀划分的波段分组是子空间方法的一种（Du and Yang, 2008），可以认为是一种简单的聚类方法。

BG（CC）：基于谱间相关系数矩阵的波段分组是一种基于相关系数的波段分组方法。每个组的分组波段都在相同光谱范围内，其中一个分组就是一个聚类。

3.3.2 层次聚类特征提取实验与分析

实验采用三个实际数据，聚类和波段选择性能可以用分类精度来评价。当训练和测试样本可用时，可以使用支持向量机（SVM）分类。如果只有类别 signature 可用，则可以使用不需要训练过程的方法，如正交子空间投影（OSP）（Harsanyi and Chang，1994）或约束线性判别分析（CLDA）（Du and Chang，2001）；将分类图与所有原始波段的分类图进行比较，并利用空间相关系数对相似性进行评价；平均空间相关系数越大，性能越好。

1. AVIRIS Lunar Lake 实验

本实验使用的是机载可见光/红外成像光谱仪（AVIRIS）数据，影像拍摄于美国内华达州奈伊县北部的月亮火山口，大小为 200 像素 ×200 像素，空间分辨率约为 20m。去除吸水率和低信噪比波段后，保留 158 个波段用于实验。该影像包含六类地物：煤渣、盐湖、流纹岩、阴影、植被和异常，影像如图 3-8 所示。

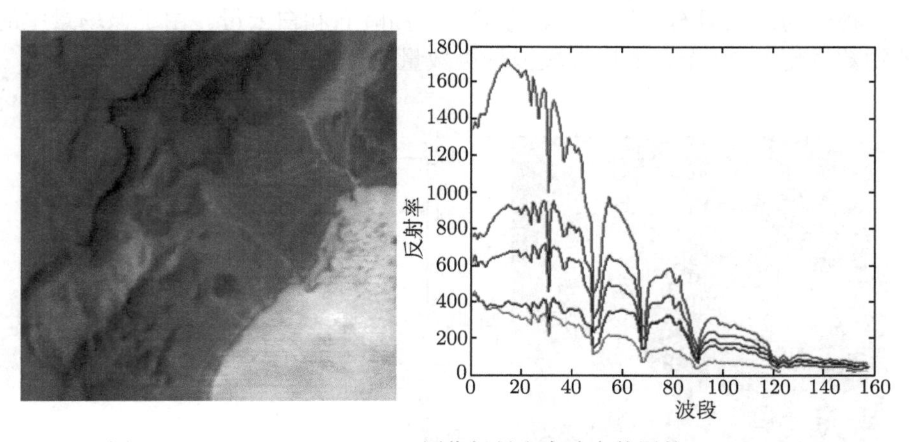

图 3-8 AVIRIS Lunar Lake 图像场景和实验中使用的 signatures

由于该数据没有训练样本，所以采用 OSP 方法进行评价。如图 3-9（a）所示，HCOPD 的效果最好，优于 SIDSA 算法。以 MI（mutual information）和 Di（divergence）为标准，WaLuMI 和 WaLuDi 较 HCOPD 和 SIDSA 的效果要差，尤其是聚类分组较大时。如图 3-9（b）所示，HCOPD 与 WaLuMI、WaLuDi、SIDSA、BG（U）和 BG（CC）比较，HCOPD 的效果明显更好。WaLuDi 比 WaLuMI、BG（U）和 BG（CC）的结果好；由于 BG（U）具有均匀的分组方式，所以其结果有较大波动。

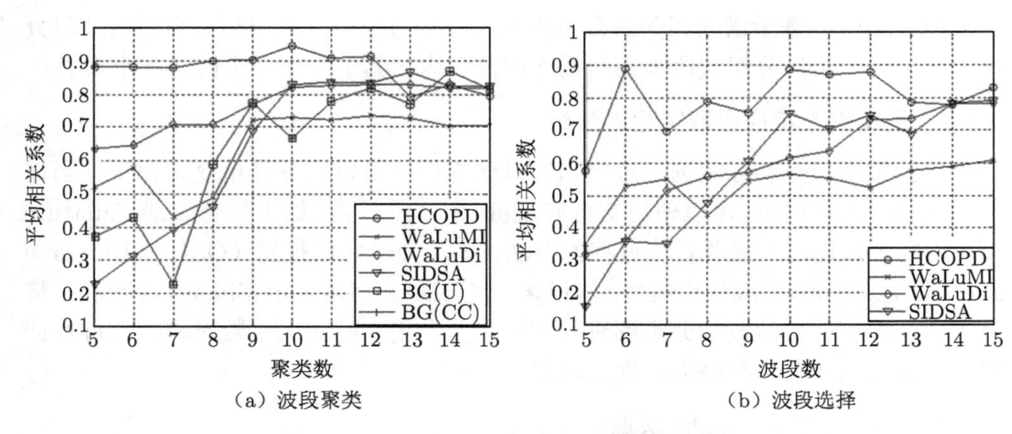

(a) 波段聚类　　(b) 波段选择

图 3-9　Lunar Lake 实验中不同方法的比较

2. AVIRIS Cuprite 数据实验

图 3-10 是尺寸为 350 像元 ×350 像元的 AVIRIS Cuprite 子图像场景。去除水分吸收和低信噪比波段后，保留 189 个波段进行波段选择和聚类。实验区至少包含五种矿物：明矾石、钠长石、方解石、高岭石和白云母。由于该场景中的实际地物数量超过 20 个，所以波段或聚类数量从 20 个开始。

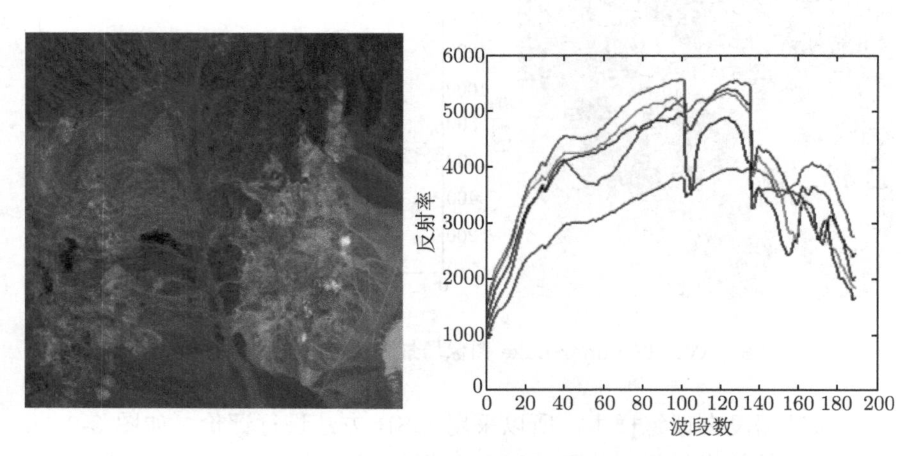

图 3-10　AVIRIS Cuprite 图像场景和实验中使用的五组 signature

由于只知道部分类别标记，因此用 CLDA 进行分类。在图 3-11(a)中，HCOPD 的效果最好，优于使用聚类的 SIDSA。WaLuMI 和 WaLuDi 的结果比 HCOPD 的要差，说明基于 OPD 的波段选择结果是较好的选择。如图 3-11(b)所示，HCOPD 的结果明显优于其他方法。在本实验中，BG（U）的分类效果仅次于 HCOPD，其性能随聚类数的增加变化较大。当聚类数达到 34 时，HCOPD 的分类精度变化不大，而其他分类精度仍有较大差异。

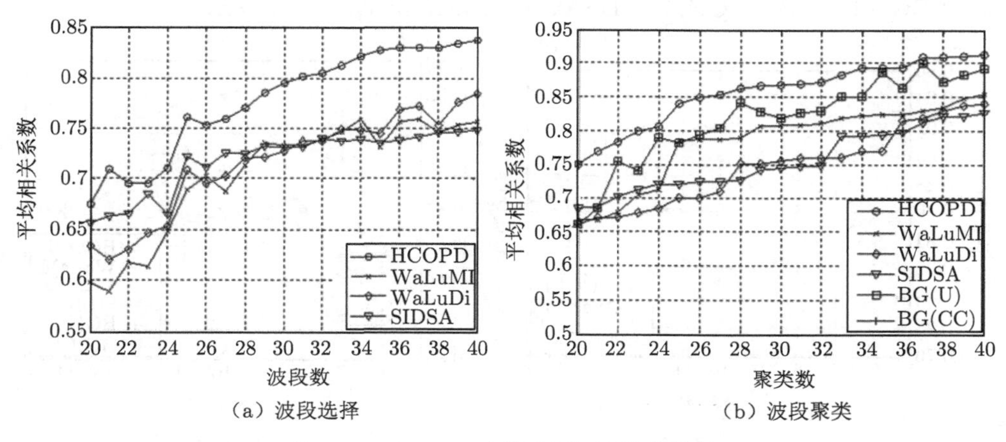

（a）波段选择　　（b）波段聚类

图 3-11 Cuprite 实验中不同方法的比较

3. Washington DC Mall 实验

本实验使用 Washington DC Mall 图像数据（图 3-12），在 0.4～2.4μm 的可见光和红外光谱区域有 210 个波段，其空间分辨率大约是 5m。剔除了吸水性的波段后，保留 191 个波段用于实验。该数据包含七类地物：屋顶、树木、草地、水体、道路、小径和阴影。由于训练样本和测试样本都是已知的，因此使用支持向量机（SVM）的总体分类精度进行算法性能评价。

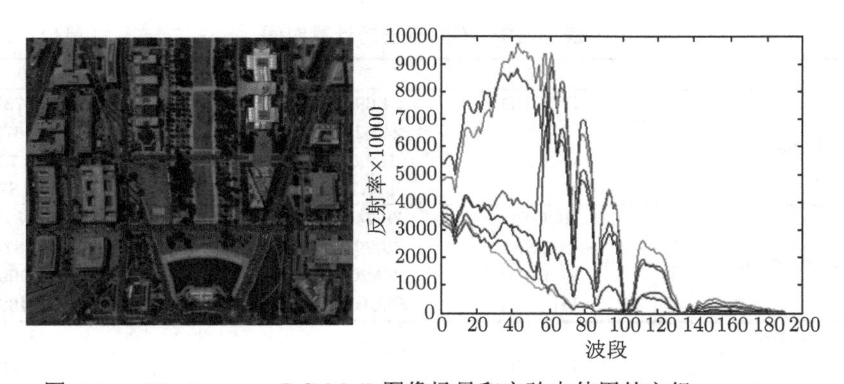

图 3-12 Washington DC Mall 图像场景和实验中使用的六组 signature

如图 3-13（a）所示，HCOPD 是所有基于聚类的波段选择算法中效果最好的。WaLuMI 和 WaLuDi 的分类结果非常相似，但 WaLuMI 的结果最差。实验中增加波段数的值并没有提高精度；相反，当波段数等于 6 时，出现了最高的准确度。图 3-13（b）显示了几种波段聚类方法的性能，结果表明 HCOPD 的性能优于 BG（U）、BG（CC）、SIDSA、WaLuMI 和 WaLUDi 算法。

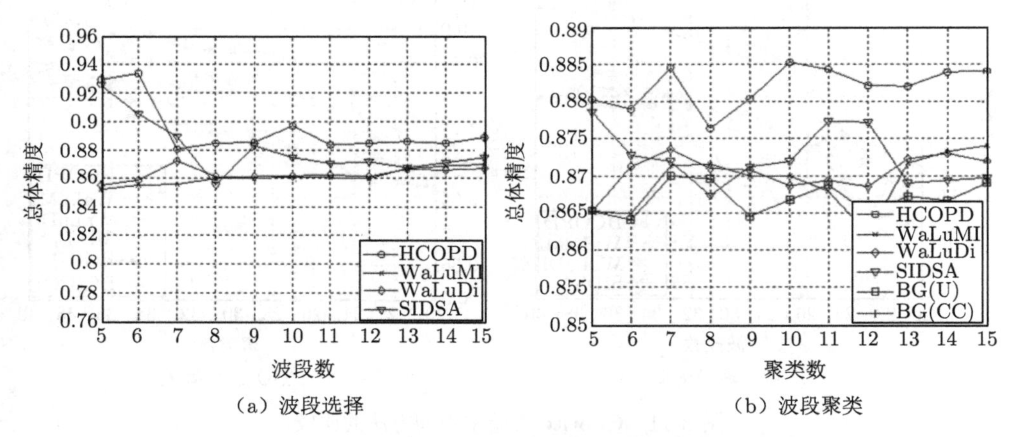

（a）波段选择 （b）波段聚类

图 3-13 Washington DC Mall 实验中不同方法的比较

4. 计算时间

为了进一步比较算法的计算复杂度，记录了各个算法在个人计算机（2.26GHz CPU 和 4.0GB 内存）上的运行时间，如表 3-10 所示。可以看到，与传统的方法 WaLuMI 和 WaLuDi 相比，HCOPD 可以节省大量的计算时间。值得注意的是，SIDSA 的运行时间与 HCOPD 相似，但其分类性能低于 HCOPD。

表 3-10 不同算法的计算时间 （单位：s）

数据	算法	5	10	15
Lunar Lake	HCOPD	24.6902	24.3008	26.2737
	SIDSA	24.8212	24.4953	24.6671
	WaLuMI	182.06	183.50	185.72
	WaLuDi	177.77	179.90	188.87
Washington DC Mall	HCOPD	78.7456	74.6576	75.9871
	SIDSA	76.2930	77.3948	75.8874
	WaLuMI	523.2093	503.0769	475.2996
	WaLuDi	552.1610	485.1512	494.4625
数据	算法	25	30	35
Cuprite	HCOPD	47.5261	45.3771	43.4338
	SIDSA	42.0101	43.2020	40.1521
	WaLuMI	733.9624	764.8163	644.2523
	WaLuDi	668.6718	669.9547	711.0684

本节研究了高光谱遥感影像的波段聚类与选择算法，提出的方法是采用层次聚类的处理策略对非相邻波段进行聚类，其性能优于仅对相邻波段进行聚类的方法。与使用所有像元的非监督聚类不同，提出的层次波段聚类只需要类别光谱曲线数据，从而大大降低了计算成本。对于层次聚类，基于类标记的 OPD 度量是相似性空间的较好选择。实验结果还表明，提出的 HCOPD 方法在分类任务上优于现有的同类方法。

3.4 基于优化判别局部对齐的高光谱遥感影像特征提取

高光谱遥感影像的特征提取主要分为线性和非线性特征提取方法（浦瑞良和宫鹏，2000）。几种经典的线性特征提取方法有主成分分析（PCA）、最小噪声分离（minimum noise fraction，MNF）及线性判别分析（LDA）等（Farrell and Mersereau，2005；Luo et al.，2016；Baudat and Anouar，2000）。虽然线性特征提取方法能够较好地保留高光谱遥感影像中各地物的光谱特征信息，并且实现简单、计算容易，但是它是根据某种优化准则构造线性模型，提取的特征随方法的不同差异较大，且忽略了数据的空间结构，理论上不适合高光谱影像数据的非线性结构特性（Bachmann et al.，2005）。

非线性特征提取方法主要有两种：基于核的方法和流形学习法。基于核的方法通过引入核函数将原始空间的数据映射到更高维的空间，并期望在原始空间呈非线性分布的数据在映射后的空间可以呈线性分布，再利用线性降维方法实现对高维数据的降维。很多线性特征提取方法都有对应的非线性核方法，如核主成分分析（KPCA）、核独立主成分分析（KICA）及核判别分析（KLDA）等（Schölkopf et al.，1997；Bach and Jordan，2003；Mika et al.，1999）。流形学习作为新兴的数据降维方法，已成为诸多领域的研究热点。比较有代表性的方法有局部线性嵌入（LLE）、拉普拉斯特征映射（LE）、局部切空间排列法（LTSA）等（Roweis and Saul，2000；Belkin and Niyogi，2003；Zhang and Zha，2004）。以上流形学习方法都是非监督的，不能实现对原始空间数据有目的地降维或提高分类准确度，因此许多学者从监督学习的角度出发提出了监督流形学习方法：DLLTSA（discriminant linear LTSA）、DSNPE（discriminant sparse NPE）和判别局部对齐（discriminative locality alignment，DLA）等（程琨等，2011；Gui et al.，2012；Zhang et al.，2009）。其中，DLA 降维方法符合高光谱遥感影像数据的非线性特性，并且能较准确地用于分类，同时计算时避免了矩阵奇异性问题。因此，一些学者改进该方法并将其应用到高光谱遥感特征提取。为了减少算法中参数的个数，一种鲁棒性特征提取的算法 EDLA 及其核方法 KEDLA（Jin and Liu，2011）被提出来，削弱了 DLA 对参数的敏感度，提高了其对非线性特征提取的性能。Du

等（2012）改进了 DLA 算法，构造了数据集的三重结构，充分利用了判别信息，提高了输出的特征在低维空间中的判别力。为了使流形学习算法导致的低维特征表示能保持高光谱数据的非负性，Zhang 等（2013）将非负矩阵分解（NMF）应用于改进的 DLA 算法中，提出了非负判别流形学习算法 NDML。Tao 等（2014）将 DLA 拓展到核空间，提出了 KDLA 的特征提取方法，提高了 DLA 的非线性特征提取性能。Jia 等（2017）针对 DLA 算法中比例因子较难选择的问题，将商准则算法引入 DLA，提出了 ODLA 算法，并在此基础上通过扩大不同标签样本之间的距离提高了高光谱遥感影像数据的分类精度。

由于高光谱遥感影像经过预处理后依然会有噪声的影响，所以很多特征提取方法会受到噪声的干扰而导致降维效果欠佳。通常 DLA 算法的第一步是做 PCA 处理，既能降低接下来计算的复杂度又能减少数据的噪声。但是，最小噪声分离（MNF）变换在降低噪声方面比 PCA 效果更好，同时 MNF 变换具有 PCA 变换的性质，变换后得到的向量中的各元素互不相关，第一分量集中了大量的信息，随着维数的增加，影像质量逐渐下降。它按照信噪比从大到小排列，而不像 PCA 变换按照方差由大到小排列，从而克服了噪声对影像质量的影响。正因为变换过程中的噪声具有单位方差，且波段间不相关，所以比 PCA 变换更优越。因此，本小节将 MNF 变换与 DLA 算法结合对高光谱遥感数据进行特征提取，提出的算法称为 MDLA。实验利用两组高光谱遥感数据对所提出的算法与相关算法进行了特征提取的性能对比分析，结果表明：MDLA 算法可以有效降低高光谱遥感数据的噪声，并且对数据进行特征提取后可以有效提升分类准确度。

3.4.1 DLA 与 KDLA 算法

DLA 算法的主要思想是使度量标签在局部优化阶段进行，然后在整个对齐阶段构建全局协调的低维子空间。主要有三个步骤：局部优化、样本加权及整体对齐。

1. DLA 算法

1）局部优化

假设原始特征空间的训练样本集为 $\boldsymbol{X}=[\boldsymbol{x}_1,\boldsymbol{x}_2,\cdots,\boldsymbol{x}_N]\in\mathbf{R}^{m\times N}$，其中每个样本 $\boldsymbol{x}_i$ 属于类别数 C 中的一个，降维后的样本集为 $\boldsymbol{Y}\in\mathbf{R}^{d\times N}$。根据已知的类别信息，可以将除了样本之外的其余样本分为两类：与 $\boldsymbol{x}_i$ 同样类别的样本和与 $\boldsymbol{x}_i$ 不同类别的样本。从样本 $\boldsymbol{x}_i$ 一定范围的邻域内选择 k_1 个与其同类别的样本，将这些样本定义为 $\boldsymbol{x}_{si1},\boldsymbol{x}_{si2},\cdots,\boldsymbol{x}_{sik_1}$，并选择 k_2 个与其不同类别的样本，定义为 $\boldsymbol{x}_{di1},\boldsymbol{x}_{di2},\cdots,\boldsymbol{x}_{dik_2}$。将关于 $\boldsymbol{x}_i$ 的两种类别情况的样本组合起来就构成了一个局部排列 $\boldsymbol{X}_i=(\boldsymbol{x}_i,\boldsymbol{x}_{si1},\cdots,\boldsymbol{x}_{sik_1},\boldsymbol{x}_{di1},\cdots,\boldsymbol{x}_{dik_2})$，假设每一个局部排列在低维度空间的输出为 $\boldsymbol{Y}_i=(\boldsymbol{y}_i,\boldsymbol{y}_{si1},\cdots,\boldsymbol{y}_{sik_1},\boldsymbol{y}_{di1},\cdots,\boldsymbol{y}_{dik_2})$。为了保持特征的判别

信息，应保证 $\boldsymbol{x}_i$ 和与其同类别的样本之间距离尽可能小，与其不同类别的样本之间距离尽可能大，如图 3-14 所示。

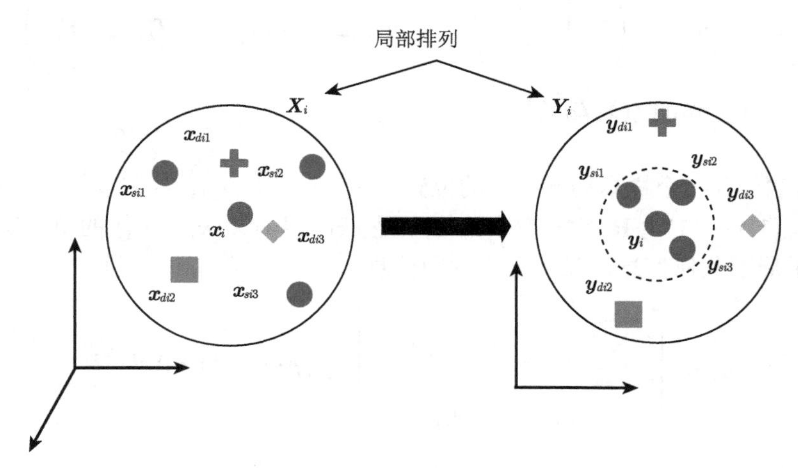

图 3-14 DLA 的局部优化阶段示意图
"■"、"●"、"◆" 和 "✚" 代表四个不同的类别

按上述要求，可以把局部邻域形成的排列近似看成是线性的，用线性判别来构造局部判别的目标函数：

$$\underset{\boldsymbol{y}_i}{\arg\min}\left(\sum_{j=1}^{k_1}\left\|\boldsymbol{y}_i-\boldsymbol{y}_{sij}\right\|^2-\theta\sum_{p=1}^{k_2}\left\|\boldsymbol{y}_i-\boldsymbol{y}_{dip}\right\|^2\right) \tag{3.50}$$

该目标函数中，距离的计算采用欧氏距离（Roweis and Saul，2000），前部分表达式描述了在输出到低维空间的每个局部中，样本 $\boldsymbol{y}_i$ 和与其邻近的 k_1 个同类别样本的距离之和，后部分表达式描述了 $\boldsymbol{y}_i$ 和与其邻近的 k_2 个不同类别样本的距离之和。θ 是属于 $[0,1]$ 之间的比例因子，用来统一类内与类间距离的不同度量，将比例系数向量定义为

$$\boldsymbol{\omega}_i=(1,\cdots,1,-\theta,\cdots,-\theta)^{\mathrm{T}}\in\mathbf{R}^{k_1+k_2} \tag{3.51}$$

因此，式（3.50）可以改写为

$$\underset{\boldsymbol{y}_i}{\arg\min}\left(\sum_{j=1}^{k_1}\left\|\boldsymbol{y}_i-\boldsymbol{y}_{sij}\right\|^2(\boldsymbol{\omega}_i)_j+\sum_{p=1}^{k_2}\left\|\boldsymbol{y}_i-\boldsymbol{y}_{dip}\right\|^2(\boldsymbol{\omega}_i)_{p+k_1}\right)$$

$$
\begin{aligned}
&= \arg\min_{\boldsymbol{y}_i}\left(\sum_{j=1}^{k_1+k_2}\left\|\boldsymbol{y}_{Fi(1)}-\boldsymbol{y}_{Fi(j+1)}\right\|^2(\boldsymbol{\omega}_i)_j\right)\\
&= \arg\min_{\boldsymbol{Y}_i} tr\left(\boldsymbol{Y}_i\begin{bmatrix}-\boldsymbol{e}_{k_1+k_2}\\ \boldsymbol{I}_{k_1+k_2}\end{bmatrix}\operatorname{diag}(\boldsymbol{\omega}_i)\left[-\boldsymbol{e}_{k_1+k_2}\quad \boldsymbol{I}_{k_1+k_2}\right]\boldsymbol{Y}_i^{\mathrm{T}}\right)\\
&= \arg\min_{\boldsymbol{Y}_i}\operatorname{tr}\left(\boldsymbol{Y}_i\boldsymbol{L}_i\boldsymbol{Y}_i^{\mathrm{T}}\right)
\end{aligned}
\tag{3.52}
$$

式中，F_i 表示第 i 个样本局部排列的位置索引，$F_i=\{i,i_{s1},\cdots,i_{sk_1},i_{d1},\cdots,i_{dk_2}\}$；$\boldsymbol{e}_{k_1+k_2}=(1,\cdots,1)\in\mathbf{R}^{1\times(k_1+k_2)}$；$\boldsymbol{I}_{k_1+k_2}$ 是 $(k_1+k_2)\times(k_1+k_2)$ 的单位矩阵；$\boldsymbol{L}_i$ 既包含了局部几何信息，又包含了判别信息

$$
\boldsymbol{L}_i=\begin{bmatrix}\sum_{j=1}^{k_1+k_2}(\boldsymbol{\omega}_i)_j & -\boldsymbol{\omega}_i^{\mathrm{T}}\\ -\boldsymbol{\omega}_i & \operatorname{diag}(\boldsymbol{\omega}_i)\end{bmatrix}\in R^{(1+k_1+k_2)\times(1+k_1+k_2)}
\tag{3.53}
$$

2）样本加权

在选择一个子空间进行分类时，与远离分类边界的样本相比，靠近边界的样本被错误分类的风险更大，因此定义一个边际度量 m_i 来量化样本 x_i 对判别子空间选择的重要性。

$$
m_i=\exp\left(-\frac{1}{(n_i+\delta)\,t}\right)\quad i=1,\cdots,N
\tag{3.54}
$$

式中，n_i 表示在样本 x_i 邻域范围内与其不同类别的样本 x_j 的数量；δ 表示正则化参数；t 表示比例系数。因此，式（3.52）可以改写为

$$
\arg\min_{Y_i}\operatorname{tr}\left(\boldsymbol{Y}_i m_i L_i\boldsymbol{Y}_i^{\mathrm{T}}\right)
\tag{3.55}
$$

3）整体对齐

根据局部排列 $\boldsymbol{X}_i$ 中的每一个样本 $\boldsymbol{x}_i$ 在全部样本 $\boldsymbol{X}$ 中的位置，可将输出到低维空间的每一个局部排列 $\boldsymbol{Y}_i$ 与输出的整体样本集 $\boldsymbol{Y}$ 建立一个联系：

$$
\boldsymbol{Y}_i=\boldsymbol{Y}\boldsymbol{S}_i
\tag{3.57}
$$

式中，$\boldsymbol{S}_i\in\mathbf{R}^{N\times(k_1+k_2+1)}$ 表示选择矩阵，即从 $\boldsymbol{Y}$ 中选出每个局部排列所包含的样本 $\boldsymbol{Y}_i$，定义为

$$
(\boldsymbol{S}_i)_{pq}=\begin{cases}1, & \text{若 } p=F_i\{q\}\\ 0, & \text{其他}\end{cases}\in\mathbf{R}^{N\times(k_1+k_2+1)}
\tag{3.57}
$$

则最终的目标函数是

$$\arg\min_{\boldsymbol{Y}} \operatorname{tr}\left(\boldsymbol{Y}\boldsymbol{S}_i m_i L_i \boldsymbol{S}_i^{\mathrm{T}}\boldsymbol{Y}^{\mathrm{T}}\right) = \arg\min_{\boldsymbol{Y}} \operatorname{tr}\left(\boldsymbol{Y}L\boldsymbol{Y}^{\mathrm{T}}\right) \tag{3.58}$$

式中，$L=\sum_{i=1}^{N}\left(\boldsymbol{S}_i m_i L_i \boldsymbol{S}_i^{\mathrm{T}}\right) \in \mathbf{R}^{N\times N}$ 是对齐矩阵（Roweis and Saul，2000），可通过迭代过程得到

$$L\left(F_i, F_i\right) \leftarrow L\left(F_i, F_i\right) + m_i L_i, \quad i=1,\cdots,N \tag{3.59}$$

为了得到线性和正交投影矩阵 $\boldsymbol{U}$，将 $\boldsymbol{Y}=\boldsymbol{U}^{\mathrm{T}}\boldsymbol{X}$ 代入式（3.58），并保证 $\boldsymbol{U}^{\mathrm{T}}\boldsymbol{U}=\boldsymbol{I}$，得

$$\arg\min_{\boldsymbol{U}} \operatorname{tr}\left(\boldsymbol{U}^{\mathrm{T}}\boldsymbol{X}L\boldsymbol{X}^{\mathrm{T}}\boldsymbol{U}\right) \quad \text{s.t.} \ \boldsymbol{U}^{\mathrm{T}}\boldsymbol{U}=\boldsymbol{I} \tag{3.60}$$

通过标准特征值可以求解上式

$$\boldsymbol{X}L\boldsymbol{X}^{\mathrm{T}}\boldsymbol{u}=\lambda\boldsymbol{u} \tag{3.61}$$

根据特征值由小到大排序，找出前 d 个最小特征值对应的特征向量 $\boldsymbol{u}_1,\boldsymbol{u}_2,\cdots,\boldsymbol{u}_d$，最终的投影矩阵 $\boldsymbol{U}$ 为 $\boldsymbol{U}=[\boldsymbol{u}_1,\boldsymbol{u}_2,\cdots,\boldsymbol{u}_d]$。

2. KDLA 算法

DLA 属于线性方法，由于考虑了每个样本的局部排列，能发现高维数据中隐藏的非线性结构，但是不一定能较准确地捕捉到隐藏在高光谱图像像素之间高阶关系中的重要信息，即样本分布的非线性判别能力不强。因此，引入核函数，将原始数据非线性映射到更高维的特征空间，然后在这个空间里再进行 DLA 运算，称为 KDLA 算法。

首先介绍核函数：假设 ϕ 是一个将原始的特征空间投影到新的特征空间 Ψ 的非线性映射，$\phi\left(\boldsymbol{x}_i\right)^{\mathrm{T}}\cdot\phi\left(\boldsymbol{x}_j\right)$ 是样本 $\boldsymbol{x}_i$ 和 $\boldsymbol{x}_j$ 映射到特征空间后的内积，若 Ψ 空间的维度很高，则很难直接计算映射后样本之间的内积。而核方法仅通过计算核函数 $k(\boldsymbol{x}_i,\boldsymbol{x}_j)$ 就可以在不明确的映射 ϕ 下避免这样的问题（周志华，2016），可表示为

$$k(\boldsymbol{x}_i,\boldsymbol{x}_j)=\phi\left(\boldsymbol{x}_i\right)^{\mathrm{T}}\cdot\phi\left(\boldsymbol{x}_j\right) \tag{3.62}$$

由于核函数可表示为两个样本的内积，定义核矩阵为 $\boldsymbol{K}$，满足

$$\boldsymbol{K} = \boldsymbol{X}^{\phi\mathrm{T}}\boldsymbol{X}^{\phi} \tag{3.63}$$

核函数有多种不同的选择，本节采用的是高斯核函数，$k(\boldsymbol{x}_i, \boldsymbol{x}_j) = \exp\left(-\frac{1}{2}(\|\boldsymbol{x}_i - \boldsymbol{x}_j\|^2/\partial)^2\right)$，可用核函数代替向量的内积。那么，在核空间式（3.60）可以表示为

$$\begin{aligned}&\arg\min_{\boldsymbol{Y}^{\phi}} \mathrm{tr}\left(\boldsymbol{V}^{\mathrm{T}}\boldsymbol{X}^{\phi}L^{\phi}\boldsymbol{X}^{\phi\mathrm{T}}\boldsymbol{V}\right)\\ &\text{s.t.}\quad \boldsymbol{V}^{\mathrm{T}}\boldsymbol{V} = \boldsymbol{I}\end{aligned} \tag{3.64}$$

由于任何特征向量都可由特征空间中观测值的线性组合来表示（Baudat and Anouar，2000），因此存在系数 $\boldsymbol{\alpha}$，满足

$$\boldsymbol{v} = \sum_{i=1}^{C}\sum_{j=1}^{N_i}\boldsymbol{\alpha}_j^{(i)}\phi\left(\boldsymbol{x}_j^{(i)}\right) = \boldsymbol{X}^{\phi}\boldsymbol{\alpha} \tag{3.65}$$

式中，$\boldsymbol{\alpha} = \left(a_1^{(1)}, \cdots, a_{N_1}^{(1)}, a_1^{(2)}, \cdots, a_{N_2}^{(2)}, \cdots, a_1^{(L)}, \cdots, a_{N_L}^{(L)}\right)^{\mathrm{T}}$ 表示每个标签类对应的样本系数。那么，根据式（3.63）和式（3.64），可以得到

$$\begin{aligned}&\boldsymbol{X}^{\phi}\boldsymbol{L}^{\phi}\boldsymbol{X}^{\phi\mathrm{T}}\boldsymbol{v} = \lambda\boldsymbol{v}\\ &\boldsymbol{K}\boldsymbol{L}^{\phi}\boldsymbol{K}\boldsymbol{\alpha} = \lambda\boldsymbol{K}\boldsymbol{\alpha}\end{aligned} \tag{3.66}$$

假设将核空间中样本集 $\boldsymbol{X}^{\phi}$ 映射到低维空间 $\boldsymbol{Y}^{\phi}$ 的正交投影矩阵为 $\boldsymbol{V} \in \mathbf{R}^{F\times d}$，满足

$$\boldsymbol{Y}^{\phi} = \boldsymbol{V}^{\mathrm{T}}\boldsymbol{X}^{\phi} \tag{3.67}$$

由于最终的目标函数是求使 $\boldsymbol{Y}^{\phi}$ 满足条件的最小值，可取求得的前 d 个最小特征值对应的特征向量 $\boldsymbol{\alpha}$，再由式（3.65）得到投影向量 $\boldsymbol{v}$，分别组成系数矩阵 $\boldsymbol{A}$ 和投影矩阵 $\boldsymbol{V}$。

对于核空间的某个测试样本 $\phi(\boldsymbol{z})$，降维后样本数据的计算表达式为

$$\begin{aligned}&\boldsymbol{V}^{\mathrm{T}}\phi(\boldsymbol{z})\\ &= \boldsymbol{A}^{\mathrm{T}}\boldsymbol{X}^{\phi\mathrm{T}}\phi(\boldsymbol{z})\\ &= \boldsymbol{A}^{\mathrm{T}}\begin{bmatrix} k(\boldsymbol{x}_1, \boldsymbol{z})\\ k(\boldsymbol{x}_2, \boldsymbol{z})\\ \vdots\\ k(\boldsymbol{x}_N, \boldsymbol{z})\end{bmatrix}\end{aligned} \tag{3.68}$$

由式（3.68）可知，最终只要计算得到向量 $\boldsymbol{\alpha}$ 即可，不必算出投影矩阵 $\boldsymbol{V}$，避免了计算的复杂度。

值得注意的是，在核空间中，用 F_i^{ϕ} 表示第 i 个样本的局部排列的位置索引，$F_i^{\phi}=\{i,i_{s1},\cdots,i_{sk_1},i_{d1},\cdots,i_{dk_2}\}$，位置索引可通过计算核空间中样本间的距离间接求得，距离计算可表示为 $\|\phi(\boldsymbol{x}_i)-\phi(\boldsymbol{x}_j)\|^2=k(\boldsymbol{x}_i,\boldsymbol{x}_i)-2k(\boldsymbol{x}_i,\boldsymbol{x}_j)+k(\boldsymbol{x}_j,\boldsymbol{x}_j)$。

3.4.2 提出的优化判别局部对齐特征提取算法

本小节提出了 MNF 与 DLA 算法相结合的线性特征提取方法，即 MDLA 算法。算法先用 MNF 对原始数据进行线性变换，利用信噪比（SNR）提高分量的阶数，按照图像质量排序，可以有效减少图像中数据的噪声，最后在变换后的子空间中使用 DLA 变换，得到特征提取后的结果。

1. MDLA 算法介绍

高光谱遥感图像 $\boldsymbol{X}$ 的每个像素的高光谱剖面 $\boldsymbol{x}$ 可以表示为 $\boldsymbol{x}=\boldsymbol{s}+\boldsymbol{n}$，$\boldsymbol{s}$ 和 $\boldsymbol{n}$ 分别表示数据的信号和噪声部分，假设两个分量均为正态分布并都有各自的协方差矩阵 $\Sigma_{\boldsymbol{s}}$ 和 $\Sigma_{\boldsymbol{n}}$，均值为 0，且不相关，观测值的协方差为 $\Sigma_{\boldsymbol{x}}=\Sigma_{\boldsymbol{s}}+\Sigma_{\boldsymbol{n}}$。设高光谱遥感图像共有 m 个波段（特征维数），通过线性变换 $\boldsymbol{y}=\boldsymbol{A}^{\mathrm{T}}\boldsymbol{x}$ 得到 k 维子空间，$\boldsymbol{A}$ 是 MNF 的变换矩阵（投影矩阵），定义为 $\boldsymbol{A}=(\boldsymbol{a}_1,\boldsymbol{a}_2,\cdots,\boldsymbol{a}_k)\in\mathbf{R}^{m\times k}$，其中 $\boldsymbol{a}_i$ 是第 i 维投影向量，新分量的信噪比定义为信号方差与噪声方差的比值，可以表示为

$$\mathrm{SNR}=\frac{\boldsymbol{a}^{\mathrm{T}}\Sigma_{\boldsymbol{x}}\boldsymbol{a}}{\boldsymbol{a}^{\mathrm{T}}\Sigma_{\boldsymbol{n}}\boldsymbol{a}}-1=\frac{\boldsymbol{a}^{\mathrm{T}}\Sigma_{\boldsymbol{s}}\boldsymbol{a}}{\boldsymbol{a}^{\mathrm{T}}\Sigma_{\boldsymbol{n}}\boldsymbol{a}} \tag{3.69}$$

噪声分数 NF 表示噪声方差与总变量方差的比值，并且 $\mathrm{NF}=1/(\mathrm{SNR}+1)$，因此，为得到最大信噪比，可以最大化 1/NF：

$$1/\mathrm{NF}=\frac{\boldsymbol{a}^{\mathrm{T}}\Sigma_{\boldsymbol{x}}\boldsymbol{a}}{\boldsymbol{a}^{\mathrm{T}}\Sigma_{\boldsymbol{n}}\boldsymbol{a}} \tag{3.70}$$

令该式对 $\boldsymbol{a}$ 的向量导数为 0，可得到广义特征值问题：

$$\Sigma_{\boldsymbol{x}}\boldsymbol{a}=\lambda\Sigma_{\boldsymbol{n}}\boldsymbol{a} \tag{3.71}$$

由于要最大化 1/NF，因此，求解上式得到最大的前 k 个特征向量组成投影矩阵 $\boldsymbol{A}$，可得到投影后的数据 $\boldsymbol{Y}$。

值得注意的是，噪声估计有多种方法，这也是 MNF 变换中重要的一个环节。遥感数据分析中的经典 MNF 假设在某一像素观察到的目标与相邻像素几乎相同（Yokoya and Iwasaki，2010），可得到如下噪声估计：

$$\boldsymbol{n}_{i,j} = \boldsymbol{x}_{i,j} - \frac{1}{2}\left(\boldsymbol{x}_{i+1,j} + \boldsymbol{x}_{i,j+1}\right) \tag{3.72}$$

式中，i 和 j 分别代表图像中的横向位置和纵向位置；$\boldsymbol{x}_{i,j}$ 表示 (i,j) 像素，即像素的光谱向量。

经过 MNF 变换后得到子空间的数据集为 $\boldsymbol{Y} = (\boldsymbol{y}_1, \boldsymbol{y}_2, \cdots, \boldsymbol{y}_n) \in \mathbf{R}^{k\times n}$，其中 n 表示样本个数。将数据集 $\boldsymbol{Y}$ 经过 DLA 变换后可以得到关于 DLA 的变换矩阵 $\boldsymbol{M}$，根据 DLA 目标函数的意义选择前 d 个最小特征值对应的特征向量 $\boldsymbol{m}_1, \boldsymbol{m}_2, \cdots, \boldsymbol{m}_d$，最终的投影矩阵 $\boldsymbol{U} = (\boldsymbol{u}_1, \boldsymbol{u}_2, \cdots, \boldsymbol{u}_d) \in \mathbf{R}^{m\times d}$ 可以表示为 $\boldsymbol{U} = \boldsymbol{AM}$。

2. MDLA 算法步骤

第一步：为得到 MNF 的整体变换矩阵 $\boldsymbol{A}$，将训练集和测试集均置于原始高光谱数据集中进行整体变换。对数据进行去均值操作，并估计观测值的协方差矩阵 $\Sigma_{\boldsymbol{x}}$ 和图像噪声协方差矩阵 $\Sigma_{\boldsymbol{n}}$。

第二步：为满足信噪比最大化要求，根据式（3.62）求出前 k 个最大特征值对应的特征向量。此处考虑到向量中的值过大或过小会对结果产生较大影响，使用 L2 范数对向量进行处理 $\boldsymbol{a}_{\mathrm{norm}} \leftarrow \boldsymbol{a}/\|\boldsymbol{a}\|_2$（Perronnin et al.，2010），处理后得到投影矩阵 $\boldsymbol{A}(\boldsymbol{a}_1, \boldsymbol{a}_2, \cdots, \boldsymbol{a}_k)$，最后根据线性变换 $\boldsymbol{y} = \boldsymbol{A}^{\mathrm{T}}\boldsymbol{x}$ 得到经过 MNF 变换后的子空间数据集 $\boldsymbol{Y}$。

第三步：为方便数据处理，使各个特征维度对目标的影响权重一致，需对第二步得到的子空间数据集 $\boldsymbol{Y}$ 进行归一化处理：

$$\boldsymbol{y}_{\mathrm{norm}} = \frac{\boldsymbol{y} - \boldsymbol{y}_{\min}}{\boldsymbol{y}_{\max} - \boldsymbol{y}_{\min}} \tag{3.73}$$

在对子空间数据集进行归一化处理的基础上对训练集 $\boldsymbol{Y}_{\mathrm{train}} = (\boldsymbol{y}_1, \boldsymbol{y}_2, \cdots, \boldsymbol{y}_n) \in \mathbf{R}^{k\times n}$ 进行 DLA 变换，得到将训练集投影到 d 维子空间的变换矩阵 $\boldsymbol{M} = (\boldsymbol{m}_1, \boldsymbol{m}_2, \cdots, \boldsymbol{m}_d) \in \mathbf{R}^{k\times d}$，其中训练样本数为 n。那么，MDLA 最终的投影矩阵 $\boldsymbol{U} = (\boldsymbol{u}_1, \boldsymbol{u}_2, \cdots, \boldsymbol{u}_d)$ 可以表示为 $\boldsymbol{U} = \boldsymbol{AM} \in \mathbf{R}^{m\times d}$。

第四步：对于原始的训练样本集 $\boldsymbol{X}_{\mathrm{train}} \in \mathbf{R}^{m\times n}$，经过 MDLA 变换后投影到 d 维低维子空间的数据集可以表示为 $\boldsymbol{Z}_{\mathrm{train}} = \boldsymbol{U}^{\mathrm{T}}\boldsymbol{X}_{\mathrm{train}} \in \mathbf{R}^{d\times n}$。

3.4.3 优化判别局部对齐特征提取实验与分析

为验证本节提出的算法对高光谱遥感影像特征提取的有效性，分别采用高光谱数字图像仪（hyperspectral digital imagery collection experiment，HYDICE）及机载高光谱制图仪（hyperspectral mapper，HYMAP）系统采集的数据进行了实验。

1. 实验设置

实验分别对原始光谱特征（all bands）、主成分分析（PCA）、最小噪声分离（MNF）、线性判别分析（LDA）、判别局部对齐（DLA）、核判别局部对齐（KDLA）及本节提出的 MDLA 算法特征提取的结果，使用支持向量机（SVM）分类器进行分类。

为了与 MDLA 算法对比，进行 DLA 变换前先用 PCA 进行处理，降至 $n-1$ 维子空间（n 为样本数），MDLA 算法进行 MNF 变换前也降至 $n-1$ 维子空间。DLA 和 KDLA 算法中的 δ 和 t 均设置为默认值（设置为 0, 1），KDLA 算法中核函数的参数 ∂ 根据经验在两个数据集中分别取 2.6 和 3。SVM 分类器中的相关参数：惩罚参数 c 和核函数参数 g，通过网格搜索和交叉验证确定。采用的分类性能评价指标包括总体分类精度（overall accuracy，OA）、平均分类精度（average accuracy，AA）和 Kappa 系数。表 3-11 中详细列出了两个数据集对应的 DLA、KDLA 和 MDLA 算法的最优参数。本节的实验均是在 MATLAB R2015b、Windows10（64bit）系统上操作的。

表 3-11 实验设置的最佳参数

算法	参数	Washington DC Mall	Purdue Campus
DLA	k_1	13	9
	k_2	9	11
	θ	0.3	0.3
KDLA	k_1	9	12
	k_2	2	9
	θ	0.3	0.6
MDLA	k_1	6	9
	k_2	5	5
	θ	0.7	0.3

2. 实验数据

第一组实验数据采用由 HYDICE 传感器获取的美国 Washington DC Mall 高光谱遥感影像（简称 DC），在可见光和短波红外光谱区域（0.4~2.5μm）覆盖了 210 个波段，空间分辨率约为 2.8m。剔除了水吸收波段后，有 191 个波段的影像数据可用于实验。该区域大小为 304 像素 ×301 像素，实验数据以 16bit 形式存储。主要包含 6 类地物：道路、草地、阴影、小径、树木和屋顶。该高光谱数据如图 3-15 所示，样本分配如表 3-12 所示。

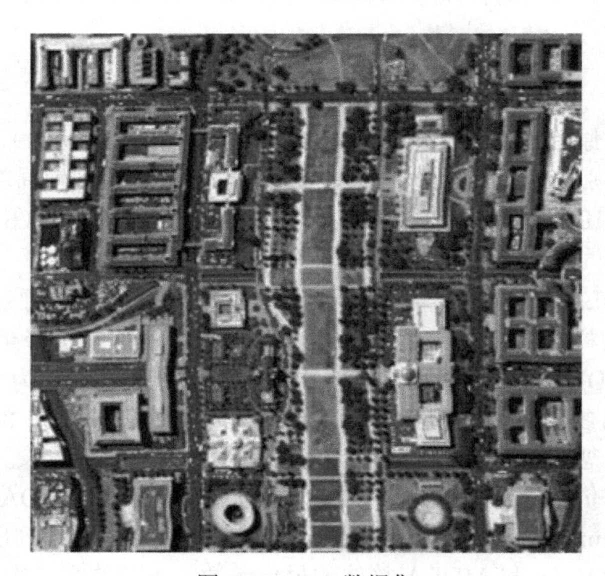

图 3-15　DC 数据集

表 3-12　DC 数据集样本分配

类标签	类别	训练样本	测试样本
1	道路	55	892
2	草地	57	910
3	阴影	50	567
4	小径	46	623
5	树木	49	656
6	屋顶	52	1123
	总和	309	4771

第二组实验数据采用由 HYMAP 传感器获取的普渡大学（Purdue Campus）西拉法叶校区高光谱遥感影像（简称 PC），在可见光和红外光谱区域（0.4~2.4μm）覆盖了 128 个波段，空间分辨率为 3.5m。剔除了水吸收波段后，有 126 个波段的影像数据可用于实验。该区域数据大小为 377 像素 ×512 像素。共包含 6 类地物：道路、草地、阴影、土壤、树木和屋顶。该高光谱数据如图 3-16 所示，样本分配的训练和测试样本数据如表 3-13 所示。

图 3-16 PC 数据集

表 3-13 PC 数据集样本分配

类标签	类别	训练样本	测试样本
1	道路	73	1230
2	草地	72	1072
3	阴影	49	213
4	土壤	69	371
5	树木	67	1321
6	屋顶	74	1236
	总和	404	5443

3. 实验结果与分析

1）Washington DC Mall 高光谱影像实验

图 3-17 展示了所有特征提取方法的总体分类精度随特征维度变化的趋势，从图中可以看出对于 DC 数据集，当维度降到低于 35 维时，所提出的方法比其他几种方法在特征提取后总体分类精度要高，且当维度降到 20~35 维时总体分类精度均维持在较高水平。35 维以后，其他几种方法精度基本稳定，但是 MNF 和 MDLA 由于按照图像质量由高到低排序，精度呈下降趋势。图 3-18 展示了降维至 30 维时不同分类算法的分类效果图，从图中可以看出 MDLA 的分类效果较好，尤其对屋顶道路的分类效果最优。表 3-14 展示了降维至 30 维时各个方法分类精度的对比，各个方法的总体分类精度分别为 94.40%、94.78%、92.83%、95.12%、95.12%、95.49%、96.04%。与保留所有波段相比，MDLA 的总体分类精度（OA）从 94.40%提高到 96.04%，与 DLA 与 KDLA 相比，MDLA 总体分类精度分别提高了 0.92%和 0.55%，平均分类精度（AA）分别提高了 0.89%和 0.51%，Kappa 系数分别提高了 0.0112 和 0.0067，体现了该方法在特征提取方面的优越性和有效性。从各项评价指标来看，经过 MNF 特征提取后的分类效果要优于 PCA，甚至接近于 KDLA 方法，说明 MNF 在去除图像噪声方面与 PCA 相比有一定的优

势。从运行时间上来看，KDLA 时间最长，是 MDLA 的 3.6 倍。由于 MDLA 结合了两种方法，因此运行时间比其他几种方法长。

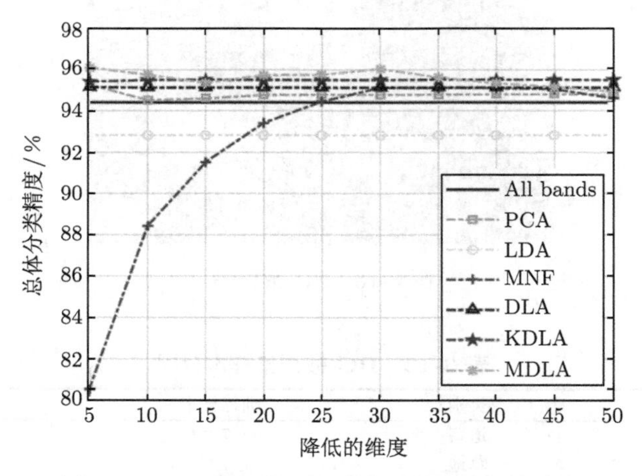

图 3-17 DC 数据集不同维度时的总体分类精度

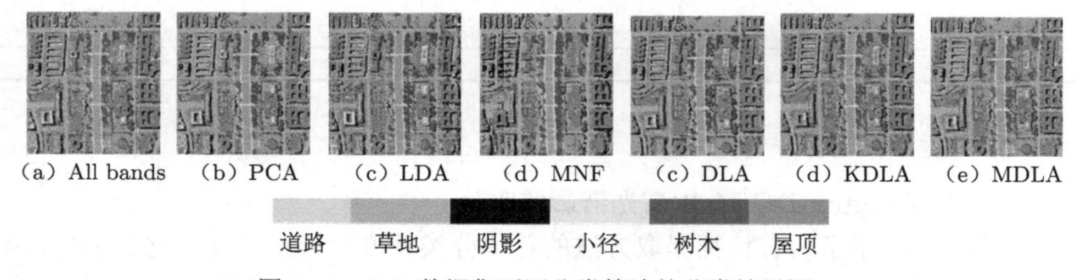

图 3-18 DC 数据集不同分类算法的分类效果图

表 3-14 DC 数据集分类精度和计算时间统计

项目	All bands	PCA	LDA	MNF	DLA	KDLA	MDLA
C1	96.19	98.43	96.19	96.64	96.08	96.97	98.21
C2	97.03	97.69	96.59	97.47	97.47	97.47	98.02
C3	96.30	96.30	94.18	97.53	96.65	96.12	96.47
C4	97.75	99.20	91.33	98.56	94.54	94.22	97.43
C5	98.17	99.54	99.54	94.05	99.09	99.54	98.78
C6	85.84	83.53	83.35	89.49	89.67	90.74	90.12
OA/%	94.40	94.78	92.83	95.12	95.12	95.49	96.04
AA/%	94.44	94.82	92.57	95.06	95.15	95.53	96.04
Kappa	0.9322	0.9369	0.9132	0.9408	0.9408	0.9453	0.9520
时间/s	0.21	0.42	0.15	2.39	1.08	13.84	3.88

2）Purdue Campus 高光谱影像实验

图 3-19 展示了所有特征提取方法的总体分类精度随特征维度变化的趋势，可以看出对于 PC 数据集，所提出的方法在特征提取后的效果与其他几种方法相比有明显的优势，且当维度降到 15~25 维时总体分类精度均维持在较高水平，25 维以后，精度基本稳定，而 MNF 和 MDLA 有轻微的下降趋势。因此图 3-20 展示了降维至 15 维时不同分类算法的分类效果图，从图中可以看出 MDLA 的分类效果最好，对各个地物的分类效果均较好。表 3-15 展示了降维至 15 维时各个方法评价指标的对比，可以发现，各方法的总体分类精度分别为 92.23%、92.25%、91.68%、94.49%、93.90%、94.16%、95.98%。与保留所有波段相比，MDLA 的总体分类精度（OA）提高了 3.75%，与 DLA 与 KDLA 相比，MDLA 总体分类精度分别提高了 2.08%和 1.82%，平均分类精度（AA）分别提高了 3.57%和 3.10%，Kappa 系数分别提高了 0.0259 和 0.0227，体现了该方法在特征提取方面的优越性和有效性。从各项评价指标来看，经过 MNF 特征提取后的总体分类精度比 PCA 提升了 2.24%，Kappa 系数和平均分类精度均高于 PCA，甚至接近

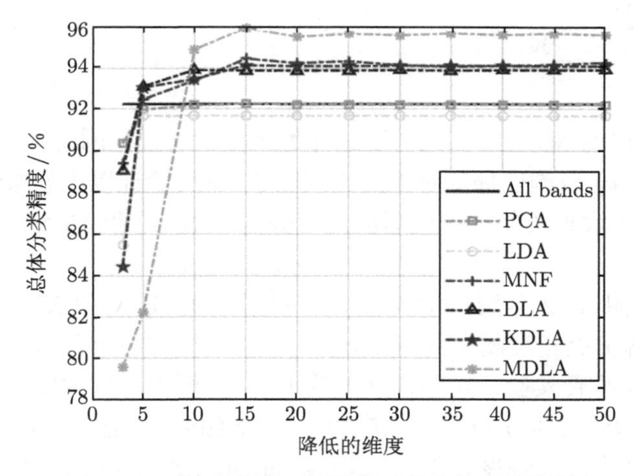

图 3-19　PC 数据集不同维度时的总体分类精度

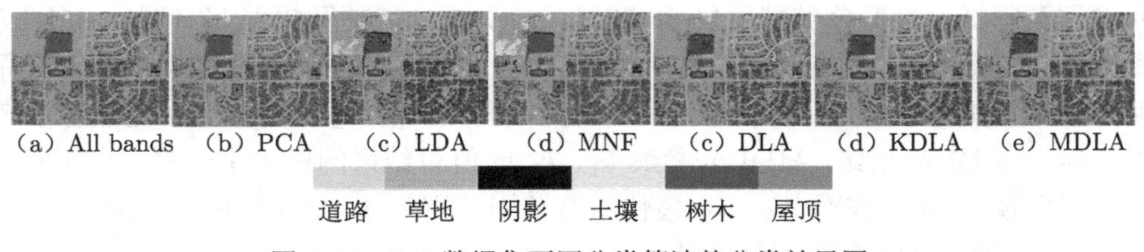

图 3-20　PC 数据集不同分类算法的分类效果图

于 KDLA 方法，说明 MNF 在去除图像噪声方面与 PCA 相比有一定的优势。从运行时间上来看，KDLA 时间最长，是 MDLA 的 3.5 倍。由于 MDLA 结合了两种方法，因此运行时间比其他几种方法长。

表 3-15　PC 数据集分类精度和计算时间统计

项目	All bands	PCA	LDA	MNF	DLA	KDLA	MDLA
C1	91.79	92.03	80.89	96.10	96.10	96.18	96.67
C2	97.76	97.67	98.88	90.95	98.41	98.51	99.16
C3	96.71	96.71	99.53	97.18	98.12	98.12	98.12
C4	86.52	86.52	91.11	91.91	88.41	88.41	84.91
C5	92.88	92.88	96.90	98.86	92.88	93.41	96.14
C6	88.11	88.03	89.40	91.59	89.81	90.21	95.31
OA/%	92.23	92.25	91.68	94.49	93.90	94.16	95.98
AA/%	90.77	90.74	90.08	90.40	90.69	91.16	94.26
Kappa	0.9022	0.9024	0.8955	0.9309	0.9234	0.9266	0.9493
时间/s	0.18	0.18	0.08	3.60	1.98	21.57	6.09

4. 参数分析

DLA 与提出的 MDLA 算法需要选择每个样本邻近范围内与其同类和不同类的样本个数 k_1、k_2 及构建局部对齐的比例因子 θ。为验证以上参数对结果的影响，设置 DC 和 PC 数据集特征提取后的维度分别为 30 维和 15 维，并进行参数对比分析。

图 3-21 和图 3-22 分别是 DC 和 PC 数据集在 DLA 和 MDLA 两种特征提取算法下的总体分类精度随参数 k_1、k_2 的变化结果。根据经验，θ 最优值一般为 0.2 或 0.3，为了方便实验，实验设置 θ 为 0.3。从图中可以发现，对于 DC 数据，DLA 参数 k_1、k_2 的值分别在 7~15 和 1~5 的组合范围内的分类精度较低，最小分类精度与最大分类精度相差 12.41%。而 MDLA 参数 k_1、k_2 的值对应的分类精度虽有浮动，但是对结果影响较小，最大分类精度与最小分类精度之差仅为 1.78%。对于 PC 数据，DLA 参数 k_1、k_2 的值分别在 7~15 和 1~5 的组合范围内精度逐渐降低，最低分类精度仅 56.73%，与最高分类精度相差 37.17%。MDLA 参数 k_1、k_2 的值分别在 5~15 和 1~4 的组合范围内精度逐渐降低，最低分类精度与最高分类精度相差 11.08%。由此可见，参数 k_1、k_2 的选择会对结果产生较大影响，与 DLA 相比，MDLA 参数 k_1、k_2 的值对结果的影响小一些。由实验结果可以发现，DLA 参数 k_1、k_2 最佳组合范围分别为 1~13 和 6~15，MDLA 参数 k_1、k_2 的最佳组合范围分别是 1~9 和 5~9。

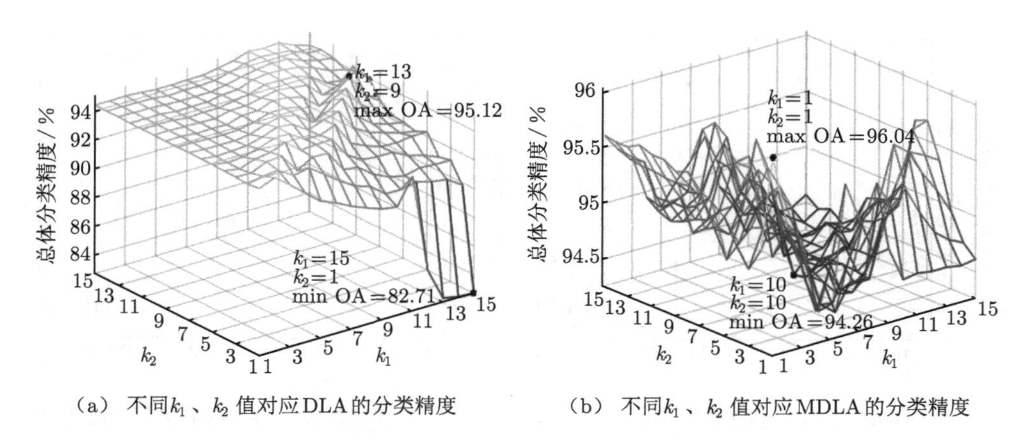

（a） 不同k_1、k_2值对应DLA的分类精度　（b） 不同k_1、k_2值对应MDLA的分类精度

图 3-21 DC 数据在不同 k_1、k_2 值下算法的分类结果

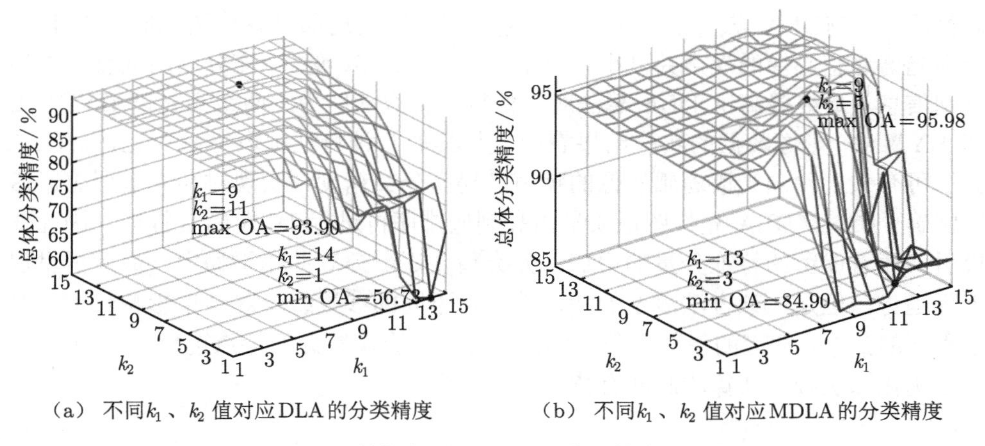

（a） 不同k_1、k_2值对应DLA的分类精度　（b） 不同k_1、k_2值对应MDLA的分类精度

图 3-22 PC 数据在不同 k_1、k_2 值下算法的分类结果

图 3-23 是 DC 和 PC 数据集在 DLA 和 MDLA 两种特征提取算法下的总体分类精度随参数 θ 的变化情况。根据两种算法参数 k_1、k_2 的最佳组合范围，实验选择 k_1、k_2 的值均为 6。根据实验结果可以总结出以下两点：① 对于两个数据集 DLA 和 MDLA 参数 θ 为 0 时，结果不太理想，当 θ 取不同值时，整体的结果变化不大。由此可见，参数 θ 在不为 0 的情况下对结果影响较小。② 对于 DC 数据，DLA 算法得到的前两个最高的分类精度相差很小，仅为 0.19%，对应的 θ 值分别为 0.3、0.4，MDLA 前两个最高的分类精度相差仅为 0.04%，对应的 θ 值分别为 0.7、0.6；对于 PC 数据，DLA 对应的 θ 值分别为 0.4、0.3，MDLA 对应的 θ 值分别为 0.1、0.3。由此可见，参数 θ 的最优值一般情况下可取 0.3。

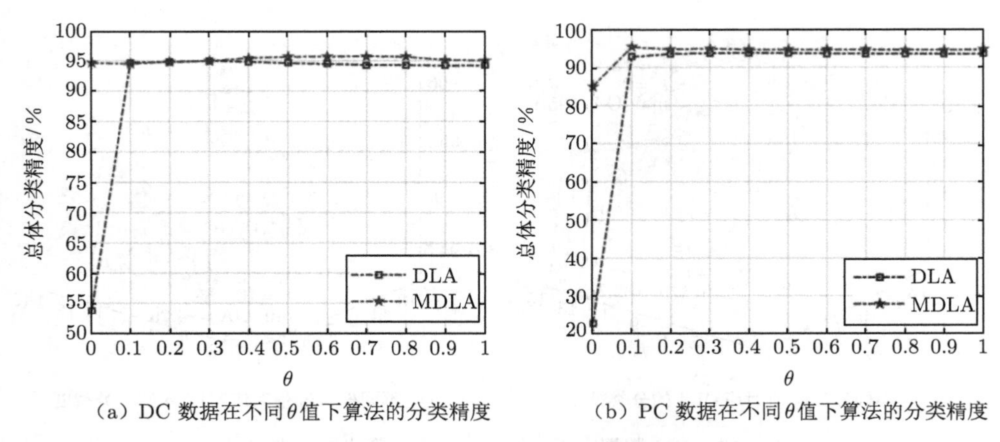

（a）DC 数据在不同θ值下算法的分类精度　（b）PC 数据在不同θ值下算法的分类精度

图 3-23　两组数据在不同 θ 值下算法的分类结果

本节提出了一种结合最小噪声分离和判别局部对齐的高光谱遥感影像特征提取算法——MDLA，该方法将最小噪声分离引入判别局部对齐算法，利用 MNF 去除高光谱遥感影像的噪声并减小计算量，再进行 DLA 变换，充分利用训练样本的判别信息，最终提高了 DLA 算法对影像特征提取的能力。两组高光谱 HYDICE 和 HYMAP 影像数据的实验结果表明，与其他几种特征提取方法相比，MDLA 算法可有效去除高光谱遥感影像的噪声，提高分类精度，实现对高光谱遥感影像的精确分类。MDLA 先按图像质量由高到低排序再进行 DLA 特征提取，因此变换后，随着保留的特征分量的增加，分类精度逐渐提高并趋于稳定，最后再呈现下降趋势。但是，该方法涉及的参数较多，不同的参数组合对结果影响较大，对于不同的数据，适应的最佳参数不同。如何根据影像数据的特点选择合适的参数、继续优化算法减少计算的时间有待进一步研究。

3.5　本 章 小 结

本章介绍了高光谱遥感影像特征提取的经典算法及提出的新方法。3.1 节详细介绍了主成分分析（PCA）和线性判别分析（LDA）的推导过程及两种算法的意义。3.2 节提出了基于改进 K 均值的高光谱遥感影像特征提取方法，该方法基于典型地物光谱数据，利用线性预测（LP）方法对 K 均值算法的初始中心进行预选；聚类后，利用正交投影散度（OPD）删除最坏的一个聚类，最后进行分类应用。3.3 节基于层次聚类结构，利用信息测度，通过最小化聚类内方差和最大化聚类间方差对波段进行分组，提出了基于层次聚类和正交投影散度的高光谱遥感影像特征提取方法，与使用所有像元的无监督聚类或需要标记像元的有监督聚类不同，提出的层次波段聚类和波段选择只需要 signature 特征。实验结果表明，提出的算法用于图像分类任务时明显优于现有的其他方法。3.4 节根据最小噪声分离（MNF）变换在降低噪声方面优于 PCA 的特点，提出了将 MNF 与 DLA 算法相结合的特征提取方法，利用两组高光谱遥感数据对所提出算法的特征提取性能进行对比分析，结果表明，提出的 MDLA 算法可有效降低高光谱遥感数据的噪声，并且提取后的特征可有效提升分类准确度。

参 考 文 献

程琨, 舒勤, 罗伟, 等. 2011. 基于划分的有监督局部切空间排列的人脸识别. 计算机应用研究, 28(6): 2369-2371.

尼克松 M S. 2010. 特征提取与图像处理. 2 版. 实英, 杨高波, 译. 北京: 电子工业出版社.

浦瑞良, 宫鹏. 2000. 高光谱遥感及其应用. 北京: 高等教育出版社.

周志华. 2016. 机器学习. 北京: 清华大学出版社.

Bach F R, Jordan M I. 2003. Kernel independent component analysis. Journal of Machine Learning Research, 3: 1-48.

Bachmann C M, Ainsworth T L, Fusina R A. 2005. Exploiting manifold geometry in hyperspectral imagery. IEEE Transactions on Geoscience and Remote Sensing, 43(3): 441-454.

Backer S D, Kempeneers P, Debruyn W, et al. 2005. A band selection technique for spectral classification. IEEE Geoscience and Remote Sensing Letter, 2(3): 319-323.

Baudat G, Anouar F. 2000. Generalized discriminant analysis using a kernel approach. Neural Computation, 12(10): 2385-2404.

Belkin M, Niyogi P. 2003. Laplacian eigenmaps for dimensionality reduction and data representation. Neural Computation, 15(6): 1373-1396.

Chang C I. 2009. Hyperspectral Imaging: Signal Processing Algorithm Design and Analysis. New York: John Wiley and Sons.

Chang C I. 2003. Hyperspectral Imaging: Techniques for Spectral Detection and Classification. New York: Kluwer Academic/Plenum Publishers.

Chang C I, Du Q, Sun T L, et al. 1999. A joint band prioritization and band-decorrelation approach to band selection for hyperspectral image classification. IEEE Transactions on Geoscience and Remote Sensing, 37(6): 2631-2641.

Du B, Zhang L, Zhang L, et al. 2012. A discriminative manifold learning based dimension reduction method for hyperspectral classification. International Journal of Fuzzy Systems, 14(2): 272-277.

Du Q, Chang C I. 2001. A linear constrained distance-based discriminant analysis for hyperspectral image classification. Pattern Recognition, 34(2): 361-373.

Du Q, Yang H. 2008. Similarity-based unsupervised band selection for hyperspectral image analysis. IEEE Geoscience and Remote Sensing Letter, 5(4): 564-568.

Farrell M D, Mersereau R M. 2005. On the impact of PCA dimension reduction for hyperspectral detection of difficult targets. IEEE Geoscience and Remote Sensing Letters, 2(2): 192-195.

Gui J, Sun Z, Jia W, et al. 2012. Discriminant sparse neighborhood preserving embedding for face recognition. Pattern Recognition, 45(8): 2884-2893.

Haq I, Xu X J. 2008. A new approach to band clustering and selection for hyperspectral imagery//Proceeding of International Conference on Signal Processing: 1198-1202.

Haq I, Xu X J, Shahzad A. 2009. Band clustering and selection and decision fusion for target detection in hyperspectral imagery//Proceeding of International Conference on Acoustic: 1101-1104.

Harsanyi J C, Chang C I. 1994. Hyperspectral image classification and dimensionality reduction: An orthogonal subspace projection approach. IEEE Transactions on Geoscience and Remote Sensing. 32(4): 779-785.

Ifarraguerri A. 2004. Visual method for spectral band selection. IEEE Geoscience and Remote Sensing Letter, 1(2): 101-106.

Jia Y F, Tian Y, Li Y J, et al. 2017. Exponential discriminative locality alignment for hyperspectral image classification. IEEE Geoscience and Remote Sensing Letters, 14(1): 33-37.

Jin Z, Liu Z. 2011. Enhanced discriminative locality alignment and its kernel extension. Optical Engineering, 50(8): 087002.

Luo G, Chen G, Tian L, et al. 2016. Minimum noise fraction versus principal component analysis as a preprocessing step for hyperspectral imagery denoising. Canadian Journal of Remote Sensing, 42(2): 106-116.

Martínez-Usó A, Pla F, Sotoca J M, et al. 2007. Clustering-based hyperspectral band selection using information measures. IEEE Transactions on Geoscience and Remote Sensing, 45(12): 4158-4171.

Mika S, Ratsch G, Weston J, et al. 1999. Fisher discriminant analysis with kernels. Neural Networks for Signal Processing IX, 1999. Piscataway: IEEE. 41-48.

Perronnin F, Sánchez J, Mensink T. 2010. Improving the fisher kernel for large-scale image classification. European Conference on Computer Vision: 143-156.

Roweis S T, Saul L K. 2000. Nonlinear dimensionality reduction. Locally Linear Embedding. Science, 290(5500): 2323-2326.

Schölkopf B, Smola A, Müller K R. 1997. Kernel principal component analysis// Gerstner W, Germond A. Artificial Neural Networks—ICANN'97. Switzerland: Springer-Verlag GmbH: 538-588.

Su H J, Yang H, Du Q, et al. 2011. Semi-supervised band clustering for dimensionality reduction of hyperspectral imagery. IEEE Geoscience and Remote Sensing Letter, 8(6): 1135-1139.

Tao D, Liang L, Jin L, et al. 2014. Similar handwritten Chinese character recognition by kernel discriminative locality alignment. Pattern Recognition Letters, 35(1): 186-194.

Yokoya N, Iwasaki A. 2010. A maximum noise fraction transform based on a sensor noise model for hyperspectral data. 31st Asian Conference on Remote Sensing (ACRS).

Zhang L, Zhang L, Tao D, et al. 2013. Nonnegative discriminative manifold learning for hyperspectral data dimension reduction. Intelligence Science and Big Data Engineering: 351-358.

Zhang T, Tao D, Li X, et al. 2009. Patch alignment for dimensionality reduction. IEEE Transactions on Knowledge and Data Engineering, 21(9): 1299-1313.

Zhang Z Y, Zha H Y. 2004. Principal manifolds and nonlinear dimensionality reduction via tangent space alignment. Journal of Shanghai University, 8(4): 406-424.

第 4 章　高光谱遥感影像波段选择新方法

特征（波段）选择是从一组特征中挑选出一些最有效的特征以达到降低特征空间维数的目的，即从众多波段中选择感兴趣的若干波段，或选择信息量大、相关性小的若干波段。波段选择一般需要解决三个关键技术难题：① 定义何种测度指标作为目标函数：② 采用何种搜索优化策略提升算法效率：③ 如何确定需要选择的波段数目。本章主要从前两个方面探讨波段选择的新方法：一是基于可分性准则的高光谱遥感波段选择方法，二是基于搜索策略的高光谱遥感波段选择方法。

4.1　基于可分性准则的高光谱遥感影像波段选择方法

本节重点介绍用于高光谱遥感波段选择的最小估计丰度协方差（MEAC）和正交投影散度（OPD）等信息测度函数。MEAC 方法通过估计候选波段与已选波段之间的丰度协方差矩阵的迹来评价波段对后续分类的影响，且该方法不需使用训练样本，只需要使用典型地物的光谱数据即可完成，大大提高了运行速度。OPD 方法继承了正交子空间投影（OSP）算法的特点，通过把原始数据投影到特征空间，实现感兴趣目标与背景噪声的分离；基于该函数通过最大化光谱向量之间的相似性测度及序列浮动前向选择（SFFS）算法，可以实现快速波段选择。此外，介绍一种基于自适应仿射传播的非监督波段选择方法，通过将波段进行聚类选取具有代表性的波段，计算效率高。

4.1.1　基于 MEAC 的高光谱遥感影像波段选择

假定遥感影像中有 p 个地物类别，基于线性混合模型，像元 $\boldsymbol{r}$ 可以看成 p 个类别端元的组合。令 $\boldsymbol{S}=[\boldsymbol{s}_1,\boldsymbol{s}_2,\cdots,\boldsymbol{s}_p]$ 为端元矩阵，则像元 $\boldsymbol{r}$ 可以表示为

$$\boldsymbol{r}=\boldsymbol{S}\boldsymbol{\alpha}+\boldsymbol{n} \tag{4.1}$$

式中，$\boldsymbol{\alpha}=(\alpha_1,\alpha_2,\alpha_p)^{\mathrm{T}}$ 为丰度矩阵；$\boldsymbol{n}$ 为不相关的白化噪声；$E(\boldsymbol{n})=\boldsymbol{0}$；$\mathrm{Cov}(\boldsymbol{n})=\sigma^2\boldsymbol{I}$（$\boldsymbol{I}$ 为单位矩阵）。$\boldsymbol{\alpha}$ 的最小二乘估计 $\hat{\boldsymbol{\alpha}}$ 可以通过下式获得

$$\hat{\boldsymbol{\alpha}}=(\boldsymbol{S}^{\mathrm{T}}\boldsymbol{S})^{-1}\boldsymbol{S}^{\mathrm{T}}\boldsymbol{r} \tag{4.2}$$

$\hat{\boldsymbol{\alpha}}$ 的随机特征有

$$E(\hat{\boldsymbol{\alpha}}) = \boldsymbol{\alpha} \quad 和 \quad \mathrm{Cov}(\boldsymbol{\alpha}) = \sigma^2(\boldsymbol{S}^{\mathrm{T}}\boldsymbol{S})^{-1} \tag{4.3}$$

如果影像中的类别数 q 大于 p，则意味着只有 p 个类别的特征是已知的。因此，如果利用式（4.1）的线性混合模型，噪声 $\boldsymbol{n}$ 则不再是白化噪声，而变成了 $\mathrm{Cov}(\boldsymbol{n}) = \sigma^2\boldsymbol{\Sigma}$，其中 $\boldsymbol{\Sigma}$ 为噪声协方差矩阵。上述情况下 p 个类别的丰度可以利用加权最小二乘来求解：

$$\hat{\boldsymbol{\alpha}} = (\boldsymbol{S}^{\mathrm{T}}\boldsymbol{\Sigma}^{-1}\boldsymbol{S})^{-1}\boldsymbol{S}^{\mathrm{T}}\boldsymbol{\Sigma}^{-1}\boldsymbol{r} \tag{4.4}$$

因此，$\hat{\boldsymbol{\alpha}}$ 的一次和二次矩为

$$E(\hat{\boldsymbol{\alpha}}) = \boldsymbol{\alpha} \quad 和 \quad \mathrm{Cov}(\boldsymbol{\alpha}) = \sigma^2(\boldsymbol{S}^{\mathrm{T}}\boldsymbol{\Sigma}^{-1}\boldsymbol{S})^{-1} \tag{4.5}$$

如果假定信号是确定性的，则 $\boldsymbol{\Sigma}$ 可以用数据的协方差矩阵代替。

从直观上讲，所选择的波段应该使基于实际丰度矩阵 $\boldsymbol{\alpha}$ 获得的 $\hat{\boldsymbol{\alpha}}$ 的误差最小。当所有的类别都已知时，基于式（4.3）相当于最小化协方差的迹，即

$$\arg\min_{\Phi^S}\left\{\mathrm{tr}\left[\left(\boldsymbol{S}^{\mathrm{T}}\boldsymbol{S}\right)^{-1}\right]\right\} \tag{4.6}$$

式中，Φ^S 为已选择的波段集合。如果只有一部分类别是已知的，则相当于基于式（4.3）求解下式：

$$\arg\min_{\Phi^S}\left\{\mathrm{tr}\left[\left(\boldsymbol{S}^{\mathrm{T}}\boldsymbol{\Sigma}^{-1}\boldsymbol{S}\right)^{-1}\right]\right\} \tag{4.7}$$

该思想可以命名为最小估计丰度协方差（MEAC），并用来进行波段选择。

为了验证基于 MEAC 的波段选择算法的可行性和实用性，利用 HYDICE Washington DC 和 AVIRIS Lunar Lake 数据进行了实验分析。实验结果如图 4-1 所示，可以看出 MEAC 算法在应用于波段选择时取得了较好的效果。

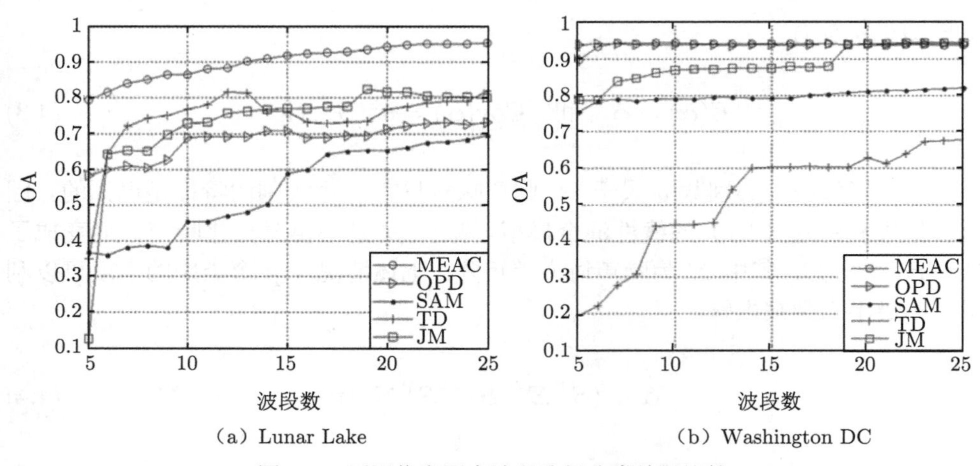

（a）Lunar Lake （b）Washington DC

图 4-1 不同信息测度波段选择分类结果比较

TD 指 targent distance

4.1.2 基于 OPD 的波段选择

基于正交投影散度（OPD）的波段选择算法建立在正交子空间投影（OSP）的基础上，通过将原始数据投影到其特征空间，能最大化地分离感兴趣目标和背景及噪声信息；并通过计算两个像元光谱向量之间的正交投影残差来表达不同地物光谱向量之间的相似性。

1. OSP 理论基础

遥感影像是以像元为基本单位来检测和获取地物信息的。像元除了有一定的光谱参数外，还表征了地物的空间分布，即具有一定的面积；如果一个像元内仅包含一个地物，则称为端元或纯净像元；如果一个像元内包含几种地物，则称其为混合像元（Harsanyi and Chang，1994），因此高光谱遥感影像在一定程度上符合线性混合模型；该模型假定地物间没有相互作用，每个光子仅能“看到”一种物质，并将其信号叠加到像元光谱中。因此，假定高光谱遥感影像中每个像元 $\boldsymbol{r}$ 都可以近似认为是图像中各个端元的线性混合，即

$$\boldsymbol{r} = \boldsymbol{M\alpha} + \boldsymbol{n} \tag{4.8}$$

式中，$\boldsymbol{r}$ 为 l 维光谱向量（l 为图像波段数）；$\boldsymbol{M} = (\boldsymbol{m}_1, \boldsymbol{m}_2, \cdots, \boldsymbol{m}_p)$ 为 $l \times p$ 维的端元光谱矩阵；$\boldsymbol{\alpha} = (\alpha_1, \alpha_2, \cdots, \alpha_p)^{\mathrm{T}}$ 为丰度（混合系数）向量；$\boldsymbol{n}$ 为符合独立随机高斯分布的噪声分量，且满足 $E(\boldsymbol{n}) = \boldsymbol{0}$ 和 $\mathrm{Cov}(\boldsymbol{n}) = \sigma^2\boldsymbol{I}$（$\boldsymbol{I}$ 是单位矩阵）。

不失一般性，假定 $\boldsymbol{M}$ 的第一列是感兴趣目标 $\boldsymbol{d}=\boldsymbol{m}_1$，其余的列为线性独立的背景信号 $\boldsymbol{U}=(\boldsymbol{m}_2,\boldsymbol{m}_3,\cdots,\boldsymbol{m}_p)$，则式（4.8）可转化为

$$\boldsymbol{r}=\boldsymbol{d}\boldsymbol{\alpha}_d+\boldsymbol{U}\boldsymbol{\alpha}_u+\boldsymbol{n} \tag{4.9}$$

式（4.9）将式（4.8）中的端元矩阵分离为感兴趣的目标信号和背景信号，背景信号又包括端元信号和噪声信号，而相应的丰度含量 $\boldsymbol{\alpha}$ 分为 $\boldsymbol{\alpha}_d$ 和 $\boldsymbol{\alpha}_u$。OSP 的目的是尽可能地减弱 $\boldsymbol{U}$ 信号的影响，而最大化感兴趣目标的信息。因此，将 $\boldsymbol{r}$ 投影到 $\boldsymbol{U}$ 的正交子空间，则剩余的信号将只含有与感兴趣目标 $\boldsymbol{d}$ 和随机噪声相关的信息，即

$$\boldsymbol{P}_{U^\perp}\boldsymbol{r}=\boldsymbol{I}-\boldsymbol{U}\boldsymbol{U}^{\#} \tag{4.10}$$

式中，$\boldsymbol{U}^{\#}=(\boldsymbol{U}^{\mathrm{T}}\boldsymbol{U})^{-1}\boldsymbol{U}^{\mathrm{T}}$ 为 $\boldsymbol{U}$ 的伪逆矩阵。将该投影变换 $\boldsymbol{P}_{U^\perp}$ 作用于待解混的信号，则有

$$\boldsymbol{P}_{U^\perp}\boldsymbol{r}=\boldsymbol{P}_{U^\perp}\boldsymbol{d}\boldsymbol{\alpha}_d+\boldsymbol{P}_{U^\perp}\boldsymbol{n} \tag{4.11}$$

式中，$\boldsymbol{U}$ 中的背景信息已经被消除，原始的噪声 $\boldsymbol{n}$ 也被压缩到 $\boldsymbol{P}_{U^\perp}\boldsymbol{n}$ 中，这就是应用广泛的 OSP 模型（Chang，2003）。

为了求解式（4.8），利用最小二乘法估计原理，可以得到

$$\hat{\boldsymbol{\alpha}}=\left(\boldsymbol{M}^{\mathrm{T}}\boldsymbol{M}\right)^{-1}\boldsymbol{M}^{\mathrm{T}}\boldsymbol{r} \tag{4.12}$$

由于高光谱数据本身的复杂性，据多元统计分析理论（Johnson，2007），$\hat{\boldsymbol{\alpha}}$ 的随机特征遵循：

$$E\left(\hat{\boldsymbol{\alpha}}\right)=\boldsymbol{\alpha} \quad \text{和} \quad \mathrm{Cov}\left(\hat{\boldsymbol{\alpha}}\right)=\sigma^2\left(\boldsymbol{M}^{\mathrm{T}}\boldsymbol{M}\right)^{-1} \tag{4.13}$$

根据式（4.8），可得 $\mathrm{Cov}(\boldsymbol{n})=\sigma^2\boldsymbol{\Sigma}$，其中 $\boldsymbol{\Sigma}$ 为噪声协方差矩阵。因此可以得到权重最小二乘的解：

$$\hat{\boldsymbol{\alpha}}=\left(\boldsymbol{M}^{\mathrm{T}}\boldsymbol{\Sigma}^{-1}\boldsymbol{M}\right)^{-1}\boldsymbol{M}^{\mathrm{T}}\boldsymbol{\Sigma}^{-1}\boldsymbol{r} \tag{4.14}$$

假定高光谱数据信号是确定的，那么 $\boldsymbol{\Sigma}$ 可以用数据的协方差矩阵代替。

OSP 理论遵循以下两个思路：一是充分利用目标知识提供的先验知识，二是有效地利用高光谱影像数百个连续光谱波段。对于思路一，先验目标知识即目标地物的光谱信号，被分离为感兴趣目标信息 $\boldsymbol{d}$ 和非感兴趣目标信息 $\boldsymbol{U}$（未知的目

标或者不需要的目标）。OSP 模型被认为是第一个能从 $\boldsymbol{U}$ 中分离出 $\boldsymbol{d}$ 的信号检测模型，通过减弱信号 $\boldsymbol{U}$ 并增强信号 $\boldsymbol{d}$ 来改进信息的检测性能。对于思路二，可以利用鸽笼理论进行解释；在 OSP 中，它可以将不同的光谱波段进行分离，进而实现与该波段相关的两个不同目标信号的相互正交。

2. 正交投影散度监督波段选择算法

OPD 的思路来源于 OSP 理论（Pudli et al.，1994），其目的是最大限度地分离目标信息和背景噪声信息。因此，为了能够得到最优解，需要在高光谱数据中找到能够使最小二乘估计趋向于最优值的波段，这也是本书高光谱波段选择的理论基础。根据最小二乘估计原理，即最大化端元（代表某一典型的地物类）与背景之间距离：

$$\mathrm{OPD} = \boldsymbol{r}_i^{\mathrm{T}} \boldsymbol{P}_{r_j}^{\perp} \boldsymbol{r}_i \tag{4.15}$$

由式（4.15）可以定义一个对称的光谱测度，即正交投影散度

$$\mathrm{OPD}(\boldsymbol{r}_i, \boldsymbol{r}_j) = (\boldsymbol{r}_i^{\mathrm{T}} \boldsymbol{P}_{r_j}^{\perp} \boldsymbol{r}_i + \boldsymbol{r}_j^{\mathrm{T}} \boldsymbol{P}_{r_i}^{\perp} \boldsymbol{r}_j)^{1/2} \tag{4.16}$$

式中，$\boldsymbol{P}_{r_k}^{\perp} = \boldsymbol{I} - \boldsymbol{r}_k(\boldsymbol{r}_k^{\mathrm{T}}\boldsymbol{r}_k)^{-1}\boldsymbol{r}_k^{\mathrm{T}}, k = i, j$。正交投影散度表达了两个像元向量 $\boldsymbol{r}_i$ 和 $\boldsymbol{r}_j$ 之间的正交投影残差的测度，可以用作不同地物光谱向量之间相似性的测度指标。

本章将 OPD 作为高光谱遥感数据波段选择的一个指标，并采用序列浮动前向选择算法 SFFS （Du and Yang，2008）作为波段选择的策略。该算法首先执行前向添加步骤，然后判断上一步所取得的值是否高于最新值，如果高于则执行后向排除步骤，反之继续执行前向添加过程。该算法只是在需要时才执行后退步骤，得到的解接近于最优解，而计算速度要快于经典的穷尽搜索算法。假定遥感数据的波段数为 l，所要选择的波段数为 d，则提出的波段选择算法的监督波段选择过程如图 4-2 所示。

需要说明的是，为进一步降低 SFFS 算法的搜索空间，初始波段的选择是非常重要的。本书的初始波段选择参考了 Du 和 Yang（2008）提出的算法，此处不再赘述。另外“添加”步骤中选择的是能够使判别函数即 OPD 最大的波段，而“剔除”步骤中排除的是对判别函数影响最小的波段。

根据最大化光谱区分度原则研究了基于 OPD 的波段选择算法。该算法首先继承了正交子空间投影的特点，能够有效地分离感兴趣目标与背景信息，提高地物类光谱向量的区分度；其次采用序列浮动前向选择算法进行波段选择，避免了高光谱数据的“维数灾难”，这对于高光谱遥感影像的快速分类具有重要的现实意义；最后，该算法的提出扩展了现有的波段选择算法。

输入:

$B=\{b_i/i=1, 2, \cdots, I\}$

初始化:

$X_1=$初始波段, $k=1$

停止: 如果$k=d$

输出:

$X_k=\{x_j/j=1, 2, \cdots, k, x_j\in Y\}, k=1, 2, \cdots, d$

步骤:

Step 1 (Inclusion):

$x^+=\arg\max J(X_k+x)$

$X_{k+1}=X_k+x^+;\ k=k+1$

Step 2 (Conditional Exclusion)

$x^-=\arg\max J(X_k-x)$

如果 $J(X_k-\{x^-\})>J(X_{k-1})$, 则

$X_{k-1}=X_k-x^-;\ k=k-1$

返回 Step 2

反之

返回 Step 1

图 4-2 基于 OPD 算法的监督波段选择过程

4.1.3 基于自适应仿射传播的波段选择

为了克服高光谱数据海量信息导致的算法效率问题,充分利用仿射传播(affinity propagation, AP)算法在处理大类数和大数据集的聚类问题时聚类质量高且运算速度快的优势,在改进 AP 算法的基础上,介绍基于自适应仿射传播的高光谱遥感非监督波段选择方法。

1. 自适应仿射传播原理

仿射传播聚类是 Frey 和 Dueck(2007,2008)于 2007 年在 *Science* 提出的新的聚类算法,其优势是能够高效处理海量数据,首先简要介绍该算法。

仿射传播聚类算法首先将数据集的所有 N 个样本点都视为候选的聚类中心(称为 exemplar),并为每个样本点建立与其他样本点之间的吸引度信息,即任意两个样本点 x_i 和 x_j 之间的相似度或吸引度,相似度一般采用取负值的欧氏距离 $\boldsymbol{S}(i,k)=-\|x_i-x_k\|^2$,该相似度存储在矩阵 $\{\boldsymbol{S}(i,k)\}$ 之中。设在数据的特征空间中存在一些比较紧密的聚类,且聚类的能量函数为各数据点与其聚类中心的相

似度之和，即

$$E(c) = -\sum_{i=1}^{N} \boldsymbol{S}(i, c_i) \tag{4.17}$$

式中，$i \in C_i, C_i$ 为点 i 的聚类中心。在相似性矩阵 $\boldsymbol{S}(i,k)$ 中，如果点 k 对较近的点 i 吸引力较大，同样点 i 认同点 k 为其聚类中心的归属感也较大，那么处于聚类中心处的数据点 k 对其他数据点的吸引力之和也较大，成为聚类中心的可能性就越大；反之，处于聚类边缘处的数据点对其他数据点的吸引力之和比较小，成为聚类中心的可能性也越小。这样，为选出合适的聚类中心，该算法不断迭代搜索有关的证据，即吸引度 $R(i,k)$（称为点 k 对点 i 的 responsibility，用于描述数据点 k 适合作为数据点 i 的聚类中心的程度）和归属度 $A(i,k)$（称为点 i 对点 k 的 availability，用于描述数据点 i 选择数据点 k 作为其代表的适合程度）。吸引度和归属度越大，点 k 作为聚类中心的可能性就越大。该迭代过程是一个消息传递的过程，根据公式

$$r(i,k) \leftarrow \boldsymbol{S}(i,k) - \max_{k' \mathrm{s.t.} k' \neq k} \{a(i,k') + \boldsymbol{S}(i,k')\} \tag{4.18}$$

$$a(i,k) \leftarrow \min \left\{ 0, r(k,k) + \sum_{i' \mathrm{s.t.} i' \in \{i,k\}} \max\{0, r(i',k)\} \right\} \tag{4.19}$$

不断地更新相似性矩阵 $S(i,k)$，以便产生 m 个聚类中心，同时聚类的能量函数得到了最小化，将各个数据点分配给最近的聚类中心，则找到了 m 个聚类，以上就是 AP 算法。与其他聚类方法（如 K 均值算法）不同，AP 算法无法事先指定具体的聚类中心个数。因此，为了能够事先确定聚类中心的个数，有必要建立优先度与聚类中心个数之间的关系，即

$$\mathrm{perf} = h - 10^i (h - l) \tag{4.20}$$

第一步，设定 $i = -4$，h 和 l 分别为相似性矩阵中的最大值和最小值；然后多次运行 AP 算法（在此过程中，i 每次增加 1，因此优先度每次也变化），直到聚类中心个数低于预先设定的 K。第二步，利用二分法找到精确的 K 值，二分法是一种非常简单和有效的近似解的逼近求解方法。在二分法中，通过式（4.21）改变优先度的值，重复执行 AP 算法，直到得到确切的聚类个数 K：

$$\mathrm{perf} = 0.5h - 0.5l \tag{4.21}$$

同时，设定耗散因子 $\lambda = 0.9$。以上过程可以事先设定聚类中心个数，该算法称为自适应仿射传播（adaptive AP）算法。

2. 非监督波段选择过程

基于以上思想，提出一种基于自适应 AP 聚类的波段选择算法。该算法的优势体现在处理大类数和大数据集的聚类问题时聚类质量高且运算速度快；同时基于聚类结果可以从中选择出最具有代表性的波段作为波段选择的结果，以便进行后续的分析。该算法的具体过程如图 4-3 所示。

输入:

$s(i, k)$: 波段 i 与波段 k 之间的相似性

K: 预先确定的聚类中心个数

$p(j)$: 优先度数组, 优先度表示波段 j 被选作为候选聚类中心

输出:

idx (j): 被选作聚类中心的波段 j 的索引

dpsim: 波段到其聚类中心的相似度之和

expref: 聚类中心的优先度之和

netsim: 净相似度 (所有数据点的优先度及相似度之和)

pref: 当聚类中心个数为 K 时的优先度值

步骤:

Step 1: 由式 (3.46) 计算欧氏距离并取负值得到相似度矩阵 $\boldsymbol{S}$;

Step 2: 计算式 (3.49) 的值，并将所有的优先度设定为该值;

Step 3: 初始化归属度矩阵 $a(i, k)$ 为 0;

Step 4: 根据式 (3.47) 更新吸引度矩阵;

Step 5: 根据式 (3.48) 更新归属度矩阵;

Step 6: 经过若干次迭代后, 如果吸引度和归属度低于阈值，则终止迭代;

Step 7: 转到Step 2，利用式 (3.49) 和式 (3.43) 得到确切的 K 个波段;

Step 8: 得到聚类中心即最终选择的波段。

图 4-3 基于自适应 AP 算法的非监督波段选择过程

该方法改进了 AP 聚类在消息传递过程中不能准确确定聚类中心个数的问题，提出了一种自适应 AP 的新方法，与 AP 算法需要迭代执行多次相比，该方法通过建立“exemplar”和“preferences”之间的函数关系，采用二分法快速逼近最优结果，从而可以减少迭代次数并实现快速聚类；同时，将自适应 AP 聚类方法引入高光谱波段选择应用中，通过将算法得到的聚类中心作为待选波段，实现了波段选择过程。

4.1.4 基于可分性准则的波段选择实验分析

1. 监督波段选择

为了验证基于 OPD 波段选择算法的可行性和实用性，选用几种波段选择的一般算法（如基于 SAM、ED、SID 及 LCMV-BCC 的算法）进行对比分析。另外，SVM 分类器作为一种新颖的有效的统计分类方法，能够适用于高维特征、小样本与不确定性问题的研究，在高光谱遥感分类方面具有极大的优越性。因此，实验中为了评价各种波段选择算法的性能及类别区分度，采用 SVM 分类器作为波段选择算法的衡量标准。

本书算法利用了训练样本数据，为监督式波段选择算法；在实验中，取每个类的所有训练样本的均值作为该地物类别的典型光谱向量。需要说明的是 LCMV-BCC 算法为非监督波段选择算法。另外，在波段选择过程中，HYDICE Washington DC 数据的初始波段设置为 95，HYMAP Purdue Campus 数据的初始波段设置为 1。

图 4-4 给出了利用 Washington DC 数据进行实验的结果，可以看出，本节所介绍的 OPD 算法明显比 SAM、ED、SID 及 LCMV-BCM 算法效果更好；其中，SAM、ED 效果次之，SID、LCMV BCC 算法的效果最差。在大部分情况下 OPD 算法的分类结果比位于次优的 SAM 高了近 7 个百分点；而非监督的 LCMV-BCC 算法由于没有去除背景及噪声信息的影响，效果最差。

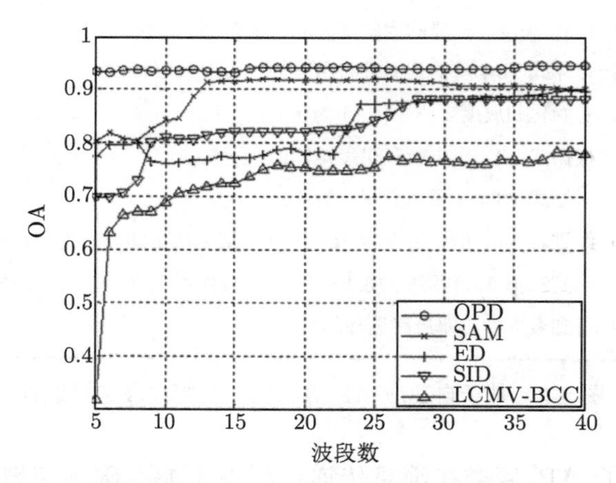

图 4-4 不同波段选择算法分类结果比较（Washington DC）

为了进一步验证算法对不同传感器数据的适用性，利用 HYMAP Purdue 数据的 126 个波段进行验证。由图 4-5 可以看出，OPD 算法在 HYMAP 数据上也取得了最优的结果；其中 ED 在该数据中效果也不错，但是在波段数少于 11 时，其分类结果明显较低；而 SAM、SID 及 LCMV-BCC 的效果依然不理想。本实验证明 OPD 波段选择算法具有较好的适用性和鲁棒性，能够用于不同传感器获取的高光谱数据。

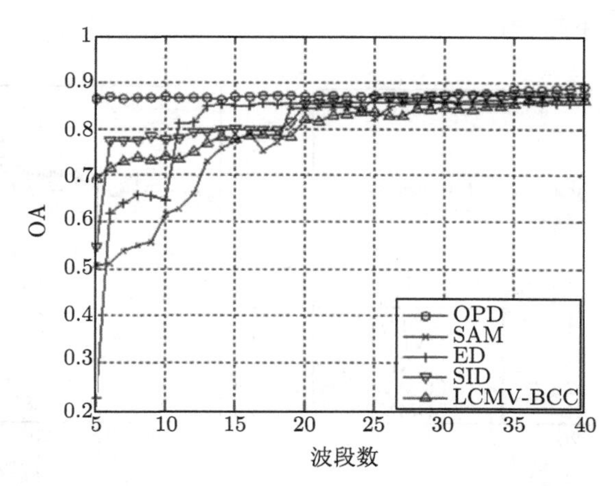

图 4-5 不同波段选择算法分类结果比较（Purdue Campus）

综上所述，实验结果表明，与 SAM、SID 及 LCMV-BCC 等算法相比，基于 OPD 的波段选择是一种非常有效的高光谱数据波段选择算法，具有较好的性能和鲁棒性。

2. 非监督波段选择

基于自适应 AP 的波段选择无任何先验知识，属于非监督算法；本节利用 Washington DC 和 Purdue Campus 数据进行实验，并将该算法与常见的非监督波段选择算法进行对比，即 MVPCA、MSNRPCA、LCMV-BCM 和 LCMV-BCC 等。同时，利用两个分类器来评价波段选择结果，即 SVM 和 KNN 分类器。为了评估不同的波段数对该算法的影响，波段选择的数目设置为 5~40。

图 4-6 为 Washington DC 数据的分类对比结果。图 4-6（a）为 SVM 的分类结果，图 4-6（b）为 KNN 的分类结果。可以发现，本书所提出算法的效果依然大大高于其他波段选择算法。另外，LCMV-BCM 和 LCMV-BCC 算法在大部分情况下都获得了一致的分类结果，这是因为它们选择的波段是一样的。对于 Washington DC 数据，MVPCA 的效果最差。

图 4-7 为 Purdue Campus 数据的实验结果。本实验中，除了波段数目为 6 时，自适应 AP 算法的分类结果有所波动外，其他情况下该算法均获得了精度较高的结果。可以看出当波段数目很大时，MVPCA 的效果排到了第二位，LCMV 算法次之，而 MSNRPCA 的效果最差。

为了对结果进行进一步分析，表 4-1 列出了 SVM 和 KNN 分类器对 Washington DC 和 Purdue Campus 数据 5~40 个选择波段的平均分类精度；同时，也给出了当波段数目为 15 时的分类精度。图 4-8 则给出了当波段数目为 15 时 SVM 和 KNN 分类器对 Washington DC 和 Purdue Campus 数据的分类精度图。由实验结果可以得出以下结论：

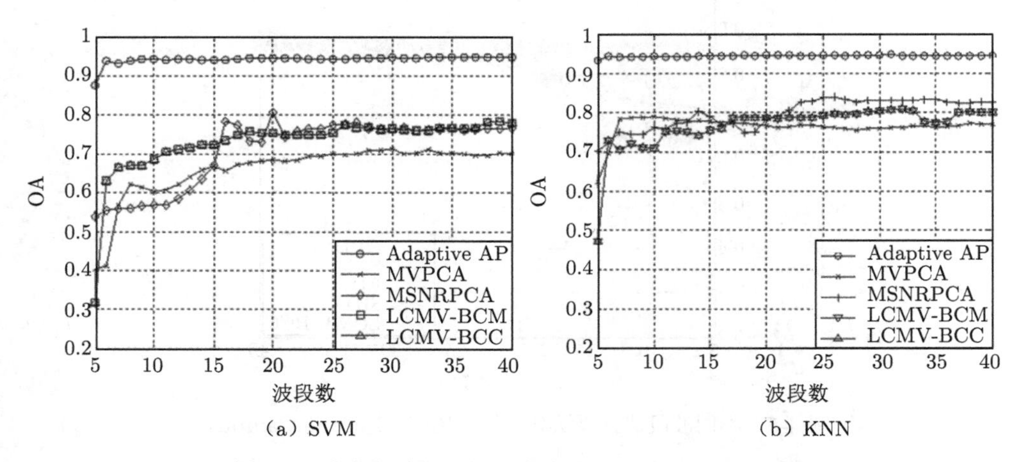

(a) SVM (b) KNN

图 4-6 非监督波段选择分类结果（Washington DC）

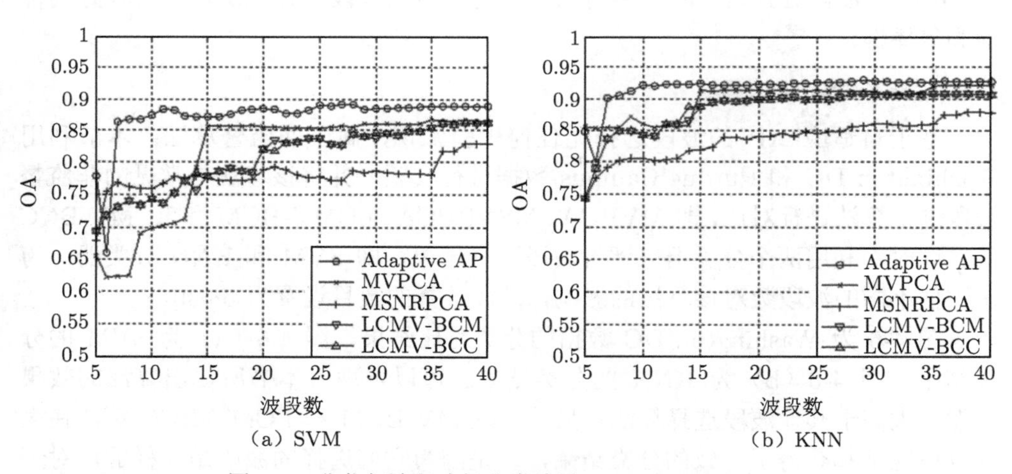

(a) SVM (b) KNN

图 4-7 非监督波段选择分类结果（Purdue Campus）

表 4-1 不同波段选择算法 5～40 波段的平均分类精度 (单位：%)

数据	分类器	LCMV-BCM	LCMV-BCC	MVPCA	MSNRPCA	AAP	AAP 波段数 =15
Washington DC	SVM	72.95	72.96	66.12	70.96	94.24	94.14
	KNN	76.66	76.66	76.41	79.66	94.29	94.20
Purdue Campus	SVM	80.60	80.66	81.03	77.97	87.27	87.21
	KNN	88.33	88.37	89.78	83.68	91.69	92.34

（1）将自适应 AP 聚类算法应用于波段选择是正确的，它能够挑选出影像中非常重要的波段，而且具有速度快、鲁棒性高等特点。将聚类分析引入后，对拓展高光谱遥感影像波段选择算法具有很大的启发意义。

（2）在波段选择问题中，欧氏距离已经被证明可以作为衡量波段相似性的一个比较好的指标；在实验中，仅仅采用了欧氏距离作为相异性的指标。实际上，有许多类似的指标都可以用来尝试，这将是以后的探讨方向。

综合以上两种波段选择算法的实验分析，可以看出，基于 OPD 的监督波段选择和基于自适应 AP 的非监督波段选择算法在高光谱遥感影像波段选择方面具有较好的性能。但是两种方法也有各自不同的特点，具有不同的应用条件。当高光谱影像数据具有先验知识或者针对具体的地物目标和应用时，适用基于 OPD 的监督波段选择算法，这类算法一般与后续的具体应用关系紧密；而当高光谱影像数据缺乏或难以获得先验知识时，适用基于自适应 AP 的非监督波段选择算法，这类算法往往应用于数据压缩方面。

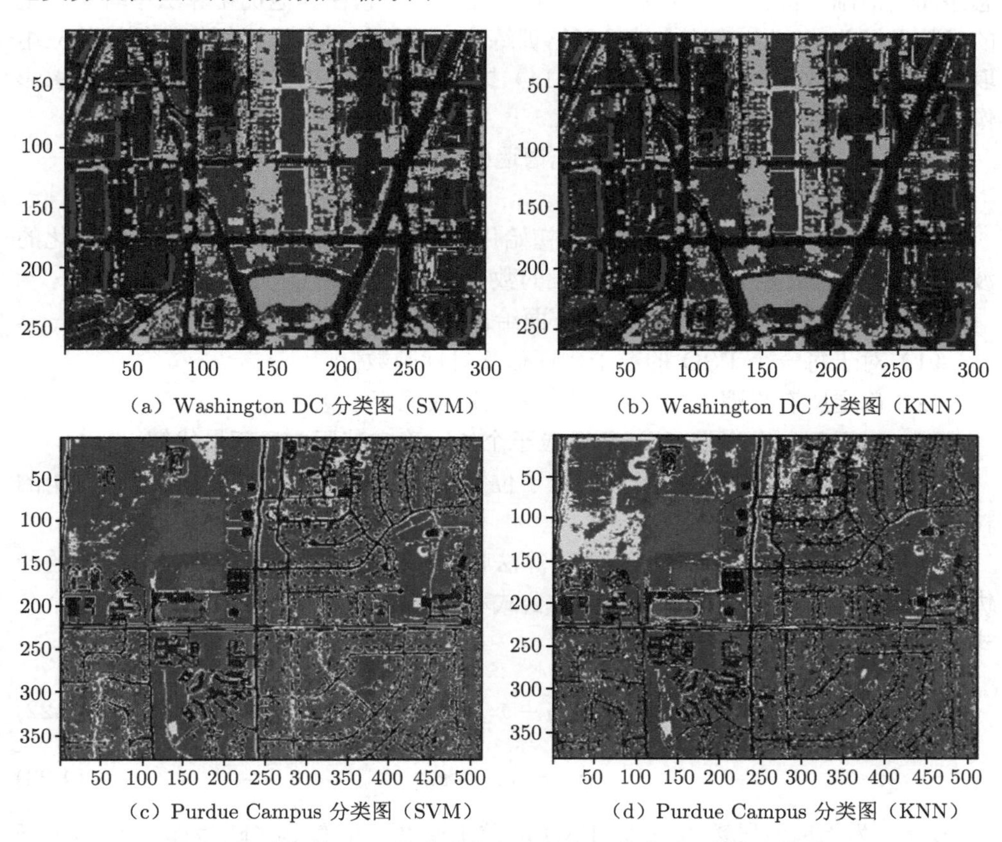

（a）Washington DC 分类图（SVM）　（b）Washington DC 分类图（KNN）

（c）Purdue Campus 分类图（SVM）　（d）Purdue Campus 分类图（KNN）

图 4-8 波段数为 15 时的非监督波段选择分类图（单位：像素）

4.2 基于搜索策略的高光谱遥感影像波段选择方法

本节介绍用于高光谱遥感波段选择的粒子群优化算法（PSO）和萤火虫算法（FA）。PSO 算法属于智能优化算法，通过不断更新粒子和种群的最优值来选取最佳的波段。萤火虫算法是一种仿生群体智能优化算法，通过不断更新萤火虫的亮度和吸引度寻求最优位置点。本节介绍的基于萤火虫算法的波段选择方法即在萤火虫算法的基础上改进了位置更新公式及判断条件，使其适用于高光谱遥感的波段选择，不断筛选最优的波段直至满足条件。

4.2.1 基于 PSO 的波段选择

PSO（particle swarm optimization）算法即粒子群优化算法，以某些生物种群的群体活动为基础，模拟它们的生活习惯，学习其寻优能力。该算法拥有原理思路简明清晰、固定参数不多、易收敛等优点，使它在其他优化算法中有着一定的优势。目前，PSO 算法在神经网络训练、函数优化、多目标优化等领域的应用取得了不错的效果。根据 Su 等（2014）提出的算法，PSO 算法在高光谱遥感影像中的降维主要步骤如下。

步骤一：选择需进行降维的高光谱遥感影像 S。

步骤二：随机初始化 M 个粒子。

步骤三：随机初始化波段数目，初始化目标对象的波段 $\{x_{id}^k\}$，x 为待优化的波段，k 为粒子序号，id 为当前波段的数目。

步骤四：算法的每次循环按照下面给出的步骤进行。

（1）对于每一个 PSO 的粒子，评估其目标函数；

（2）确定所有步骤（1）所述粒子的全局最优解 p_{jd}；

（3）对于每一个步骤（1）所述粒子个体，确定其历史局部最优解 p_{id}；

（4）利用粒子速度更新公式和粒子位置更新公式更新所有内部嵌套 PSO 的粒子。

步骤五：重复执行步骤四，直到算法收敛，将 p_{jd} 的值作为波段 $\{x_{id}^k\}$ 的最优值。所述步骤四中的粒子速度更新公式和粒子位置更新公式分别由以下两个公式实现：

$$v_{id} = \omega \times v_{id} + c_1 \times r_1 \times (p_{id} - x_{id}) + c_2 \times r_2 \times (p_{gd} - x_{id}) \tag{4.22}$$

$$x_{id} = x_{id} + v_{id} \tag{4.23}$$

式中，v_{id} 为当前波段数为 id 时 PSO 的粒子速度；c_1 和 c_2 分别为认知学习因子和社会学习因子；r_1 和 r_2 均为独立随机变量，取值范围一般为 $[0, 1]$；ω 为惯性权重，决定粒子速度的更新比例；p_{id} 为 PSO 的所有粒子上一步迭代的局部最优解；x_{id} 为当前波段数为 id 时内部嵌套 PSO 的粒子所处的位置；p_{gd} 为在所有粒子中最好的全局解。

式（4.22）右边由三组乘法变量组成：第一组表示粒子个体的运行速度，可以调节算法的搜索效率；第二组表示个体的当前位置与其历史最优位置间的距离，描述了个体的移动；第三组表示个体的当前位置与整个种群最优位置间的距离，说明了个体间的信息传递。粒子个体根据自身已有的经验信息和获取的群体信息，经过整合和利用来更新自己的位置，搜索当前空间维的最优解（汪定伟等，2007）。

PSO 算法的流程图如图 4-9 所示。

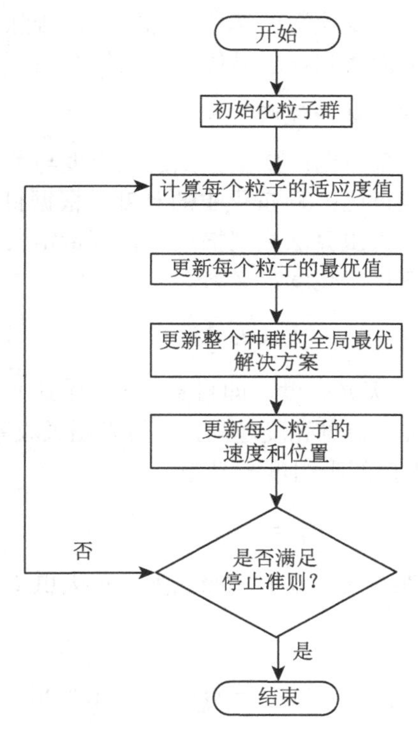

图 4-9 PSO 算法流程图

4.2.2 基于萤火虫算法的波段选择

萤火虫算法是一种新颖的仿生群体智能优化算法，2008 年由剑桥大学学者 Yang 提出，称为 FA（firefly algorithm）（Yang，2008）。萤火虫算法已经在云计算资源研究、动态自动聚集路径规划、求解置换流水线等方面得到了广泛应用。本节首先分析萤火虫算法仿生原理的基础，然后分析如何从数学角度对该算法进行改进，使其能够应用于高光谱遥感的波段选择，重点介绍新的基于改进萤火虫仿生算法的高光谱遥感波段选择方法，并通过不同距离目标函数的优化实验，验证该算法的可行性和有效性。

1. 萤火虫算法的生物学原理

在萤火虫算法中有两个必要元素，即萤火虫的亮度和吸引度。萤火虫的亮度表现为其函数所在位置的目标值，亮度越高位置就越佳，即目标值就越大；反之，目标值就越小。这时，暗的萤火虫会向亮的萤火虫移动。如果两个萤火虫亮度相同则随机移动。

在随机点多次移动过程中，亮度与吸引度反复更新，随机分布的点也逐渐向某一最值点靠近。在进行一定次数的迭代计算之后，排除移动过程中的位置比较劣势的点，优化取值，从而达到寻求最优位置点的结果。

2. 萤火虫算法的数学描述与流程

萤火虫算法有如下几条原则：① 萤火虫的吸引度与萤火虫的性别无关；② 萤火虫的吸引度与其亮度成正比；③ 萤火虫的亮度是根据目标方程来确定的。根据上述原则从数学角度对萤火虫算法原理描述进行变量定义。由于相对荧光亮度随着目标函数值的变化而变化，亮度定义为

$$I = I_0 \times \mathrm{e}^{-\gamma r_{ij}} \tag{4.24}$$

式中，I_0 为萤火虫的最大荧光亮度，即自身（$r = 0$ 处）荧光亮度，与目标函数值相关，目标函数值越优，自身亮度越高；γ 为光强吸收系数；r_{ij} 为萤火虫 i 与 j 之间的空间距离。萤火虫的吸引度定义为

$$\beta = \beta_0 \times \mathrm{e}^{-\gamma r_{ij}^2} \tag{4.25}$$

式中，β_0 为萤火虫之间距离 $r = 0$ 时的吸引度。萤火虫 i 被引向萤火虫 j 的位置移动公式定义为

$$x_i = x_j + \beta \times (x_j - x_i) + \alpha \times \left(\mathrm{rand} - \frac{1}{2}\right) \tag{4.26}$$

式中，x_i、x_j 为萤火虫 i 和 j 的初始空间位置；α 是 [0, 1] 上的常数；rand 为 [0, 1] 之间的随机数。

综上，萤火虫算法的流程描述如下：首先，初始化参数和萤火虫位置；计算萤火虫的亮度和吸引度，确定移动方向（越亮的萤火虫拥有越高的吸引度，可以吸引视线范围内亮度比其弱的萤火虫往这个方向移动）；更新萤火虫位置信息，重新计算其亮度；进行循环实验，当满足迭代条件时，实验结束；最后，输出萤火虫个体最优值和全局极值。

3. 基于改进萤火虫算法的波段选择

1）算法改进原理

高光谱遥感数据以图像立方体的形式存储，包含了丰富的空间、辐射和光谱信息。改进萤火虫算法将波段作为萤火虫变量进行处理，通过对 FA 算法的改进，实现波段选择。首先，对波段进行位置初始化，利用 MEAC 算法（Yang et al., 2011）从高光谱遥感数据中选择出 20 条波段，计算选择波段之间的相似性，生成一个二维矩阵 $\boldsymbol{z}$ 作为萤火虫的初始位置信息；其次，改进了 FA 算法中随机初始萤火虫位置的过程，降低了所选个体之间的相关性；再次，选择不同的光谱类别距离函数作为目标函数，代入已得到的初始位置矩阵，计算得到一维数组对应于萤火虫的荧光亮度值，根据亮度值的优劣即目标函数值的大小，明确劣势点向优势点靠近；然后，更新特征选择后的波段，即萤火虫移动后的位置信息；最后，当满足最大迭代次数或者搜索精度时，记录波段选择结果。

改进的萤火虫算法与传统萤火虫算法相比，修改了位置更新公式，避免了传统的萤火虫算法中迭代前期位置点距离过大而干扰项影响过小、迭代后期位置点距离过近而干扰项影响过大的问题；增加了位置更新公式的条件判定，在相同的迭代次数下，增强了位置点向最优点移动的可能性，提高了算法的精度。

2）算法步骤

基于改进萤火虫算法的波段选择步骤如下所述：

（1）初始化参数。设置波段选择的目标波段数目 n、最大迭代次数 MaxGeneration、步长因子 α、光强吸收系数 γ、最大吸引度 β_0、目标函数 f。

（2）获取波段相似性二维矩阵作为萤火虫位置初始值，计算光谱类别间的相互距离和目标函数值，即萤火虫的亮度值。使用 MEAC 算法选择 n 个波段作为初始波段，MEAC 算法公式为 $\arg\min\left\{\mathrm{tr}\left[\left(\boldsymbol{S}^{\mathrm{T}}\boldsymbol{S}\right)^{-1}\right]\right\}$，由相似性函数得到初始位置矩阵。

（3）由初始位置矩阵代入目标函数计算得到一组一维数组，即萤火虫亮度值，比较亮度值的大小，明确劣势点移向优势点，更新位置矩阵和波段的亮度值。在不满足最大迭代次数的情况下继续进行此步骤直至结束。

（4）进行循环实验，输出每次实验选出的最优波段。

（5）对波段选择结果用分类器进行精度计算，输出 OA 值和 Kappa 系数（KC）值。

算法伪代码如图 4-10 所示。从算法原理上来讲初始波段数目可以根据用户个人需求任意选择（在原始数据特征光谱数目范围内），为了更简单明了地比较算法在选择不同波段数目时的性能，从而判断算法性能随波段选择数目的增减而呈现的变化趋势，本书将所选择的波段数目设为 5~25 来进行实验。

Begin（算法开始）：

设置 MaxGeneration = 500, $\alpha=0.5$, $\gamma=1$, $\beta_0=1$

根据用户个人要求输入波段选择个数n (5～25)
Load数据

特征光谱$\begin{cases} s\xrightarrow{\text{MEAC}} ss \\ s\xrightarrow{\text{距离函数}} d(s) \end{cases}$

ss 相似性 $s\rightarrow ns$（作为萤火虫的初始位置矩阵n*191）

$d(s)$ & $ns\xrightarrow{\text{目标函数}} L$（亮度）

If $L(i)>L(j)$ 则j move to i, renew L, ns

If $n<$MaxGeneration 则重复上述过程，继续迭代直至结束

SVM → OA, KC

Print OA, KC

End（算法结束）

图 4-10 萤火虫改进算法伪代码

ss 为原始光谱数据，s 为通过 MEAC 算法获取的初始波段矩阵；$d(s)$ 为光谱信息通过距离函数计算得到的类间距离；ns 为原始光谱数据 s 与初始波段 ss 由相似性函数计算得到的初始位置信息矩阵

3）参数设置与目标函数选择

在改进的萤火虫算法中，萤火虫的初始数目即初始化的特征光谱数目 $n=20$，最大迭代次数 MaxGeneration = 500，步长因子 $\alpha=0.5$，光强吸收系数 $\gamma=1$，最大吸引度 $\beta_0=1$。

特征选择或特征提取的任务是从 n 个特征中求出对分类最有效的 m 个特征（$m<n$），换句话说，就是把 n 维特征向量通过某种函数公式变换成 m 维特征向量。本书采用了符合可分性准则的各类样本间的平均距离（欧氏距离）、光谱信息散度（SID）（Chein，1999）、基于类条件概率差的离散度与 JM 距离。

（1）欧氏距离（EUD）：

$$D(x_i,x_j)=(x_i,x_j)^{\mathrm{T}}(x_i,x_j) \tag{4.27}$$

式中，x 为样本坐标位置。

（2）光谱信息散度（SID）：

$$D(x,x)=\sum\left(x_i\times\log\frac{x_i}{x_j}+x_j\times\log\frac{x_j}{x_i}\right) \tag{4.28}$$

（3）离散度（TD）：

$$D(x_i, x_j) = \frac{1}{2}\text{tr}\left[(\sigma_i - \sigma_j)\left(\sigma_j^{-1} - \sigma_i^{-1}\right)\right] + \frac{1}{2}\text{tr}\left[\left(\sigma_j^{-1} + \sigma_i^{-1}\right)(\mu_i - \mu_j)(\mu_i - \mu_j)^{\text{T}}\right] \tag{4.29}$$

式中，σ 为样本方差；μ 为样本的均值。右边第一项是两类的方差之差，代表两类的分布差异；第二项是两类间的归一化距离。

（4）JM 距离：

$$J_{ij} = [2(1 - \text{e}^{-\alpha})]^{1/2} \tag{4.30}$$

$$\alpha = \frac{1}{8}(\mu_i - \mu_j)^{\text{T}}\left(\frac{\sigma_i + \sigma_j}{2}\right)^{-1}(\mu_i - \mu_j) + \frac{1}{2}\ln\left[\frac{|(\sigma_i + \sigma_j)/2|}{(|\sigma_i||\sigma_j|)^{1/2}}\right] \tag{4.31}$$

由式（4.30）可以看出，JM 距离是 α 的单调递增函数。式（4.31）右边第一项相当于归一化距离。

4.2.3 基于搜索策略的波段选择实验分析

第一个实验数据选用 HYDICE 光谱仪所获取的 Washington DC Mall 地区的高光谱遥感影像数据，该数据包含有 6 类地物和 220 个连续波段，去除水吸收波段后，剩余 191 个波段用于分析（Landgrebe，2003），每个类的训练样本和测试样本数量见表 4-2。第二个实验数据采用 HYMAP 系统获取的 Purdue Campus 高光谱数据，该数据提供了可见光区和红外区的 128 个波段，实验选择去除水吸收的 126 个波段，每个类的训练样本和测试样本数量见表 4-3。用支持向量机（SVM）分类器进行分类实验，以总体分类精度（OA）和 Kappa 系数（KC）作为评价指标。

表 4-2 HYDICE Washington DC Mall 数据样本量

类标签	类名称	训练样本数量	测试样本数量
1	道路	55	892
2	草地	57	906
3	阴影	50	587
4	小路	46	578
5	树木	49	630
6	屋顶	69	1500

表 4-3　HYMAP Purdue Campus 数据样本量

类标签	类名称	训练样本数量	测试样本数量
1	道路	73	1230
2	草地	72	1072
3	阴影	49	213
4	土壤	69	371
5	树木	67	1321
6	屋顶	74	1236

1. Washington DC Mall 数据实验结果

1）分类结果分析

按照前面论述的波段选择过程，对 Washington DC Mall 数据进行处理。使用波段选择算法分别提取四种不同距离下的 5~25 个波段，然后利用 SVM 进行分类，得到相应的 OA 值和 KC 值，结果如图 4-11~ 图 4-13。

图 4-11 中，横坐标为算法选择的波段数目，纵坐标为循环实验 20 次得到的各距离下最大 OA 值精度结果。四种不同距离精度结果和原始全部波段（All Bands）的精度结果以五种不同的折线在图上显示。通过比较可以看出，对于 OA 精度，在相同的迭代次数下选用欧氏距离（EUD）取得了高于其他三类距离的波段选择结果。Washington DC Mall 数据应用全部 191 个波段的实验分类 OA 精度为 93.4%。结合图 4-11 的实验结果，易见四种距离函数波段选择分类精度都高于全部波段的分类精度。

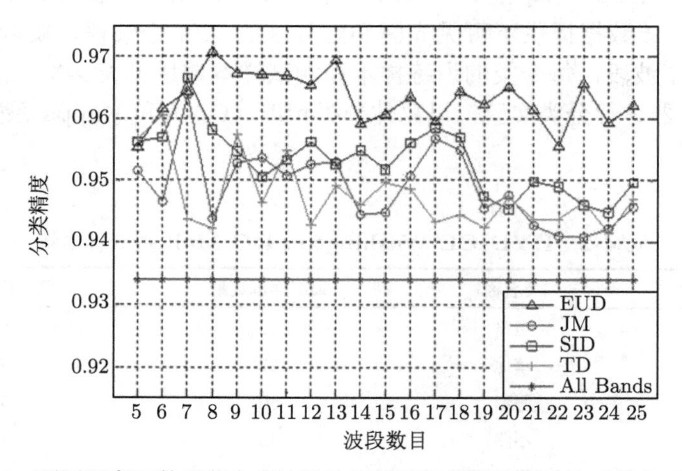

图 4-11　不同距离函数下萤火虫波段选择算法的分类性能对比（最大 OA 值）

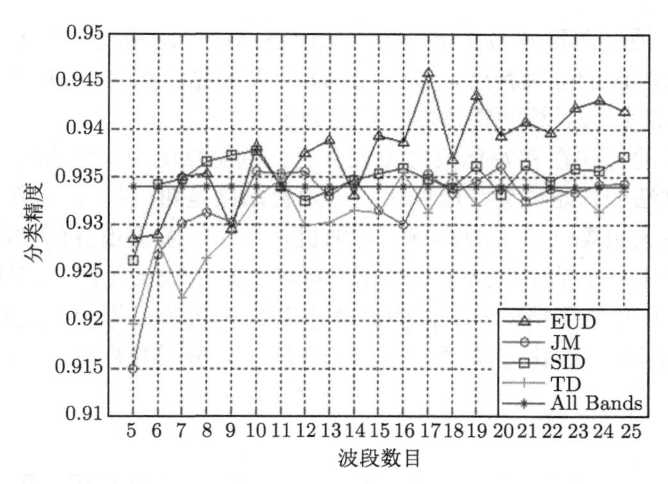

图 4-12 不同距离函数下萤火虫波段选择算法的分类性能对比（平均 OA 值）

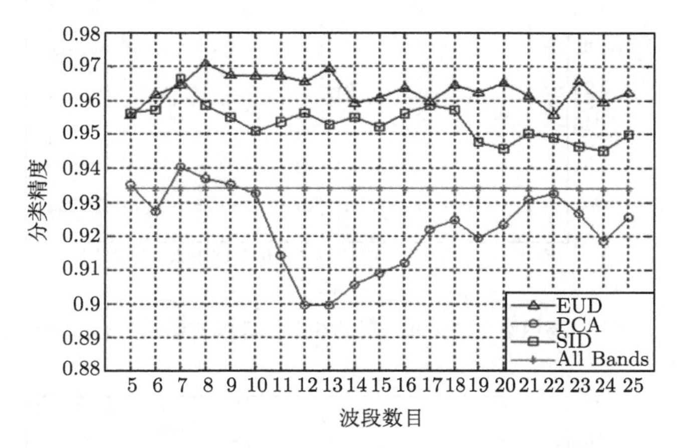

图 4-13 EUD、SID 萤火虫算法与 PCA 算法分类性能比较（OA 值）

图 4-12 中的坐标设置同图 4-11，横坐标为算法选择的波段数目，纵坐标为循环实验 20 次得到的各距离下 OA 值的平均精度结果。由图 4-12 可知，四种距离的平均分类精度随着波段选择数目的变化，在全部波段分类精度 93.4%附近波动。在波段选择数目大于 14 条的情况下，欧氏距离的分类精度大于其他方法的分类精度，其他三种距离也显现出精度不断缓慢升高的变化趋势。

为了与传统 PCA 的降维效果进行对比，图 4-13 列出了萤火虫改进算法分别选用欧氏距离（EUD）和光谱信息散度（SID）进行波段选择的结果及 PCA 降维分类后的全局精度 OA 值对比图。横坐标为算法选择的波段数目，纵坐标为各方法的 OA 值。通过图形容易看出，萤火虫改进算法降维精度大于 PCA 特征提取的精度和全部波段的分类精度，选用 EUD 距离优化性能比 SID 距离更好。

2）MEAC 算法对算法整体影响结果分析

本书介绍的算法在初始化萤火虫位置时，利用 MEAC 算法选择的波段作为改进萤火虫算法的初始位置（原算法的位置初始化是随机的），为判断 MEAC 初始化对改进萤火虫算法结果的影响，与随机初始化的萤火虫算法波段选择结果进行了对比。由上一小节实验结果可看出目标函数选用欧氏距离（EUD）和光谱信息散度（SID）的结果精度较好，因此本小节比较实验目标函数设置为 EUD 和 SID，分别用两种初始化方法提取 5~25 个波段，分类精度如图 4-14 和图 4-15 所示。

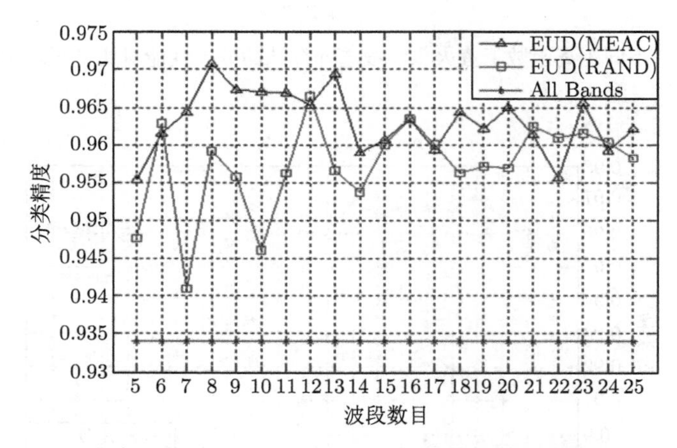

图 4-14　EUD 距离函数下 MEAC 算法和随机波段初始化的算法分类性能比较

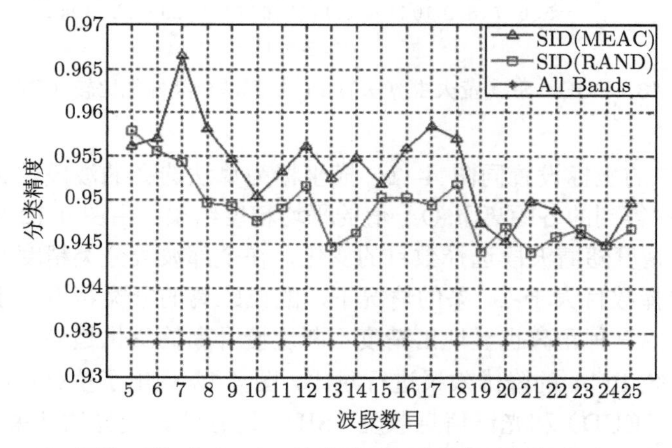

图 4-15　SID 距离函数下 MEAC 算法和随机波段初始化的算法分类性能比较

图 4-14 和图 4-15 中，横坐标为算法选择的波段数目，纵坐标为分类精度 OA 值。从图上可看出，两种距离下使用 MEAC 算法初始化的精度要比随机初始化的精度高，从而说明使用 MEAC 算法进行位置初始化能进一步提高算法的分类性能。

2. Purdue Campus 数据实验结果

1）分类结果分析

本节实验使用 Purdue Campus 数据，利用粒子群优化算法（PSO）与萤火虫改进算法做对比实验，进一步说明算法的有效性和分类性能。PSO 算法属于进化算法的一种，和遗传算法相似，通过追随当前搜索到的最优值来寻找全局最优。萤火虫改进算法的目标函数设置为 EUD 和 SID。两种方法分别提取 5~25 个波段，分类结果如图 4-16，两种算法分别循环 20 次所用时间由表 4-4 列出。

图 4-16 中，横坐标为波段选择数目，纵坐标为算法分类精度。从图中容易看出，萤火虫改进算法在不同目标函数下的分类精度高于 PSO 算法，且都高于全部波段的分类精度，随着波段选择个数的不断增加，新算法的分类精度变化趋于平缓，分类性能越来越稳定。由表 4-4 易知，萤火虫改进算法的波段选择时间远小于 PSO 算法，两种方法进行波段选择时随着波段选择数目的增加消耗时间逐渐变长。

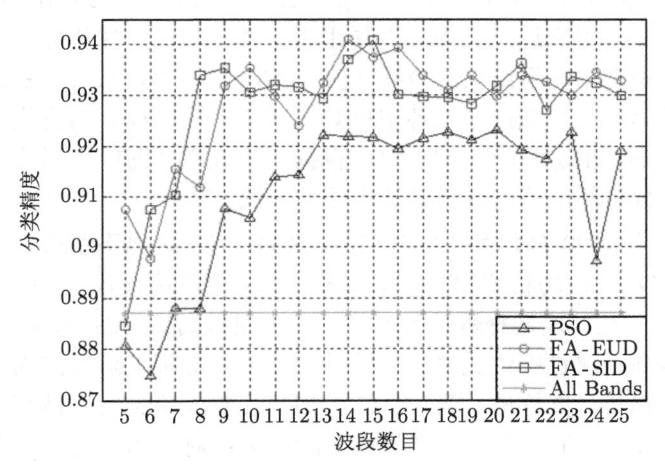

图 4-16 PSO 算法和萤火虫改进算法分类性能比较

经过与 PSO 算法的实验对比，可知基于萤火虫改进算法的高光谱遥感波段选择方法在保证获得较高降维精度的同时提高了波段选择的效率。

表 4-4　PSO 算法和萤火虫改进算法波段选择时间

波段数目	时间/s	
	萤火虫改进算法	PSO
10	82.168308	240.740324
11	79.460258	246.148937
12	84.875754	242.177227
13	92.126072	252.749089
14	91.581657	250.437034
15	109.295725	257.949376
16	120.94357	260.38792
17	111.648796	266.746531
18	105.89836	273.442188
19	137.51122	285.561529
20	125.499195	290.465334

2）不同距离目标函数下算法稳定性分析

为了进一步对比不同目标函数下该算法的稳定性及鲁棒性进行分析，本节利用箱线图对实验结果进行探讨。箱线图又称盒须图或箱形图，是一种用来显示一组数据分散信息的统计图。作为一种描述统计的工具，具有以下特点：第一，直观明了地识别数据批中的异常值；第二，判断数据批的偏态和尾重；第三，比较几批数据的形状。本书利用四种距离下萤火虫改进算法的分类精度（4 组 OA 值）分别绘制箱线图，用来进一步描述不同距离下算法的优劣性和稳定性。从图中可以直观明了地识别出各组结果的“异常值”(图中“+”)，从而判断出哪些波段选择精度较高而哪些又较低；通过各中位数值（图中短横线）的变化判断分类精度随波段数目的不断增加呈现出的走势；根据四分位距（图中矩形的高度和线段长度）的大小，分析精度值的分布是集中还是分散。

图 4-17～ 图 4-20 分别为 EUD、JM、SID、TD 距离下萤火虫波段选择算法的分类精度（OA）值的箱线图。横坐标表示算法波段选择数目，纵坐标为分类精度。图 4-17 中，在波段选择数目为 8 个时，出现最高精度结果，但是其中位数值并没有达到最高；通过中位数值的比较易知整体平均精度随着波段数目的增加呈现不断升高的趋势。同样地，JM 距离、SID 距离和 TD 距离精度结果分别在波段选择数目为 7、7 和 6 个时出现最高精度结果；对整体中位数值大小比较可以得到，EUD>SID>JM>TD。对四幅图的四分位距进行比较易知，EUD 距离四分位距较其他三种距离的略大，说明精度结果较分散，算法稳定性劣于其他三种距离。由实验结果可知，EUD 距离下算法分类精度最好但稳定性不足；SID 距离下算法精度的稳定性表现良好；其他两种算法分类精度较差。

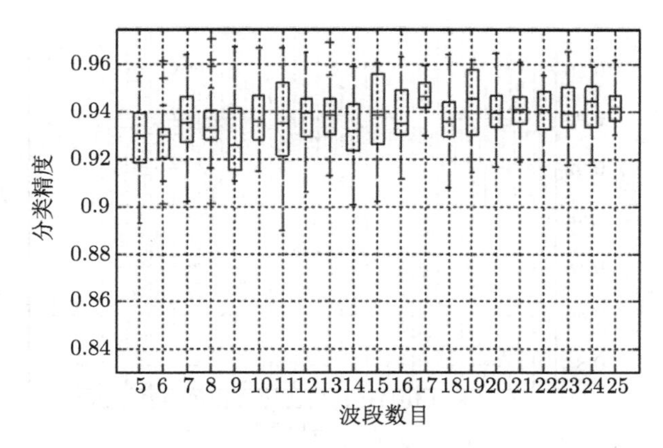

图 4-17 EUD 距离函数下萤火虫波段选择算法的分类性能

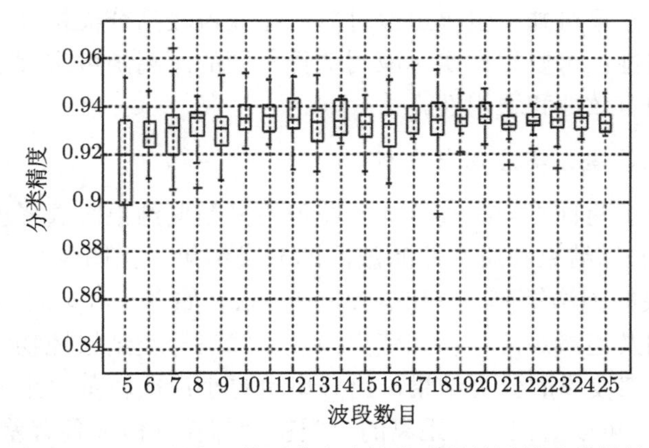

图 4-18 JM 距离函数下萤火虫波段选择算法的分类性能

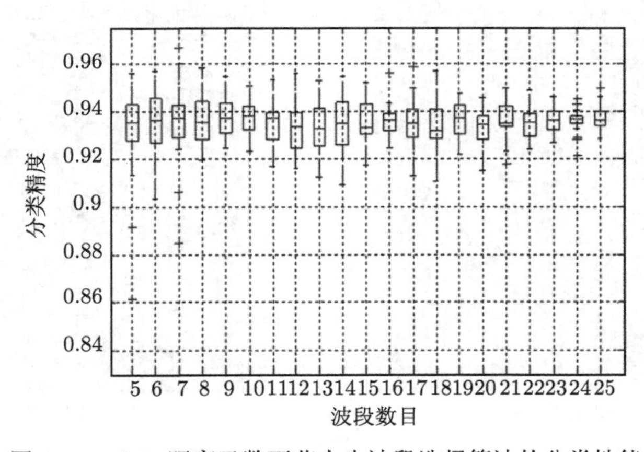

图 4-19 SID 距离函数下萤火虫波段选择算法的分类性能

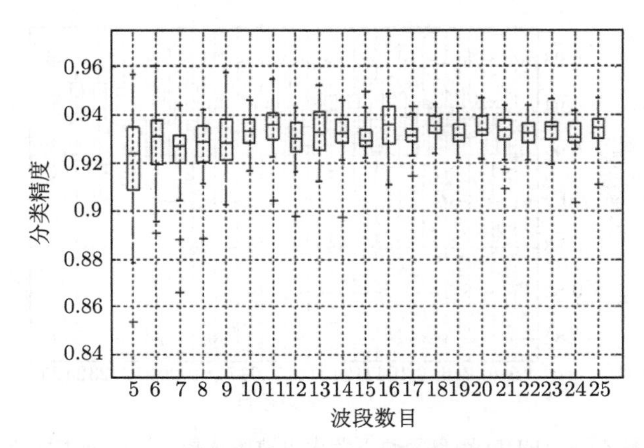

图 4-20 TD 距离函数下萤火虫波段选择算法的分类性能

由以上实验结果可知，萤火虫改进算法在获得较高分类精度的同时能够保证良好的算法稳定性；可以根据实际应用选择不同的距离函数进行波段选择，充分说明了该方法的有效性和通用性。

3. 城市土地覆盖分类应用与分析

本小节给出了两种不同距离函数下获得最高精度结果时选择出的波段，以及 PCA 算法波段选择结果和所有原始波段的分类结果，如图 4-21～ 图 4-23 所示；各算法分类结果的混淆矩阵（confusion matrix）如表 4-5～ 表 4-8 所示。比较三种算法分类图及混淆矩阵，易知萤火虫改进算法分类结果地物可分性和辨识度高于 PCA 和全部波段的分类结果，错分率也更小；比较萤火虫改进算法下两种距离的混淆矩阵，可以看出两种距离的分类精度都较好但又各有差异：SID 距离下

（a） EUD 距离

（b） SID 距离

图 4-21 萤火虫算法不同距离函数下城市土地覆盖分类图

图 4-22 PCA 算法城市土地覆盖分类图

图 4-23 全部波段城市土地覆盖分类图

表 4-5 EUD 距离下萤火虫改进算法最高精度结果混淆矩阵

分类项目	地物覆盖情况						分类数量	用户精度/%
	道路	草地	小径	树木	阴影	屋顶		
道路	860	0	16	0	0	36	912	94.30
草地	0	898	0	12	7	0	917	97.93
小径	3	0	551	0	0	0	554	99.46
树木	0	1	0	611	0	25	637	95.92
阴影	0	9	0	0	649	0	658	98.63
屋顶	29	2	0	0	0	1062	1093	97.16
地物覆盖量		910	567	623	656	1123	OA = 97.07	
生产精度/%	96.41	98.68	97.18	98.07	98.93	94.57	Kappa = 0.9644	

表 4-6 SID 距离下萤火虫改进算法最高精度结果混淆矩阵

分类项目	地物覆盖情况						分类数量	用户精度/%
	道路	草地	小径	树木	阴影	屋顶		
道路	881	0	59	0	0	41	981	89.81
草地	0	898	0	8	5	0	911	98.57
小径	2	0	508	0	0	0	510	99.61
树木	0	1	0	610	0	19	630	96.83
阴影	0	11	0	0	651	0	662	98.34
屋顶	9	0	0	5	0	1063	1077	98.70
地物覆盖量		910	567	623	656	1123	OA = 96.65	
生产精度/%	98.77	98.68	89.59	97.91	99.24	94.66	Kappa = 0.9593	

表 4-7　PCA 算法最高精度结果混淆矩阵

分类项目	地物覆盖情况						分类数量	用户精度/%
	道路	草地	小径	树木	阴影	屋顶		
道路	882	0	69	0	0	40	991	89.00
草地	0	896	0	0	2	0	898	99.78
小径	3	0	498	0	3	0	504	98.81
树木	0	0	0	581	0	105	686	84.69
阴影	0	14	0	0	651	0	655	99.39
屋顶	7	0	0	42	0	978	1027	95.23
地物覆盖量	No.	910	567	623	656	1123	OA = 94.03	
生产精度/%	98.88	98.46	87.83	93.26	99.24	87.09	Kappa = 0.9275	

表 4-8　全部波段精度结果混淆矩阵

分类项目	地物覆盖情况						分类数量	用户精度/%
	道路	草地	小径	树木	阴影	屋顶		
道路	861	0	69	0	0	32	962	89.50
草地	0	882	0	4	6	0	892	98.88
小径	1	0	498	0	0	2	501	99.40
树木	0	0	0	604	0	125	729	82.85
阴影	0	28	0	0	647	0	675	95.85
屋顶	30	0	0	15	3	964	1012	95.26
地物覆盖量	892	910	567	623	656	1123	OA = 93.40	
生产精度/%	96.52	96.92	87.83	96.95	98.63	85.84	Kappa = 0.92	

算法“道路”最易错分，“小径”可分性最好，EUD 距离下算法“道路”可分性高于其他三种算法。总体来说，EUD 距离地物分类最稳定，六类地物的分类都具有较好的精度；SID 距离除去“道路”其他五类地物分类精度都很高。

本小节介绍了基于改进萤火虫算法的高光谱遥感影像波段选择方法。该算法在分析高光谱遥感影像波段选择特点的基础上，改进了原始萤火虫算法的初始值、目标函数等，设计了新型的基于仿生算法的波段选择新方法。实验证明了该方法对高光谱遥感影像数据降维的可行性，可以比较快速地选出目标波段，并且具有较好的精度。如何能够获得更高的分类精度和更好的搜索效率成为一个亟待解决的问题；下一步需进行参数和目标函数方面的改进，使算法得到进一步的优化。

4.3　本 章 小 结

本章主要介绍了两种类型的高光谱遥感影像波段选择新方法：一是基于可分性准则的高光谱遥感波段选择方法，其中重点介绍了通过估计候选波段与已选波段之间的丰度协方差矩阵的迹进行波段选择的 MEAC 方法和基于正交子空间投影最大化感兴趣目标与背景噪声分离的 OPD 方法。这两种方法均为监督的波段选择方法，实验表明其运行速度快，计算效率高，优于其他波段选择方法。此外，还介绍了非监督的改进自适应仿射传播的波段选择方法，不需要先验知识即可快速选取富含信息量较多的波段，与其他算法相比具有更高的鲁棒性。二是基于搜索策略的高光谱遥感波段选择方法，用于高光谱遥感波段选择的粒子群优化算法（PSO）与改进的萤火虫算法，这两种方法均为仿生的智能优化算法，通过不断更新优化目标值获取最佳的结果，实验结果表明，该类方法不仅具有较高的分类精度，而且保证了算法的稳定性，还可以根据实际应用选择不同的距离函数进行波段选择，具有更好的有效性和通用性。

参 考 文 献

汪定伟, 王俊伟, 王洪峰, 等. 2007. 粒子群优化算法的改进及应用. 北京: 高等教育出版社.

Chang C I. 2003. Hyperspectral Imaging: Techniques for Spectral Detection and Classification. New York: Kluwer Academic.

Chein I C. 1999. Spectral information divergence for hyperspectral image analysis. International Geoscience and Remote Sensing Symposium, 1: 509-511.

Du Q, Yang H. 2008. Similarity-based unsupervised band selection for hyperspectral image analysis. IEEE Geoscience and Remote Sensing Letters, 5(4): 564-568.

Frey B J, Dueck D. 2007. Clustering by passing messages between data points. Science, 315(5814): 972-976.

Frey B J, Dueck D. 2008. Response to comment on "clustering by passing messages between data points". Science, 319(5864): 726.

Harsanyi J C, Chang C I. 1994. Hyperspectral image classification and dimensionality reduction: An orthogonal subspace projection approach. IEEE Transactions on Geoscience and Remote Sensing, 32: 779.

Johnson R A. 2007. Applied Multivariate Statistical Analysis. London: Pearson.

Landgrebe D. 2003. Signal Theory Methods in Multispectral Remote Sensing. Hoboken: John Wiley and Sons.

Pudil P, Novovicova J, Kittler J. 1994. Floating search methods in feature selection. Pattern Recognition Letters, 15(11): 1119-1125.

Su H, Du Q, Chen G, et al. 2014. Optimized hyperspectral band selection using particle swarm optimization. IEEE Applied Earth Observations and Remote Sensing, 7(6): 2659-2670.

Yang H, Du Q, Su H, et al. 2011. An efficient method for supervised hyperspectral band selection. IEEE Geoscience and Remote Sensing Letters, 8(1): 138-142.

Yang X S. 2008. Nature-Inspired Metaheuristic Algorithms. UK: Luniver Press.

第 5 章 多目标优化的自适应波段选择方法

最优化处理是指在所有可能的选择中搜索出对某个目标最优的解。如果只是考虑一个目标，那么这就是一个单目标优化问题。但是在很多问题中，往往需要处理的目标不止一个并且需要同时进行处理，即多目标优化问题。多目标优化问题与一般问题不同，其最优解由于需要兼顾不同问题的需求，通常是无法达到的，解决多目标优化问题的常用方法主要包括两种：求取整个非支配解集和通过偏好结构的方法将多目标优化问题转化为单目标优化问题。

由前述分析可知，高光谱遥感波段选择一般需要解决三个关键技术难题：① 定义何种测度指标作为目标函数，② 采用何种搜索优化策略提升算法效率，③ 如何确定需要选择的波段数目。因此，高光谱遥感波段选择也是典型的多目标优化问题。本章将首先介绍多目标问题的基本概念及常用的算法；进而提出组合型 PSO 智能优化的高光谱遥感波段选择新方法，该算法将两个 PSO 进行耦合，其中外部 PSO 负责估计需要选择的最优波段数目，内部 PSO 负责选择对应的波段，最终实现多目标优化的波段选择。

5.1 多目标优化

5.1.1 多目标优化的基本概念

将多目标优化问题（MOP）（Steuer，1986）设置为最小化，则 MOP 的数学表达式如下：

$$\min F(x) = (f_1(x), f_2(x), \cdots, f_n(x))^{\mathrm{T}} \tag{5.1}$$

$$\text{s.t. } x = (x_1, x_2, \cdots, x_m) \in \Omega \tag{5.2}$$

式中，x 表示一个 m 的决策向量；Ω 表示一个可行决策空间；$F(x)$ 表示一个含有 n 个目标函数的向量。多目标优化的目的是在决策空间同时优化所有的目标函数（Coello et al.，2007）。在大多数情况下，多目标优化中的目标函数是彼此冲突的，也就意味着在可行决策空间内，不存在同时使所有的目标函数达到最小的解。因此，多目标优化是为了找到所有目标函数最优的一个折中解。对于最小化所有目标函数的最优化问题，一个解 x_u 支配另一个解 x_v（即表示为 $x_u \succ x_v$），当且仅当

$$f_i(x_u) \leqslant f_i(x_v), \forall i = 1, 2, \cdots, n \tag{5.3}$$

$$f_j(x_u) \leqslant f_i(x_v), \exists j = 1, 2, \cdots, n \tag{5.4}$$

如果有一个解 x^*，在可行决策空间不存在另一个解 $x \in \Omega$，满足 $x \succ x^*$，那么就称 x^* 为非支配解或者 Pareto 最优解（Pareto，1906）。所有的 Pareto 最优解构成一个集合，即 Pareto 最优解集。在目标函数空间，Pareto 最优解集相应的图像称之为 Pareto 最优前沿（PF）（Miettinen，1999）。在 PF 上，任何一个目标函数的增加都将会导致其他（最少一个）某个目标函数的减少。Pareto 最优解集集合数学定义为

$$P = \{x^* \in \Omega | \exists x \in \Omega, x \succ x^*\} \tag{5.5}$$

Pareto 最优前沿的定义为

$$\text{PF} = \{F(x^*) = (f_1(x^*), f_2(x^*), \cdots, f_n(x^*)) | x^* \in P\} \tag{5.6}$$

使用多目标优化算法就是尽可能地找到接近 PF 的一组解集。

5.1.2 非支配解

多目标优化问题与单目标优化问题之间存在着极大的差异。对于单个目标优化问题，通常存在一个最优的解；但针对多个目标时，由于目标之间存在无法比较和冲突的现象，所以不一定存在某个解使所有的目标都达到最优。一个解可能在某些目标上是最优的，但是在其他目标上则是最差的。以上在多个目标时存在的一系列无法简单比较的解就称为非支配解或 Pareto 最优解。非支配解的特点是：无法在改进任何一个目标函数的同时不削弱至少一个其他目标函数。对于一个给定的判据空间 Z 中的非支配解，它在决策空间中的原象点称作有效的或者非劣的。S 中的一点是有效的当且仅当它的象在 Z 中是非支配的，非支配解具体定义如下：

对给定点 $z^0 \in Z$，它是非支配的当且仅当不存在其他点 $z \in Z$，使得对于最大化情况有

$$z_k > z_k^0，\text{对于某些 } k \in \{1, \cdots, q\} \tag{5.7}$$

$$z_l \geqslant z_l^0，\text{对于其他所有 } l \in \{1, \cdots, q\} \tag{5.8}$$

如果对于 z^0 存在其他点 z 满足上式，则 z^0 点称作判断空间中的支配点。

5.1.3 理想点

在判断空间中，有一个特殊点叫作理想点或正理想点，通常用 $z^* = (z_1^*, z_2^*, \cdots, z_q^*)$ 来表示，其中 z_k^* 表示多目标优化中第 k 个问题的最优值。该点 z^* 被称为理

想点是因为它通常是无法达到的，对于每个目标来说，寻找 z_k^* 是可行的，但是寻找一个解能同时达到每一个 z_k^* 是复杂的甚至是不可行的。

5.1.4 偏好结构

多目标问题解的基本特征之一是存在一组无法相互进行比较的有效解。在实际的问题中，通常需要从非支配解中选择出一个作为最终解。在进行选择时需要其他的一些对于不同目标附加的偏好信息，并以此选择出解。从概念上讲，偏好是通过采用某人对目标的价值判断来对有效集合中无法进行比较的解给出排序，偏好反映了某人根据对问题事先掌握的知识对所有目标进行的折中或者对某个目标进行的强调。给定了偏好就能够将非支配解集中可选的解进行排序，然后得到最终解，该最终解就是最终妥协解。

5.1.5 基本求解方法

一般希望决策过程或者获得妥协解或偏好解，或者确定所有非支配解。因此，主要存在两种多目标优化问题的求解方法：① 产生式方法，② 基于偏好的方法。前者用于确定非支配解，而后者则尝试获得妥协解或偏好解。产生式方法和基于偏好的方法都有各自的优缺点。产生式方法需要决策者从整个非支配解集中做选择，而基于偏好的方法则需要决策者能够用正式和有结构的方式来清晰表述其偏好。但是产生式方法在目标数为三个以上时，结果显示和进行选择都会变得非常复杂，复杂程度会随着目标数量的增加而呈指数上升。

从求解方法的角度出发，大多数传统方法将多个目标减少为一个，然后用数学规划工具求解，即首先需要用数字形式来表明偏好，数字越大，偏好越强；于是产生了各种标量化方法（诸如效用函数法、权重和法和妥协法等），这些方法能够将多目标优化问题转换为单目标或一系列单目标优化问题。

5.2 参数优化的组合型降维方法

在高光谱遥感降维算法研究中，选择多少波段进行后续应用分析一直是一个难解决的问题，如果能实现特征数目的自动判别将会大大提高高光谱遥感后续的分析能力。另外，如何在众多的波段中选择某些重要波段实际上是一个优化问题，选择合适的搜索策略是提高高光谱遥感波段选择效率的必要途径。针对现有降维方法无法确定目标波段选择数目，进行反复实验时间消耗大、操作繁复等问题，在分析高光谱遥感影像高维特征、海量数据、信息丰富、非结构化特点的基础上，本节基于群体智能优化算法设计了高光谱遥感自适应波段选择方法，构建波段选择数目自动判别模型，将其与波段选择算法模型进行优化嵌套，提出了一种组合型萤火虫算法引导的自适应波段选择方法。

5.2.1 2PSO 算法

目前，粒子群优化（PSO）算法作为基于种群的启发式随机寻优搜索算法，是群体智能计算的典型模式，受到了普遍关注（Eberhart and Kennedy，1995；Yang et al.，2012）。在 PSO 算法中，鸟群中的鸟被抽象为寻优空间中的没有质量和体积、具有简单行为规则的粒子，而简单的规则使整个粒子群表现出复杂的智能特性（汪定伟等，2007），并在很多领域得到应用。目前，对 PSO 算法的研究主要集中在连续空间，即描述粒子状态及其运动规律的量都是连续的，而对于离散粒子群优化的研究相对较少。利用某一信息测度进行波段选择不属于连续函数范畴，目前已有不少相关研究，但是已有方法需要事先指定拟选择的波段数目（Yang et al.，2012）。

在基于 PSO 的波段选择中，PSO 通过搜索随机分布粒子的最佳位置实现波段选择，算法中可能的结果（如选择的波段索引）称为粒子（particles），利用一定的移动速度（velocity）实现迭代更新过程，该算法收敛速度较快。假定需要选择 k 个波段，粒子 $\boldsymbol{x}_{id}$ （$k \times 1$）为拟选择的波段索引，$\boldsymbol{v}_{id}$ 为波段索引的更新移动速度。历史局部最优解为 $\boldsymbol{p}_{id}$，所有 M 个粒子中的历史全局最优解为 $\boldsymbol{p}_{gd}$。粒子移动的过程可通过以下公式表达（Pudil et al.，1994）：

$$\boldsymbol{v}_{id} = \omega \times \boldsymbol{v}_{id} + c_1 \times r_1 \times (\boldsymbol{p}_{id} - \boldsymbol{x}_{id}) + c_2 \times r_2 \times (\boldsymbol{p}_{gd} - \boldsymbol{x}_{id}) \tag{5.9}$$

式（5.9）基于每个粒子的已有速度 $\boldsymbol{v}_{id}$ 计算其新速度，最终使粒子的位置（$\boldsymbol{p}_{id}$）移动到最佳值，该值在全局搜索解（$\boldsymbol{p}_{gd}$）中也是最优的。这些粒子均可看作潜在的最优解，其位置可以通过下式进行更新：

$$\boldsymbol{x}_{id} = \boldsymbol{x}_{id} + \boldsymbol{v}_{id} \tag{5.10}$$

式（5.9）中，参数 c_1 和 c_2 分别控制着局部和全局解对粒子移动速度的约束；r_1 和 r_2 是取值范围在 [0, 1] 的独立随机变量；惯性权重 ω 是已有速度 $\boldsymbol{v}_{id}$ 的标量，为不同的应用提供了进一步收敛的能力。

因为波段索引是不连续的值，所以在 PSO 实现过程中对其进行了离散化处理。需要说明的是，该版本的 PSO 波段选择算法（以下简称 1PSO）需要提前设置需要选择的波段数目。

1. PSO 智能优化的自适应波段选择方法

如果拟选择的波段数目已知，可以直接利用上述 1PSO 算法进行波段选择。然而，如果拟选择的波段数目发生变化，则需要重新执行整个 1PSO 算法。不幸的是，对于某一高光谱遥感数据来说，很难去事先估计最佳的波段选择数目。为解决该问题，本书提出了一个自适应的波段选择系统，它可以同时搜索最优波段数目并进行具体波段选择（图 5-1）。如图 5-1 所示，该系统耦合了两个不同的优化过程。其中内部 PSO（虚线框里）作为外部 PSO（图 5-1 的左侧部分）的其中一个粒子，负责搜索指定了数目的具体波段。一旦内部 PSO 收敛后，外部 PSO 则基于内部 PSO 选择出的波段更新其粒子。如果外部 PSO 中的粒子更新完毕，内部 PSO 的迭代过程需重新执行。如果两个连续迭代中的最优值（如 $\boldsymbol{p}_{gd}$ ）的变化小于某一阈值或者算法迭代一定次数后 $\boldsymbol{p}_{gd}$ 无变化，则算法中断。本研究中，内部 PSO 和外部 PSO 的中断条件均定为 50 次迭代后 $\boldsymbol{p}_{gd}$ 的值不再发生变化。

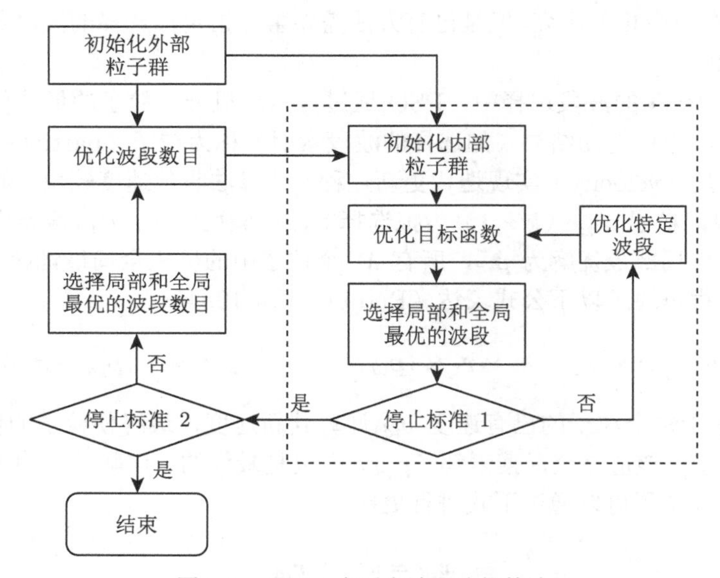

图 5-1 2PSO 自适应波段选择算法

需要指出的是，内部 PSO 和外部 PSO 均采用 PSO 算法。不同的是，式（5.9）和式（5.10）的向量在外部 PSO 中均为标量，即 $\boldsymbol{x}_{id}$ 代表某一可能的波段数目，$\boldsymbol{v}_{id}$ 则是每次迭代时目标函数的更新值。

综上所述，基于 2PSO 的群体智能优化的自适应波段选择系统的算法步骤如下。

（1）随机初始化 M 粒子，外部 PSO 为 $\{\boldsymbol{x}_{id}^{\text{outer},k}\}|_{k=1}^{M}$，$k=0$。

（2）令 $k=k+1$，对于第 k 个外部 PSO $\boldsymbol{x}_{id}^{\text{outer},k}$ 表达的某一指定的波段数目，随机初始化内部 PSO $\{\boldsymbol{x}_{id}^{\text{inner},j}\}|_{j=1}^{M}$ 的粒子及对应的波段索引边界 $(\boldsymbol{x}_{id}^{\text{outer},k}-1)$。每一次迭代内部 PSO，执行以下步骤：

（2a）对每个内部 PSO 粒子，评估其目标函数。

（2b）确定全局最优粒子 $\boldsymbol{p}_{gd}$。

（2c）对每个粒子，确定其历史局部最优值 $\boldsymbol{p}_{id}$。

（2d）利用式（5.9）和式（5.10）更新所有内部 PSO 粒子。

（2e）重复执行步骤（2a）～（2d），直到算法收敛，记录 $\boldsymbol{p}_{gd}$ 为对应于 $\boldsymbol{x}_{id}^{\text{outer},k}$ 的选出波段。

（3）如果 $k < M$，则跳到步骤（2）。如果 $k = M$，则检查外部 PSO 是否收敛。如果收敛，则中断算法，$\boldsymbol{p}_{gd}$ 为最优的波段数目，其对应的波段（已由内部 PSO 选出）为最终选出的波段。否则，外部 PSO 执行以下步骤。

（3a）对于每个外部 PSO 粒子，基于内部 PSO 选出的波段对其目标函数进行评估。

（3b）确定全局最优粒子 $\boldsymbol{p}_{gd}$。

（3c）对每个外部粒子，确定其历史局部最优值 $\boldsymbol{p}_{id}$。

（3d）利用式（5.9）和式（5.10）更新所有外部 PSO 粒子。

（3e）令 $k = 0$，跳转到步骤（2）。

根据已有研究（Trelea，2003；Pedersen and Chipperfield，2010），PSO 的参数可以通过专家经验指定。本研究中，对于内部 PSO 和外部 PSO，粒子（particles）数目定为 25，加速因子 $c_1 = c_2 = 2$，惯性权重因子 ω 范围为 0.9～0.4。

2. 实验结果与分析

实验数据仍采用 HYDICE 光谱仪所获取的 Washington DC Mall 地区的高光谱遥感影像数据，该数据包含有六类地物和 220 个连续波段，去除水吸收波段后，剩余 191 个波段用于分析。数据含有六种地物：道路、草地、阴影、小径、树木和屋顶。

利用构建的组合型 PSO 算法对高光谱遥感数据进行特征提取，然后利用支持向量机（SVM）分类器对提取后的特征进行分类处理，利用总体分类精度（OA）来评价算法的性能。不同算法的分类结果如表 5-1 所示。因为，对于 PSO 所衍生的算法，实验中把 10 次运行得到的分类精度进行了统计，列出了平均值、最大值和最小值。可以看出基于 MEAC 和 JM 距离的组合型 PSO 分别取得最好的分类精度，即 0.9707 和 0.9734。

对于 PSO 算法，其学习收敛曲线如图 5-2 所示，其中，当迭代次数逐渐增加时，目标函数的值是逐渐减少的。可以看出，组合型 PSO 得到的学习曲线要好于 PSO 得到的学习曲线。同时，图 5-3 中列出了利用原始 PSO 和组合型 PSO 算法进行特征选择得到的具体波段分布示意图。其中，每一个算法分别运行了 10 次，图 5-3（b）、（d）表示能够得到最佳分类精度的波段选择结果。

表 5-1　不同算法得到的总体分类精度（10 次运行结果平均）

	总体分类精度 (OA)		
	最小值	最大值	平均值
2PSO-MEAC	0.9633	**0.9707**	**0.9672**
1PSO-MEAC (6 bands)	0.9076	0.9520	0.9309
2PSO-JM	0.9606	**0.9734**	**0.9679**
1PSO-JM (6 bands)	0.9398	0.9562	0.9472
SFS-MEAC (6 bands)			0.9271
SFS-JM (6 bands)			0.8916
SFFS-MEAC (6 bands)			0.9271
SFFS-JM (6 bands)			0.8916
PCA (6 PCs)			0.9273
All bands			0.9340

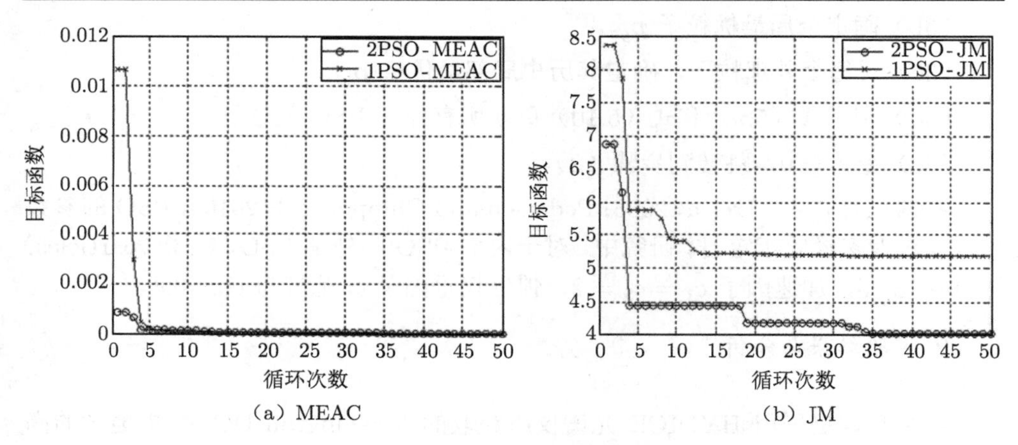

(a) MEAC　(b) JM

图 5-2　PSO 算法的学习曲线

图 5-4 给出了不同波段选择方法进行特征提取得到的分类精度对比图。可以看出，本节提取的组合型 PSO 得到的分类精度在所有算法中是最高的。另外，表 5-2~ 表 5-5 中列出了不同算法分类时的混淆矩阵。图 5-5 中分别给出了组合

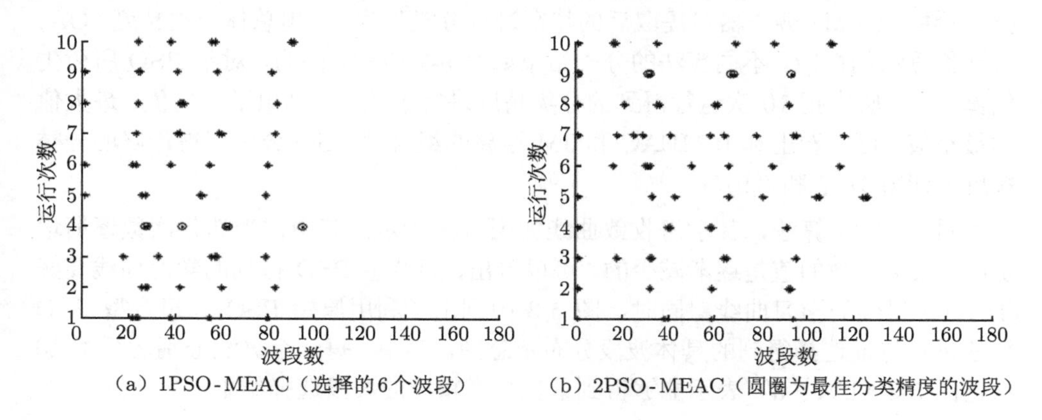

(a) 1PSO-MEAC（选择的6个波段）　(b) 2PSO-MEAC（圆圈为最佳分类精度的波段）

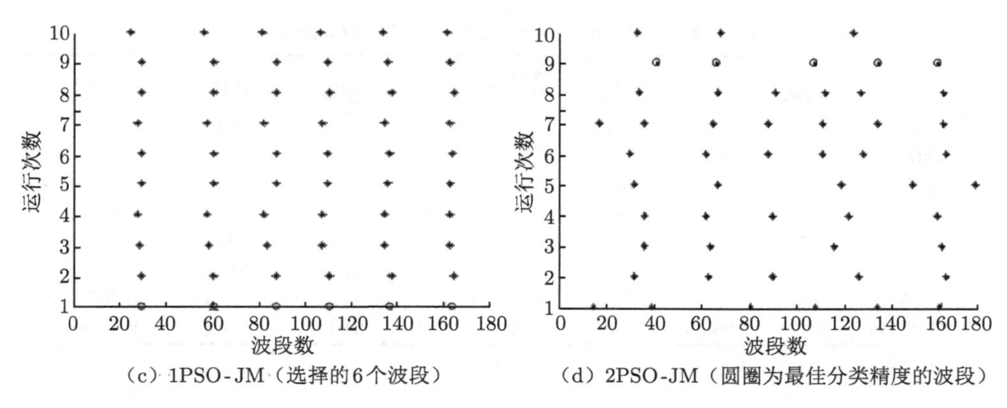

（c）1PSO-JM（选择的6个波段） （d）2PSO-JM（圆圈为最佳分类精度的波段）

图 5-3 2PSO 和 1PSO 分别运行 10 次得到的波段分布图

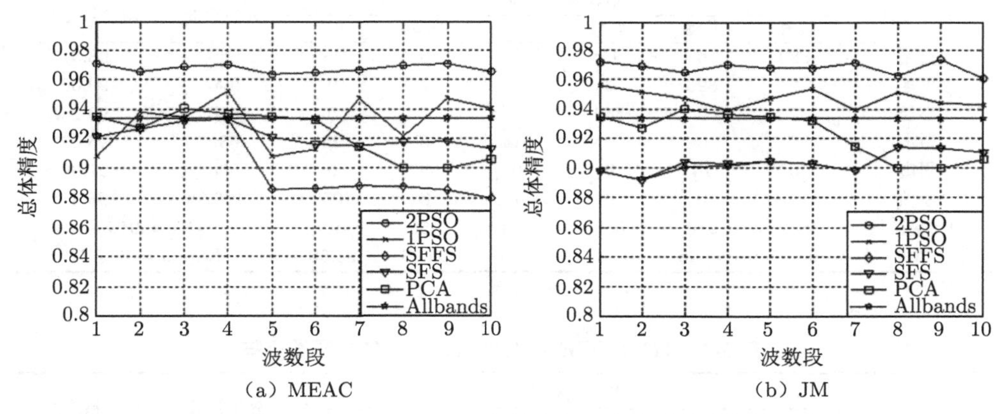

（a）MEAC （b）JM

图 5-4 基于 MEAC 和 JM 的波段选择方法的分类性能对比

SFFS、SFS 和 PCA 算法分别迭代运行 10 次取最佳结果

型 PSO、原始 PSO、PCA（田野等，2007）和原始所有波段得到的分类结果图，可以看出，组合型 PSO 得到的分类图效果是最好的。这也验证了本节所提出的算法具有较好的性能，可以有效应用于高光谱遥感影像的处理。

表 5-2 HYDICE 实验的 2PSO-MEAC 混淆矩阵

分类项目	地物覆盖情况						分类数量	用户精度/%
	道路	草地	小径	树木	阴影	屋顶		
道路	866	0	13	0	5	41	925	93.62
草地	0	891	0	3	6	0	900	99.00
小径	3	0	554	0	0	0	557	99.46
树木	0	0	0	606	0	5	611	99.18
阴影	0	19	0	0	645	8	672	95.98
屋顶	23	0	0	14	0	1069	1106	96.65
地物覆盖量	892	910	567	623	656	1123	OA = 97.07	
生产精度/%	97.09	97.91	97.71	97.27	98.32	95.19	Kappa = 0.9644	

表 5-3　HYDICE 实验的 1PSO-MEAC 混淆矩阵

分类项目	地物覆盖情况						分类数量	用户精度/%
	道路	草地	小径	树木	阴影	屋顶		
道路	863	0	18	0	5	38	924	93.40
草地	0	868	0	4	3	0	875	99.20
小径	2	0	549	0	0	0	551	99.64
树木	0	0	0	591	0	62	653	90.51
阴影	0	41	0	0	648	0	689	94.05
屋顶	27	1	0	28	0	1023	1079	94.81
地物覆盖量	892	910	567	623	656	1123	OA = 95.20	
生产精度/%	96.75	95.38	96.83	94.86	98.78	91.10	Kappa = 0.9418	

表 5-4　HYDICE 实验的 2PSO-JM 混淆矩阵

分类项目	地物覆盖情况						分类数量	用户精度/%
	道路	草地	小径	树木	阴影	屋顶		
道路	880	0	15	0	0	48	943	93.31
草地	0	896	0	2	2	0	900	99.56
小径	2	0	552	0	2	0	556	99.28
树木	0	0	0	614	0	25	639	96.09
阴影	0	14	0	0	652	0	666	97.90
屋顶	10	0	0	7	0	1050	1067	98.41
地物覆盖量	892	910	567	623	656	1123	OA = 97.34	
生产精度/%	98.65	98.46	97.35	98.56	99.39	93.50	Kappa = 0.9677	

表 5-5　HYDICE 实验的 1PSO-JM 混淆矩阵

分类项目	地物覆盖情况						分类数量	用户精度/%
	道路	草地	小径	树木	阴影	屋顶		
道路	878	0	18	0	0	43	939	93.50
草地	0	879	0	1	6	0	886	99.21
小径	2	0	549	0	0	0	551	99.64
树木	0	0	0	606	0	80	686	88.34
阴影	0	27	0	0	650	0	677	96.01
屋顶	12	4	0	16	0	1000	1032	96.90
地物覆盖量	892	910	567	623	656	1123	OA = 95.62	
生产精度/%	98.43	96.59	96.83	97.27	99.09	89.05	Kappa = 0.9469	

本节构建了基于组合型 PSO 的高光谱影像自适应波段选择方法。该算法利用两个嵌套的 PSO，将两种不同的优化过程（外部 PSO 和内部 PSO）组合成一体，分别进行波段数目的自动判别、波段的自动选择。其中，外部 PSO 负责自适应地优化波段数目，通过机器学习和群体智能搜索实现降维波段数目的自动调整；而内部 PSO 则负责在不同的目标（MEAC、JM 等）引导下高效地选择特定

数目的特征波段。为了降低算法复杂度，采用可有效评估类别可分性的最小估计丰度协方差（MEAC）和 JM 距离构建了目标函数。将该算法与传统 PSO、SFS 等方法进行了对比分析，结果表明提出的算法性能优于传统 PSO 算法。该算法解决了高光谱遥感中波段高效选择和波段数目难以事先指定等难题，可以实现高维遥感影像数据的高效、快速降维。

（a）2PSO - MEAC（0.9707）

（b）1PSO - MEAC（0.9520）

（c）2PSO - JM（0.9734）

（d）1PSO - JM（0.9562）

（e）PCA （6PCs, 0.9273）

（f）全波段（0.9340）

道路 草地 阴影 小径 树木 屋顶

图 5-5 不同特征选择方法得到的分类图对比

5.2.2　组合型萤火虫引导的自适应波段选择

高光谱遥感的波段选择方法虽已被广泛研究，但针对不同的数据，确定波段数目仍是一个难题。本节基于萤火虫算法，构建波段选择数目自动判别的优化模型，将已实现的波段选择过程（内部 FA）与其进行组合，构建组合型萤火虫波段选择模型。内部 FA 根据由外部 FA 计算出的波段数目进行波段选择，从而实现自适应的波段选择，解决现有波段选择方法在获得最优降维效果的情况下，无法确定目标波段选择数目而进行反复实验时间消耗大、操作繁复等问题。

1. 组合型萤火虫算法构建原理

为了构建自适应的波段选择算法，首先需要考虑波段选择和波段数目自动判别两种优化过程的正确嵌套，设计合理的迭代终止条件，实现优化算法的相互调用。首先将波段数目作为目标对象，随机初始化一组数组作为波段数目，将基于萤火虫算法的波段选择方法作为目标函数，计算目标函数值然后进行排序；更新优化后的波段数目组合，当满足迭代条件或者搜索精度时，即可得到结果。也就是说，合理地把两种优化过程组合嵌套，波段选择算法（内部 FA）应用波段数目自动判别算法（外部 FA）的结果进行波段搜索，当内部 FA 迭代收敛时，外部 FA 根据新的波段选择结果进行波段数目的更新，一旦外部 FA 更新完成，内部 FA 进入下一次的迭代计算，如此进行循环实验，直到满足给出的迭代终止条件。

2. 运行步骤

组合型萤火虫引导的高光谱遥感自适应波段选择方法（2FA）具体运行步骤如下所述。

步骤一：选择要进行降维的高光谱影像 S。

步骤二：进行参数设置，最大迭代次数 MaxGeneration $= 100$，光强吸收系数 $\gamma = 1$，步长因子 $\alpha = 0.9$，最大吸引度 $\beta_0 = 1$。

步骤三：外部 FA 启动，随机初始化 m 个数值，目标群体位置矩阵大小为 $\boldsymbol{s}$，则 $\boldsymbol{s} = n \times m$，参数 n 为萤火虫数目，m 为算法随机生成的波段选择数目；波段数目依据 $\{\boldsymbol{x}_{id}^{\text{outer},k}\}|_{k=1}^{M}$ 进行迭代优化，$\boldsymbol{x}$ 为待优化的波段数目，k 为外部 FA 目标个体序号，id 为当前波段的数目。

步骤四：根据外部 FA 随机生成的波段数目，令 $k = k + 1$，随机初始化内部嵌套 FA 的波段 $\{\boldsymbol{x}_{id}^{\text{inner},l}\}|_{l=1}^{M}$，$l$ 为内部嵌套 FA 的个体序号，$\boldsymbol{x}$ 为内部嵌套 FA 所对应的波段。

步骤五：设置迭代循环的次数，对于内部 FA 的每次迭代，执行以下步骤。

（a）对于选择出的具体波段，确定目标函数；

（b）根据上一步骤选出的波段，生成位置矩阵 $\boldsymbol{s}$，将其代入步骤（a）所选择出的目标函数中进行计算，得到数值为其所对应的波段间距离值；

(c) 根据数值大小，进行排序；

(d) 利用萤火虫位置更新公式，更新所有已选择的波段位置；

(e) 重复执行步骤 (a) ~ (d)，直到 FA 符合迭代条件，$s(1)$ 作为最优波段组合输出，记录最优波段组合所包含的波段数目 $\boldsymbol{p}_{gd}^{\text{outer}}$。

步骤六：如果 $k < M$，转向步骤四；如果 $k = M$，则检查外部 FA 是否收敛，如果收敛则结束，此时外部 FA 所有粒子的全局最优解 $\boldsymbol{p}_{gd}^{\text{outer}}$ 为最优化的波段数目，其对应的波段为最优化的波段；如果不收敛则执行以下步骤。

(a) 对于每一个外部 FA 的个体，检索基于内部嵌套 FA 得到的波段所对应的目标函数；

(b) 确定所有步骤 (a) 所述个体的全局最优解 $\boldsymbol{p}_{gd}^{\text{outer}}$；

(c) 对于每个外部 FA 的个体，确定其历史局部最优解 $\boldsymbol{p}_{gd}^{\text{outer}}$；

(d) 利用个体位置更新公式更新所有外部 FA 的粒子；

(e) 令 $k = 1$，转向步骤四。

算法流程图如图 5-6 所示。

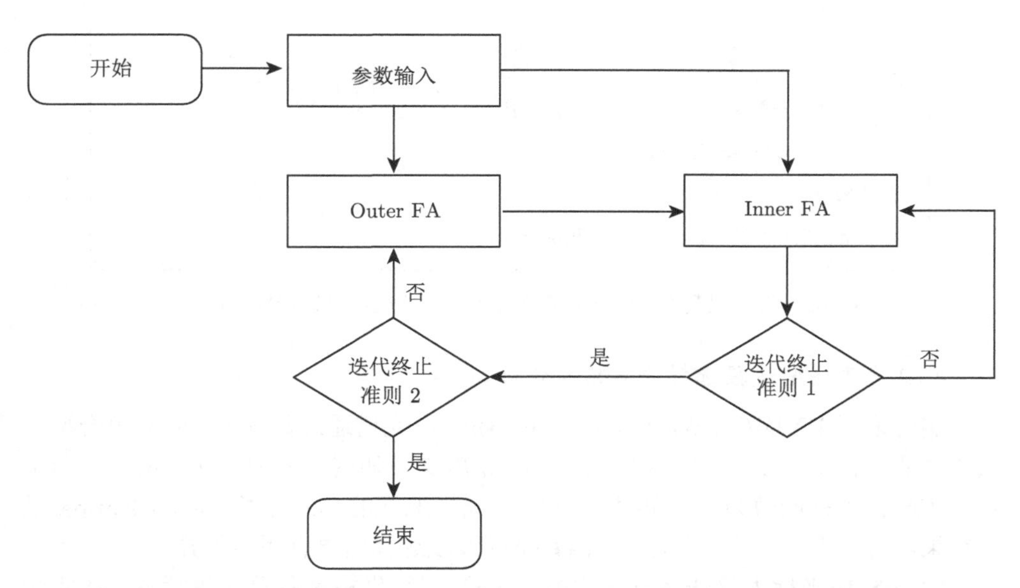

图 5-6 组合型萤火虫引导的高光谱遥感自适应波段选择算法流程图

3. 算法伪代码

算法伪代码如图 5-7 所示。

```
设置固定参数γ、β0、maxG（maxG 为最大迭代次数）
初始化萤火虫的种群x_i, i=1, 2, 3, …, n（n 为萤火虫种群规模）
生成n组波段组合，每组波段组合数目为d（d 为系统随机确定的波段数目）
波段组合矩阵s=n*l, s=（d1, d2, …, dn）
While（不满足迭代条件）
        For i=1:n
            For j=1:i
               Ii=f(si)（f(s)为FA波段选择方法即内部FA）
               If Ij>Ii
                   根据I值大小进行排序
               End if
               通过FA位置移动公式更新d
           End for j
       End for i
 End while
 For i=1:n
     对优化后的波段数目，用FA波段选择方法选出对应的波段组合
     OA=SVM（波段组合）
 End for i
 根据最优值OA值，确定其相应最优的波段数目
```

图 5-7　组合型萤火虫引导的高光谱遥感自适应波段选择算法伪代码

4. 组合型 FA 波段选择分类精度分析

实验采用 HYDICE Washington DC Mall 高光谱遥感数据。实验对组合型算法的性能进行了测试，算法波段选择分类精度结果如图 5-8 和图 5-9 所示，即组合型 FA 在目标函数为 JM 距离和 TD 距离情况下的全局分类精度和 Kappa 系数结果。可以看出，FA 算法目标函数不同波段选择结果有明显差异。

图 5-8 横坐标为算法运行的次数，（a）图纵坐标是各算法进行 15 次实验得到的最高全局精度值，（b）图是平均分类精度；图 5-9 的纵坐标为 Kappa 系数平均值。HYDICE 数据全波段的分类全局精度值为 93.4%，Kappa 系数值为 92.0%。由实验结果可知，不同目标函数下的分类精度明显高于全波段分类精度，精度结果较稳定，数值变化不大，证明了组合型 FA 算法的可行性和有效性。实验结果在表 5-6 和表 5-7 中列出。

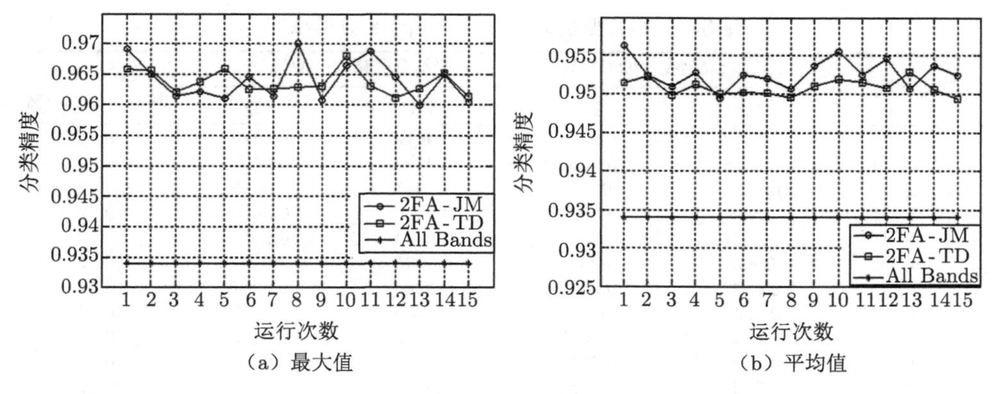

图 5-8 不同光谱距离函数下组合型 FA 算法分类结果（OA）

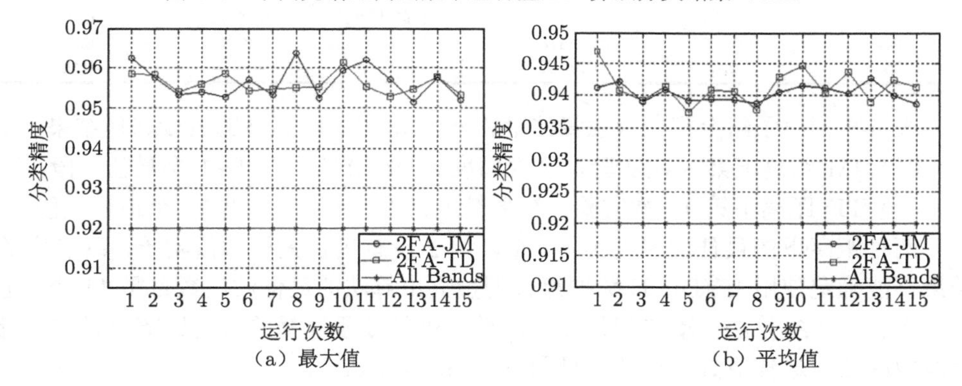

图 5-9 不同光谱距离函数下组合型 FA 算法分类结果（KC）

表 5-6 组合型萤火虫算法全局分类精度

运行次数	最高全局精度/%		平均分类精度/%		全波段分类精度/%
	JM	TD	JM	TD	
1	96.92	96.58	95.63	95.15	93.40
2	96.50	96.56	95.24	95.23	93.40
3	96.14	96.21	95.10	94.98	93.40
4	96.21	96.37	95.28	95.13	93.40
5	96.10	96.60	94.95	95.00	93.40
6	96.46	96.25	95.25	95.02	93.40
7	96.14	96.27	95.20	95.01	93.40
8	97.02	96.29	95.07	94.96	93.40
9	96.08	96.31	95.37	95.11	93.40
10	96.65	96.81	95.56	95.19	93.40
11	96.88	96.31	95.25	95.16	93.40
12	96.46	96.12	95.46	95.08	93.40
13	96.00	96.27	95.07	95.29	93.40
14	96.50	96.52	95.37	95.06	93.40
15	96.04	96.14	95.24	94.94	93.40

表 5-7　组合型萤火虫算法 Kappa 分类精度

运行次数	最高全局精度（KC）/%		平均分类精度（KC）/%		全波段分类精度（KC）/%
	JM	TD	JM	TD	
1	0.9626	0.9585	0.9412	0.9470	0.92
2	0.9575	0.9582	0.9422	0.9408	0.92
3	0.9532	0.954	0.9391	0.9393	0.92
4	0.954	0.9559	0.9409	0.9415	0.92
5	0.9527	0.9587	0.9393	0.9374	0.92
6	0.957	0.9544	0.9395	0.9409	0.92
7	0.9532	0.9547	0.9394	0.9407	0.92
8	0.9639	0.955	0.9389	0.9379	0.92
9	0.9525	0.9552	0.9406	0.9430	0.92
10	0.9593	0.9613	0.9416	0.9447	0.92
11	0.9621	0.9552	0.9413	0.9404	0.92
12	0.957	0.9529	0.9404	0.9437	0.92
13	0.9514	0.9547	0.9428	0.9391	0.92
14	0.9575	0.9578	0.9401	0.9424	0.92
15	0.952	0.9532	0.9387	0.9414	0.92

表 5-8 列出了组合型萤火虫算法 JM 距离和 TD 距离下的波段选择结果：

（1）JM 距离下第 8 次实验，全局精度为 97.02%，选出 11 个最佳波段；

（2）TD 距离下第 10 次实验，全局精度为 96.81%，选出 11 个最佳波段。

两种距离下的最佳波段皆为 11 个，由于没有进行大量数值实验，现有实验结果不能确定使用 HYDICE 数据组合型萤火虫算法的最佳波段数目是 11 个。但是，组合型 FA 算法自动选择最佳波段数目进行波段选择的机制比随机设定目标波段数的波段选择更具可靠性，见图 5-10 和图 5-11。

表 5-8　组合型萤火虫算法最高精度优化波段结果

波段选择方法	波段数目	波段选择结果										
2FA-JM	11	110	82	60	118	105	82	36	64	114	75	47
2FA-TD	11	133	121	13	34	80	118	67	173	178	121	61

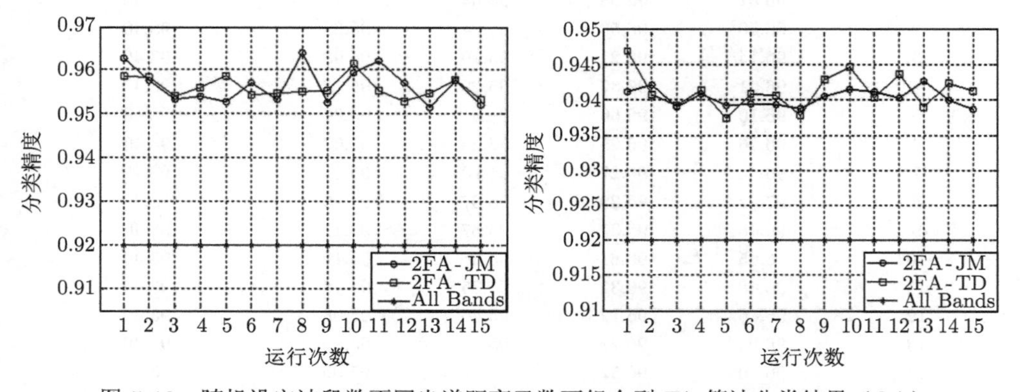

图 5-10　随机设定波段数不同光谱距离函数下组合型 FA 算法分类结果（OA）

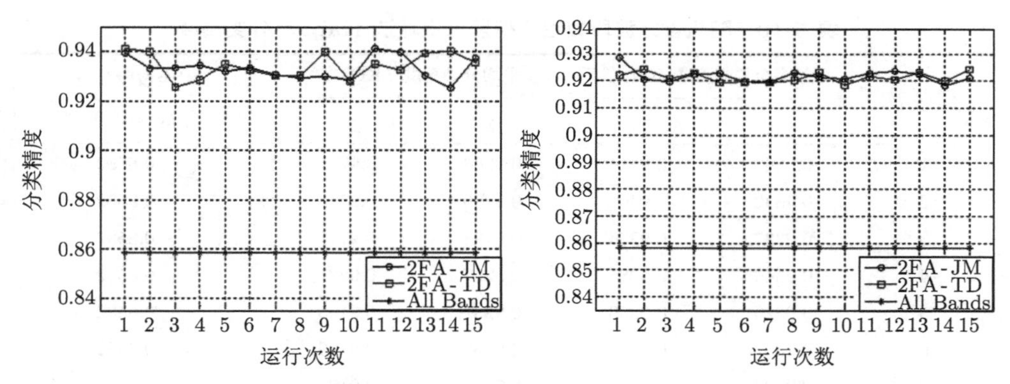

图 5-11 随机设定波段数不同光谱距离函数下组合型 FA 算法分类结果（KC）

表 5-9 列出了组合型萤火虫算法 JM 距离和 TD 距离下的波段选择结果。

表 5-9 随机设定波段数组合型萤火虫算法全局分类精度

运行次数	最高全局精度/%		平均分类精度/%		全波段分类精度/%
	JM	TD	JM	TD	
1	95.20	95.35	94.32	93.80	88.70
2	94.69	95.24	93.68	93.98	88.70
3	94.73	94.08	93.61	93.72	88.70
4	94.78	94.30	93.84	93.88	88.70
5	94.60	94.84	93.88	93.60	88.70
6	94.73	94.65	93.62	93.62	88.70
7	94.49	94.45	93.61	93.59	88.70
8	94.40	94.47	93.90	93.67	88.70
9	94.41	95.24	93.76	93.89	88.70
10	94.30	94.29	93.71	93.52	88.70
11	95.33	94.82	93.87	93.77	88.70
12	95.22	94.64	93.94	93.68	88.70
13	94.45	95.19	93.85	93.89	88.70
14	94.05	95.28	93.49	93.64	88.70
15	95.04	94.89	93.73	93.98	88.70

（1）JM 距离下第 11 次实验，全局精度为 95.33%，选出 15 个最佳波段，进行分类，见表 5-10；

（2）TD 距离下第 1 次实验，全局精度为 95.35%，选出 15 个最佳波段。

比较巧合，两种距离下的最佳波段同为 15 个，见表 5-11。

表 5-10　随机设定波段数组合型萤火虫算法 Kappa 分类精度

运行次数	最高全局精度（KC）/%		平均分类精度（KC）/%		全波段分类精度（KC）/%
	JM	TD	JM	TD	
1	0.9396	0.9414	0.9286	0.9221	0.8582
2	0.9333	0.9401	0.9206	0.9244	0.8582
3	0.9337	0.9256	0.9198	0.9211	0.8582
4	0.9346	0.9285	0.9227	0.9231	0.8582
5	0.9320	0.9350	0.9231	0.9195	0.8582
6	0.9337	0.9327	0.9199	0.9199	0.8582
7	0.9308	0.9304	0.9198	0.9195	0.8582
8	0.9296	0.9304	0.9233	0.9204	0.8582
9	0.9300	0.9400	0.9216	0.9232	0.8582
10	0.9285	0.9283	0.9210	0.9186	0.8582
11	0.9413	0.9350	0.9230	0.9217	0.8582
12	0.9399	0.9326	0.9238	0.9207	0.8582
13	0.9304	0.9394	0.9228	0.9233	0.8582
14	0.9253	0.9405	0.9183	0.9201	0.8582
15	0.9375	0.9357	0.9213	0.9244	0.8582

表 5-11　随机设定波段数组合型萤火虫算法最高精度优化波段结果

波段选择方法	波段数目	波段选择结果														
2FA-JM	15	92	8	10	9	69	96	87	10	105	122	69	46	10	117	112
2FA-TD	15	112	111	15	63	11	70	99	2	112	16	35	84	72	116	105

5. 与其他降维算法的性能比较

1）与其他算法的精度比较

为了与其他降维方法对比说明组合型 FA 算法的性能，选择主成分分析算法（PCA）与序列浮动前向选择方法（SFFS）（Yang et al.，2011）。SFFS 算法是序列浮动选择算法（SFS）的改进，是一种启发式搜索方法。运算时先设置一个空集，每次搜索从待选的特征中选出一个子集 x，然后加入该子集 x 使目标函数最优，在已选的特征中选出另一个子集 z，使剔除该子集后的目标函数最优。

图 5-12 详细描述了组合型 FA 和 FA 改进算法在 JM 距离下的波段选择结果，以及 PCA 算法和 SFFS 算法降维分类后的全局分类精度值。图中横坐标是算法运行次数，纵坐标是分类精度值。可以看出，组合型 FA 算法获得了比其他算法更好的降维效果，充分说明了组合型 FA 算法波段选择的优越性，不同算法的全局分类精度比较见表 5-12。

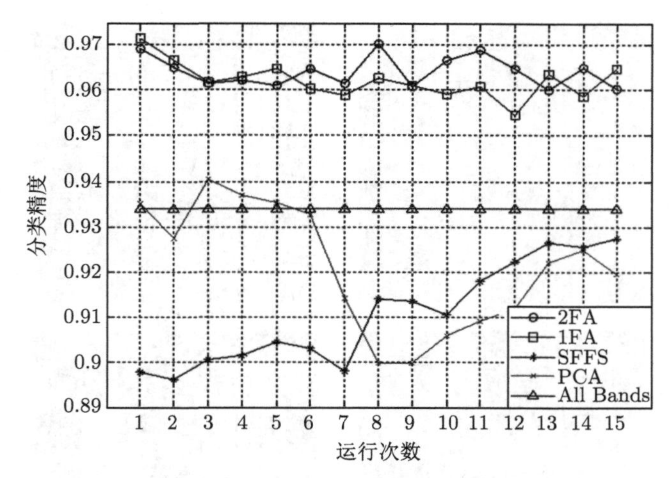

图 5-12 不同降维算法分类性能对比

表 5-12 不同算法全局分类精度

运行次数	全局精度（OA）/%				
	2FA 分类精度	1FA 分类精度	SFFS 分类精度	PCA 分类精度	全波段分类精度
1	96.92	97.13	89.77	93.50	93.40
2	96.50	96.65	89.62	92.73	93.40
3	96.14	96.16	90.06	94.03	93.40
4	96.21	96.29	90.15	93.69	93.40
5	96.10	96.46	90.44	93.52	93.40
6	96.46	96.04	90.30	93.27	93.40
7	96.14	95.89	89.81	91.43	93.40
8	97.02	96.25	91.39	89.98	93.40
9	96.08	96.10	91.36	89.98	93.40
10	96.65	95.91	91.05	90.59	93.40
11	96.88	96.08	91.78	90.92	93.40
12	96.46	95.45	92.24	91.20	93.40
13	96.00	96.35	92.64	92.20	93.40
14	96.50	95.87	92.56	92.48	93.40
15	96.04	96.46	92.73	91.95	93.40

2）城市土地覆盖分类应用与分析

图 5-13 和图 5-14 为 HYDICE 和 HYMAP 两种数据组合型 FA 和 FA 基于 JM 距离和离散度 TD 的波段选择结果的土地覆盖分类图。组合型 FA 算法分类结果的混淆矩阵在表 5-13 和表 5-14 中列出。由分类图可以看出，不同的方法呈现了有差异的分类结果，可根据目标需求选择不同方法进行地物分类。

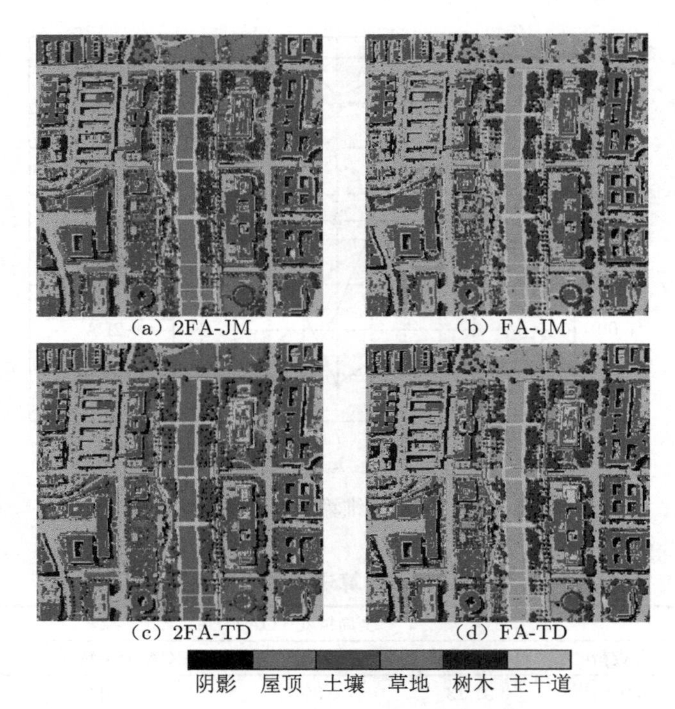

图 5-13 HYDICE 数据分类结果图对比

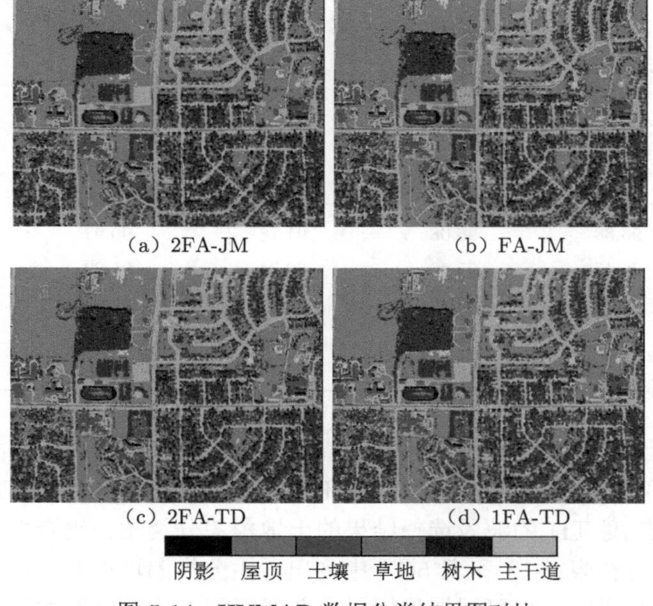

图 5-14 HYMAP 数据分类结果图对比

表 5-13 HYDICE 数据组合型 FA 算法最高精度结果混淆矩阵

2FA-JM								
分类项目	地物覆盖情况						分类数量	用户精度/%
	主干道	草地	土壤	树木	阴影	屋顶		
主干道	876	0	2	0	0	14	892	98.21
草地	0	892	0	0	18	0	910	98.02
土壤	16	0	551	0	0	0	567	97.18
树木	0	8	0	605	0	10	623	97.11
阴影	5	3	0	0	648	0	656	98.78
屋顶	44	0	0	22	0	1057	1123	94.12
地物覆盖量	936	903	553	627	666	1081	OA = 97.02	
生产精度/%	93.59	98.78	99.64	96.49	97.30	97.78	Kappa = 0.9639	

2FA-TD								
分类项目	地物覆盖情况						分类数量	用户精度/%
	主干道	草地	土壤	树木	阴影	屋顶		
主干道	878	0	2	0	0	12	892	98.43
草地	0	894	0	0	16	0	910	98.24
土壤	21	0	546	0	0	0	567	96.30
树木	0	5	0	616	0	2	623	98.88
阴影	0	5	5	0	646	0	656	98.48
屋顶	42	0	0	42	0	1039	1123	92.52
地物覆盖量	941	904	553	658	662	1053	OA = 96.81	
生产精度/%	93.30	98.89	98.73	93.62	97.58	98.67	Kappa = 0.9613	

表 5-14 HYMAP 数据组合型 FA 算法最高精度结果混淆矩阵

2FA-JM								
分类项目	地物覆盖情况						分类数量	用户精度/%
	主干道	草地	土壤	树木	阴影	屋顶		
主干道	1182	3	0	11	0	34	1230	96.10
草地	0	1056	0	4	9	3	1072	98.51
土壤	0	0	209	0	3	1	213	98.12
树木	0	35	0	336	0	0	371	90.57
阴影	0	22	40	0	1259	0	1321	95.31
屋顶	63	14	12	0	0	1147	1236	92.80
地物覆盖量	1245	1130	261	351	1271	1185	OA = 95.33	
生产精度/%	94.94	93.45	80.08	95.73	99.06	96.79	Kappa = 0.9413	

2FA-TD								
分类项目	地物覆盖情况						分类数量	用户精度/%
	主干道	草地	土壤	树木	阴影	屋顶		
主干道	1177	3	0	5	0	45	1230	95.69
草地	1	1053	0	3	7	8	1072	98.22
土壤	0	0	210	0	3		213	98.59
树木	5	47	0	319	0	0	371	85.98
阴影	0	20	21	0	1278	2	1321	96.74
屋顶	66	12	5	0	0	1153	1236	93.28
地物覆盖量	1249	1135	236	327	1288	1203	OA = 95.33	
生产精度/%	94.24	92.78	88.98	97.55	99.22	95.84	Kappa = 0.9413	

5.3　多参数优化的极限学习机分类

针对分类过程中部分参数对最终分类精度有重大影响的问题，本节将通过智能算法实现对参数的优化，以寻求更好的分类效果。5.3.1 节主要系统介绍所涉及的优化参数，并阐述优化的方法。5.3.2 节针对其中的重要参数设计了优化流程并进行实验分析。5.3.3 节设计参数优化的系统“3FA-ELM（OA）”，并通过对比分析以进一步验证算法的有效性。

5.3.1　参数优化内容与方法

对于分类的过程，从特征的提取到运用分类器进行分类，每一个阶段的算法都或多或少地涉及参数。虽然参数的选取并不是算法的核心内容，但是在大多数情况下，参数的设置会极大地影响算法的性能，以至对于最终的分类精度产生重大的影响。常规方法或依据经验而设定某一固定值，往往不能获得很好的效果，本节将采用启发式搜索算法来获取极限学习机（ELM）分类器中的关键参数的最优值，以达到进一步提高分类精度的目的。

1. 极限学习机参数优化

本节采用基于高斯核的极限学习机（Huang et al.，2006）作为分类器，并针对其中所涉及的参数进行分类优化。根据其所涉及的相关知识，在分类器中有三个参数需要进行优化，分别是隐含层节点参数 L、正则项系数 C 和核参数 σ（Huang et al.，2011）。隐含层节点参数作为以神经网络为框架的分类器中很重要的参数之一，一直以来，如何选择隐含层的个数都是较为困难的课题。已有研究发现，随着分类中训练样本的增加，需要更多的隐含层节点来达到将其特征空间映射到高维空间中的目的，L 的选择将决定隐含层矩阵 $\boldsymbol{H}$ 的大小进而影响最终的分类结果。正则项系数 C 又被称为惩罚因子，根据岭回归原理，在计算神经网络隐含层输出矩阵 $\boldsymbol{H}$ 时，正则项系数 C 可以使在求解 $\boldsymbol{H}$ 的广义逆时能获得更加稳定的解。根据 ELM 的理论，由于获得的 $\boldsymbol{H}$ 矩阵是随机的，因而 C 的选择要与 $\boldsymbol{H}$ 矩阵相适应，以达到更好的泛化能力和推广能力。σ 是高斯核中的核参数，核函数的目的就是要将原本的训练样本映射到更高维的空间中，σ 的大小将改变其数据的空间分布，即数据的复杂程度，使线性不可分的数据样本在更高的维数空间中线性可分。正则项系数 C 和核参数 σ 共同决定着分类器的学习能力和推广能力，因而其选取将对最终的分类结果产生重要的影响。

2. 基于仿生学方法的极限学习机参数优化

参数的选取常常依据经验，然而对于不同的数据集，其分类时的训练样本和测试样本不相同，因而参数的选取也随之改变，这种固定不变的方式往往会影响最终的分类精度。另一种较为广泛的参数选取是利用格网搜索的方法，即首先给出各个参数的范围区间，在其范围区间内根据一定的步长搜索最优解。该方法虽然简单直观，但受到步长调控的局限，当参数的范围区间很大时，若步长较小则会导致大范围的搜索，以至于形成逐数遍历，会消耗大量的时间；若步长较大则会错过最优解。与此同时，如若优化的参数不止一个，则其搜索的次数呈指数增长，相当费时。近年来，群智能搜索算法被广泛地运用到参数寻优中，其较好的搜索能力和较少的时间消耗成为解决多参数优化问题很好的手段。萤火虫算法和粒子群优化算法作为两种优秀的群智能算法，在前文中已对其基本概念加以叙述，本节将采用萤火虫算法优化极限学习机的参数，以粒子群算法作为对比算法探究对比优化性能和算法性能。

5.3.2 极限学习机隐含层优化与分类

1. 隐含层优化方法

萤火虫算法优化隐含层的算法流程如下。

步骤一：数据准备。利用 FA 波段选择算法对高光谱遥感影像进行降维处理，选择合适的波段进行试验；获取和设置高光谱遥感影像的训练样本和测试样本。

步骤二：初始化算法参数。最大迭代次数 $t=100$，步长因子 $\alpha=0.2$，光强吸收系数 $\gamma=1$，初始化的萤火虫个数 $m=50$，隐含层个数 $L=100$，最大吸引度 $\beta_0=1$，目标函数即萤火虫自身亮度值 I_0。

步骤三：随机生成萤火虫的初始位置，计算目标函数值即萤火虫自身亮度值。

步骤四：对参数 L 进行搜索和优化，计算萤火虫的亮度，比较目标值的优劣，由此确定需要移动的个体和其移动方向。计算个体移动后的新位置。计算时考虑干扰项，其中 $\alpha\times(\mathrm{rand}-0.5)$ 为干扰项，避免陷入局部最优。

步骤五：根据移动后的新位置，再用目标函数计算个体当前亮度。判断是否满足最大迭代次数或搜索精度，满足时进行下一步，否则回到步骤四，此时需要完成的迭代循环次数减一。

步骤六：输出全局最优点（即分类最高精度）和最优个体值（即优化隐含层个数 L）。

算法流程图如 5-15 所示。

2. 基于隐含层优化的影像分类

实验采用 Washington DC Mall 和 Purdue Campus 两个实验数据。采用 FA 算法进行隐含层参数优化，为获取小样本数据结果，分别采用 2%、5%、8%和 10%的样本作为训练数据，同时分别采用 5、10、15、20 四组波段进行分类优化实验，具体结果如表 5-15～ 表 5-22 所示。

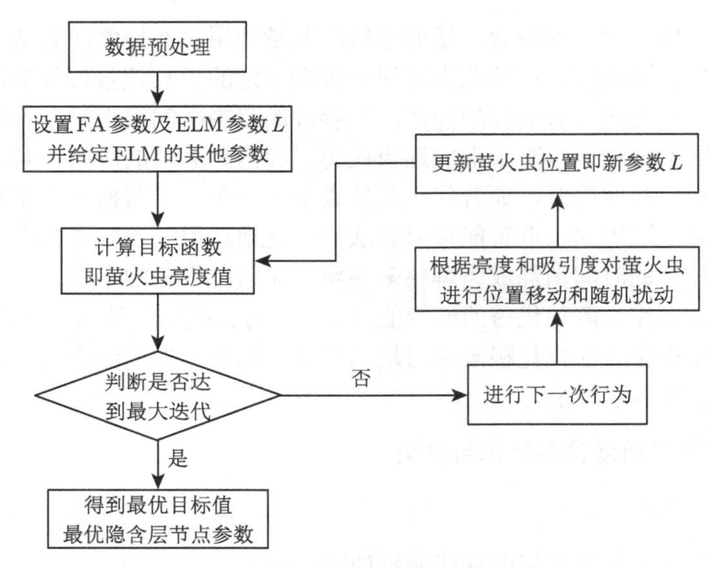

图 5-15　萤火虫优化隐含层节点流程

表 5-15　Washington DC Mall 数据 2%样本优化前后分类结果

参数	5 波段	10 波段	15 波段	20 波段
未优化精度	0.7443	0.9205	0.9207	0.9248
优化后精度	0.9257	0.9240	0.9341	0.9268
隐含层个数	55	121	182	283

表 5-16　Washington DC Mall 数据 5%样本优化前后分类结果

参数	5 波段	10 波段	15 波段	20 波段
未优化精度	0.8963	0.9478	0.9536	0.9535
优化后精度	0.9370	0.9520	0.9552	0.9573
隐含层个数	72	118	136	225

表 5-17　Washington DC Mall 数据 8%样本优化前后分类结果

参数	5 波段	10 波段	15 波段	20 波段
未优化精度	0.9152	0.9548	0.9613	0.9649
优化后精度	0.9431	0.9599	0.9631	0.9662
隐含层个数	69	137	188	261

表 5-18　Washington DC Mall 数据 10%样本优化前后分类结果

参数	5 波段	10 波段	15 波段	20 波段
未优化精度	0.9381	0.9549	0.9646	0.9681
优化后精度	0.9546	0.9639	0.9680	0.9736
隐含层个数	82	150	153	244

表 5-19 Purdue Campus 数据 2%样本优化前后分类结果

参数	5 波段	10 波段	15 波段	20 波段
未优化精度	0.8906	0.9232	0.9279	0.9305
优化后精度	0.9143	0.9236	0.9317	0.9339
隐含层个数	72	78	56	92

表 5-20 Purdue Campus 数据 5%样本优化前后分类结果

参数	5 波段	10 波段	15 波段	20 波段
未优化精度	0.8518	0.9392	0.9431	0.9477
优化后精度	0.9340	0.9423	0.9447	0.9507
隐含层个数	139	148	182	166

表 5-21 Purdue Campus 数据 8%样本优化前后分类结果

参数	5 波段	10 波段	15 波段	20 波段
未优化精度	0.8410	0.9439	0.9425	0.9484
优化后精度	0.9340	0.9515	0.9520	0.9550
隐含层个数	227	256	262	271

表 5-22 Purdue Campus 数据 10%样本优化前后分类结果

参数	5 波段	10 波段	15 波段	20 波段
未优化精度	0.9186	0.9542	0.9564	0.9577
优化后精度	0.9552	0.9571	0.9573	0.9596
隐含层个数	282	319	308	361

3. 实验结果分析

本节实验使用 FA 算法对极限学习机中的重要参数隐含层节点 L 进行优化，通过 2%、5%、8%、10%样本数和 5、10、15、20 波段的实验对比了优化前后的影像分类准确率。通过分析表格数据可以看到，从整体上来看，隐含层的优化对于提高分类的准确率有着极大的帮助作用，尤其是在 5 波段的优化前后，分类准确率可以提高近 4 个百分点，这充分说明对于隐含层节点个数进行优化是有必要并行之有效的。对比不同波段和不同比例的样本数据结果可以发现，随着波段数的上升，分类的准确率有了进一步的提升，Washington DC Mall 数据 10%样本 20 波段优化后可以达到 97.36%的分类准确率。对比优化后的隐含层节点个数可以发现，其个数的增长与波段数的增加关系较小，只有小幅的上升，但与训练样本的比例即训练样本的个数的增加有着很大的关系，随着训练样本比例的提高，优化后需要的隐含层节点数量几乎成比例倍数上升。美中不足的是在波段个数为 20 时，其样本优化前后分类的准确率提升幅度较小，分类精度还有进一步提升的空间，这可能与正则项系数和核参数的选取有一定的关系，也与波段的选取与参数之间的适应性有一定的关系，下一节将针对优化过程做系统的梳理。

5.3.3 极限学习机核函数参数和惩罚参数优化与分类

1. 多参数优化方法

5.3.1 节中采用 FA 方法对隐含层参数进行了优化，从实验结果可以看到，其分类精度有一定的提高，但仍未达到令人满意的程度。对于分类器中另外两个重要参数 C 和 σ 也需要进行优化，以提高最终分类的准确率。在 ELM 中形成的 $\boldsymbol{H}$ 隐含层矩阵是不断变化的，为更好地优化参数以适应不断变化的过程，书中提出一种基于进化理论的“3FA”优化新方法，“3FA”方法指的是使用三次 FA 算法来分别优化三个对分类结果有重要影响的参数，即波段、隐含层参数和正则项系数与核参数的组合。考虑到不同波段对于参数的适应性不同，“3FA”方法采用迭代的思想，根据选择的波段来优化其参数，然后根据参数再对波段进行筛选和提取，每一次的变化过程都由精度结果来评判其优劣，以至达到迭代终止条件获得最优的分类精度。具体的优化过程如下。

步骤一：数据准备，设置波段选择的个数、训练样本比例。

步骤二：初始化，萤火虫算法初始化（最大迭代次数 t、步长因子 α、光强吸收系数 γ、初始化的萤火虫个数 m、最大吸引度 β_0 及目标函数即萤火虫自身亮度值 I_0），数据集参数初始化（波段初始化、隐含层个数 L 初始化、正则项参数 C 和核参数 σ 初始化）。

步骤三：利用 FA 方法进行波段优化，具体方式参见 5.3.2 节。

步骤四：对经过优化后的波段使用 FA 方法优化隐含层节点参数 L，具体方式参见 5.3.2 节。

步骤五：利用 FA 方法对正则项系数 C 和核参数 σ 进行优化，方式与隐含层优化相似。

步骤六：判断是否满足最大迭代次数或搜索精度，满足时进行下一步，否则回到步骤三，这时需要完成的迭代循环次数减一。

步骤七：输出最优波段、最优隐含层个数 L 和最优正则项系数 C 与核参数 σ，同时获取最大的分类精度结果。

“3FA”优化系统流程如图 5-16 所示。

2. 基于多参数优化的影像分类

同样采用 Washington DC Mall 和 Purdue Campus 两个实验数据，对于需要调节的参数，其设置的区间范围如下：L 的取值范围在 $[0, 10^3]$；C 为 $[0, 10^3]$；σ 为 $[0, 1]$；实验选用 5、10、15、20 个波段的 2%、5%、8%及 10%的样本作为训练样本，其余样本作为测试样本，分别探究波段个数和训练样本比例对于优化精度的影响。每组实验共运行 5 次，具体的实验结果如表 5-23～表 5-26 所示，Washington DC Mall 数据不同方法所选波段对比如图 5-17 所示。

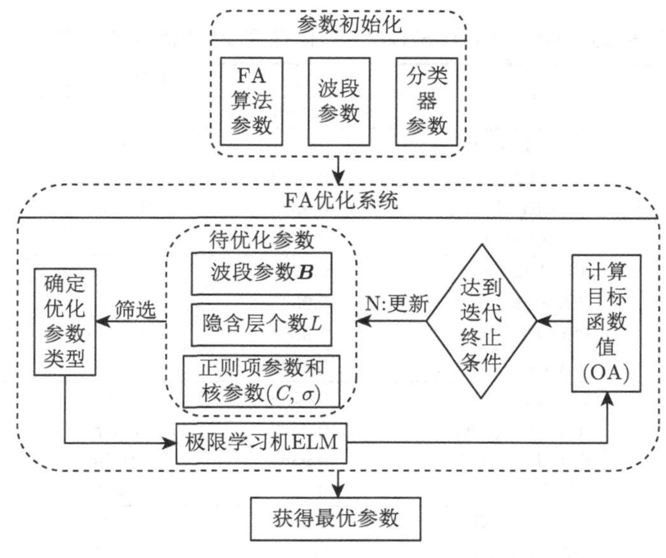

图 5-16 “3FA”优化系统流程

1）Washington DC Mall

针对分类过程中出现的波段优化和参数优化问题，本书提出一种“3FA”系统方法对其进行优化，以达到提高分类精度的目的。本书所提出的 3FA-ELM（OA）方法利用 FA 算法对波段、隐含层个数、正则项系数和核参数分别进行优化，并通过不断地迭代，以寻求最佳适应值和最大分类精度，其中的波段选择与优化利用总体分类精度（OA）作为判别准则，即搜索算法的目标函数。FA-ELM（OA）和 PSO-ELM（OA）是对比算法，它们利用 FA 算法和 PSO 算法针对正则项参数 C 和核参数 σ 进行一次性的优化，不涉及迭代适应的过程。FA-ELM（JM）算法波段选择优化过程的目标函数是类间的 JM 距离，与此同时，采用 Washington DC Mall 未经优化和优化后正则项参数 C 和核参数 σ 后的全波段数据进行综合对比。

Washington DC Mall 数据分类结果如表 5-23～ 表 5-26 所示，以 2%样本数据 10 波段为例，不同方法所选波段如图 5-17 所示，土地利用覆盖图如图 5-18 所示，FA-ELM（OA）方法的分类混淆矩阵如表 5-27 所示。图表中可以充分显示本书提出的 3FA-ELM（OA）方法能够获得最高的分类精度，10%比例训练样本 20 波段的最高分类精度可以达到 99.03%，2%比例训练样本 5 波段也可以达到 97.37%的精度。这充分说明本书提出的方法对于波段的优化和分类器参数的优化具有很好的效果，能够极大地提高分类准确率。对比 FA-ELM（OA）和 PSO-ELM（OA）可以看出，在大多数情况下，FA 的优化效果要优于 PSO 方法，也说明 FA 算法对参数的优化性能更好。基于 JM 距离的分类精度最差，进一步说明本书提

表 5-23 Washington DC Mall 数据 2%训练样本分类结果

波段数	算法	总体精度 (OA)		
		最小值	最大值	均值
5	3FA-ELM(OA)	0.9711	0.9756	0.9737
	FA-ELM(OA)	0.9602	0.9661	0.9637
	PSO-ELM(OA)	0.9372	0.9399	0.9387
	FA-ELM(JM)	0.9022	0.9060	0.9037
10	3FA-ELM(OA)	0.9713	0.9736	0.9724
	FA-ELM(OA)	0.9540	0.9550	0.9548
	PSO-ELM(OA)	0.9353	0.9374	0.9362
	FA-ELM(JM)	0.8922	0.9207	0.9063
15	3FA-ELM(OA)	0.9733	0.9755	0.9742
	FA-ELM(OA)	0.9522	0.9578	0.9554
	PSO-ELM(OA)	0.9389	0.9434	0.9416
	FA-ELM(JM)	0.9237	0.9288	0.9262
20	3FA-ELM(OA)	0.9693	0.9731	0.9710
	FA-ELM(OA)	0.9584	0.9608	0.9595
	PSO-ELM(OA)	0.9519	0.9571	0.9541
	FA-ELM(JM)	0.9203	0.9250	0.9229
全波段	ELM	0.8585	0.9110	0.8941
	FA-ELM	0.8803	0.9312	0.9208

表 5-24 Washington DC Mall 数据 5%训练样本分类结果

波段数	算法	总体精度 (OA)		
		最小值	最大值	均值
5	3FA-ELM(OA)	0.9736	0.9777	0.9753
	FA-ELM(OA)	0.9715	0.9736	0.9726
	PSO-ELM(OA)	0.9422	0.9489	0.9458
	FA-ELM(JM)	0.9298	0.9330	0.9311
10	3FA-ELM(OA)	0.9724	0.9798	0.9769
	FA-ELM(OA)	0.9732	0.9806	0.9761
	PSO-ELM(OA)	0.9304	0.9387	0.9342
	FA-ELM(JM)	0.8965	0.9102	0.8997
15	3FA-ELM(OA)	0.9724	0.9796	0.9783
	FA-ELM(OA)	0.9762	0.9802	0.9787
	PSO-ELM(OA)	0.9432	0.9493	0.9479
	FA-ELM(JM)	0.9312	0.9385	0.9342
20	3FA-ELM(OA)	0.9768	0.9865	0.9800
	FA-ELM(OA)	0.9704	0.9796	0.9770
	PSO-ELM(OA)	0.9601	0.9677	0.9627
	FA-ELM(JM)	0.9504	0.9597	0.9517
全波段	ELM	0.9117	0.9310	0.9276
	FA-ELM	0.9290	0.9366	0.9331

表 5-25 Washington DC Mall 数据 8%训练样本分类结果

波段数	算法	总体精度 (OA)		
		最小值	最大值	均值
5	3FA-ELM(OA)	0.9724	0.9861	0.9807
	FA-ELM(OA)	0.9725	0.9794	0.9734
	PSO-ELM(OA)	0.9102	0.9215	0.9128
	FA-ELM(JM)	0.8975	0.8997	0.8986
10	3FA-ELM(OA)	0.9832	0.9896	0.9879
	FA-ELM(OA)	0.9743	0.9791	0.9787
	PSO-ELM(OA)	0.9453	0.9485	0.9462
	FA-ELM(JM)	0.9233	0.9279	0.9258
15	3FA-ELM(OA)	0.9804	0.9884	0.9867
	FA-ELM(OA)	0.9793	0.9864	0.9813
	PSO-ELM(OA)	0.9498	0.9547	0.9513
	FA-ELM(JM)	0.9211	0.9279	0.9237
20	3FA-ELM(OA)	0.9877	0.9912	0.9899
	FA-ELM(OA)	0.9745	0.9815	0.9794
	PSO-ELM(OA)	0.9524	0.9607	0.9589
	FA-ELM(JM)	0.9203	0.9287	0.9238
全波段	ELM	0.9198	0.9414	0.9327
	FA-ELM	0.9392	0.9525	0.9468

表 5-26 Washington DC Mall 数据 10%训练样本分类结果

波段数	算法	总体精度 (OA)		
		最小值	最大值	均值
5	3FA-ELM(OA)	0.9812	0.9859	0.9844
	FA-ELM(OA)	0.9732	0.9785	0.9778
	PSO-ELM(OA)	0.9552	0.9597	0.9573
	FA-ELM(JM)	0.9201	0.9254	0.9233
10	3FA-ELM(OA)	0.9837	0.9897	0.9873
	FA-ELM(OA)	0.9802	0.9877	0.9830
	PSO-ELM(OA)	0.9533	0.9594	0.9564
	FA-ELM(JM)	0.9425	0.9491	0.9478
15	3FA-ELM(OA)	0.9865	0.9889	0.9879
	FA-ELM(OA)	0.9802	0.9874	0.9834
	PSO-ELM(OA)	0.9513	0.9577	0.9541
	FA-ELM(JM)	0.9624	0.9715	0.9691
20	3FA-ELM(OA)	0.9896	0.9913	0.9903
	FA-ELM(OA)	0.9822	0.9896	0.9863
	PSO-ELM(OA)	0.9412	0.9479	0.9446
	FA-ELM(JM)	0.9623	0.9701	0.9668
全波段	ELM	0.9398	0.9435	0.9413
	FA-ELM	0.9511	0.9644	0.9570

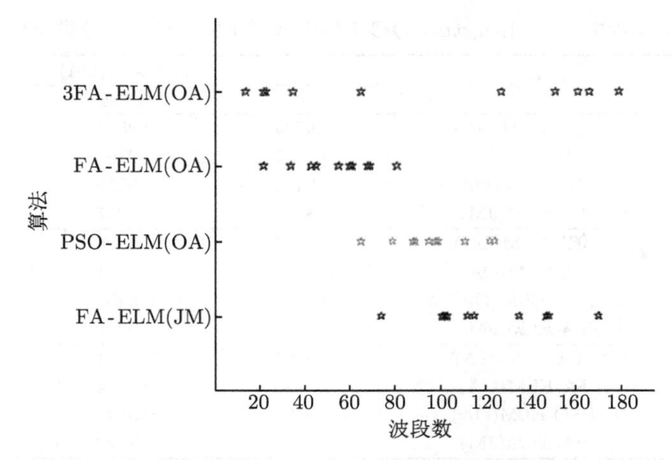

图 5-17 Washington DC Mall 数据不同方法所选波段对比图
（以 2%训练样本、10 波段为例）

表 5-27 Washington DC Mall 数据 3FA-ELM(OA) 方法混淆矩阵

分类项目	地物覆盖情况						分类数量	用户精度/%
	道路	草地	小径	树木	阴影	屋顶		
道路	911	0	8	1	0	8	928	98.17
草地	0	925	0	0	18	0	943	98.09
小径	1	0	577	0	0	0	578	99.83
树木	0	2	0	608	0	1	611	99.51
阴影	0	10	0	0	655	0	665	98.50
屋顶	58	0	2	19	0	1037	1116	92.92
地物覆盖量	970	937	587	628	673	1046	OA = 97.36%	
生产精度/%	93.92	98.72	98.30	96.82	97.33	99.14	Kappa = 0.9679	

出的基于 OA 的波段选择极限学习机分类方法具有很好的实用性。随着波段数的上升，分类的精度也有小幅度的提高，以 10%样本比例为例，其分类精度可以从 5 波段的 98.44%提高到 20 波段的 99.03%，说明提取的波段信息能够对于分类的过程提供更加丰富和有用的信息。表 5-27 展示了 Washington DC Mall 数据 2%比例训练样本 10 波段的分类混淆矩阵，六类地物中有五类的用户分类精度超过 98%，其中对于小径和树木类别的分类精度分别高达 99.83%和 99.51%，具有很好的效果。小比例样本数据和波段参数优化分类结果与全波段分类结果对比发现，由于高光谱数据存在巨大的数据冗余，有效地进行波段和参数的优化能够极大地提高最终的分类精度。与此同时，各种算法的运行时间如表 5-28 所示，纵向看，样本数量的增长造成相应的隐含层节点个数增加，直接影响隐含层矩阵的

大小，从而影响运算的速度，所以随着样本比例的增加，耗时也会增加。横向看，FA-ELM（OA）相较于 PSO-ELM（OA）运行时间更短，且分类精度也更加准确，这进一步体现了 FA 算法的优势。3FA-ELM（OA）算法由于涉及多参数的优化和迭代，势必会增加耗时，但运行时间在一个可以接受的范围内，对于分类精度的提升作用也很显著。而 FA-ELM（JM）在分类时并不涉及训练样本，只与地物光谱相关，因而运行时间没有太大的变化。

表 5-28 Washington DC Mall 数据各方法运行时间对比（以 10 波段为例）

样本比例/%	3FA-ELM(OA)/s	FA-ELM(OA)/s	PSO-ELM(OA)/s	FA-ELM(JM)/s
2	554.36	10.40	19.82	1.51
5	653.04	11.67	24.32	1.52
8	722.13	12.76	27.85	1.51
10	767.15	15.15	28.86	1.50

（a）3FA-ELM(OA)

（b）FA-ELM(OA)

（c）PSO-ELM(OA)

（d）FA-ELM(JM)

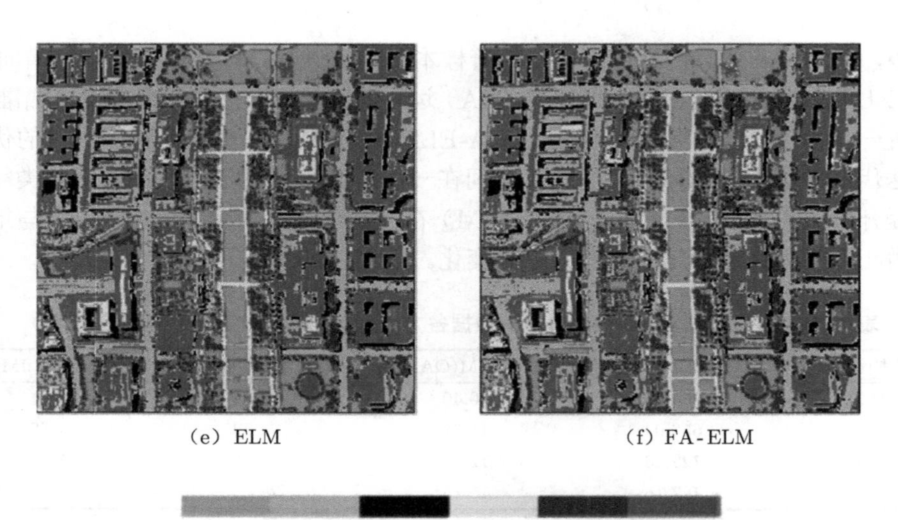

图 5-18　Washington DC Mall 数据土地利用覆盖图（以 2%训练样本、10 波段为例）

2）Purdue Campus

Purdue Campus 实验采用的算法和 Washington DC Mall 数据的一致，该数据的分类结果如表 5-29~ 表 5-32 所示，以 2%样本数据 10 波段为例的不同方法所选波段如图 5-19 所示，3FA-ELM（OA）方法的混淆矩阵如表 5-33 所示，不同方法土地利用覆盖图如图 5-20 所示。和 Washington DC Mall 数据结果相似，3FA-ELM（OA）在众多算法中依旧表现出最优秀的性能，Purdue Campus 数据 10%样本数据 20 波段使用该方法的最高分类精度可以达到 98.11%，这相比于传统 JM 方法在 10%样本数据 20 波段所获得 91.73%的分类准确率有近 7 个百分点的提升，也说明本章节所提出的“3FA”系统在处理参数优化上具有很好的适用性和泛化性。对比算法 FA-ELM（OA）和 PSO-ELM（OA）算法在 Purdue Campus 数据的分类精度也要高于 FA-ELM（JM），以 10%样本数据 20 波段为例，FA-ELM（OA）和 PSO-ELM（OA）算法分类精度分别可以达到 97.76%和 96.69%，相比于 FA-ELM（JM）也有很大幅度的提升，实验结果再一次说明基于总体精度的参数优化效果要优于 JM 距离的方法。与此同时，对比 FA-ELM（OA）和 PSO-ELM（OA）算法，Purdue Campus 数据中 FA 算法的性能也优于 PSO 算法，能获得更好的分类精度。其速度快、参数少、流程简单的特点能够很好地应用于高光谱复杂的大数据处理中。表 5-33 展示了 3FA-ELM(OA) 方法的分类混淆矩阵，其中对于树木和阴影的分类效果最佳，用户精度可以达到 98%以上，1324 个阴影点中只有 10 个被错分为草地，其分类准确率达到 99.24%，其余的地物分类精度也较为理想。以 10%样本为例，ELM 即全波段未经参数优化总体精度最高结果仅仅

表 5-29 Purdue Campus 数据 2%训练样本分类结果

波段数	算法	总体精度 (OA)		
		最小值	最大值	均值
5	3FA-ELM(OA)	0.9441	0.9463	0.9455
	FA-ELM(OA)	0.9407	0.9445	0.9421
	PSO-ELM(OA)	0.8798	0.8912	0.8843
	FA-ELM(JM)	0.6224	0.7315	0.6729
10	3FA-ELM(OA)	0.9377	0.9558	0.9503
	FA-ELM(OA)	0.9133	0.9477	0.9326
	PSO-ELM(OA)	0.8809	0.8877	0.8851
	FA-ELM(JM)	0.7544	0.8187	0.7833
15	3FA-ELM(OA)	0.9464	0.9502	0.9475
	FA-ELM(OA)	0.9379	0.9480	0.9420
	PSO-ELM(OA)	0.8319	0.8823	0.8515
	FA-ELM(JM)	0.8098	0.8402	0.8216
20	3FA-ELM(OA)	0.9433	0.9548	0.9498
	FA-ELM(OA)	0.9177	0.9455	0.9301
	PSO-ELM(OA)	0.8386	0.8803	0.8675
	FA-ELM(JM)	0.7698	0.8266	0.8024
全波段	ELM	0.7487	0.8002	0.7865
	FA-ELM	0.7905	0.8413	0.8233

表 5-30 Purdue Campus 数据 5%训练样本分类结果

波段数	算法	总体精度 (OA)		
		最小值	最大值	均值
5	3FA-ELM(OA)	0.9689	0.9733	0.9715
	FA-ELM(OA)	0.9410	0.9456	0.9432
	PSO-ELM(OA)	0.9003	0.9081	0.9040
	FA-ELM(JM)	0.7506	0.8227	0.7927
10	3FA-ELM(OA)	0.9734	0.9793	0.9768
	FA-ELM(OA)	0.9591	0.9665	0.9607
	PSO-ELM(OA)	0.9462	0.9492	0.9478
	FA-ELM(JM)	0.7885	0.8406	0.8138
15	3FA-ELM(OA)	0.9768	0.9814	0.9790
	FA-ELM(OA)	0.9670	0.9698	0.9688
	PSO-ELM(OA)	0.9106	0.9371	0.9203
	FA-ELM(JM)	0.8197	0.8609	0.8484
20	3FA-ELM(OA)	0.9776	0.9793	0.9787
	FA-ELM(OA)	0.9695	0.9752	0.9714
	PSO-ELM(OA)	0.9256	0.9399	0.9329
	FA-ELM(JM)	0.8229	0.8803	0.8576
全波段	ELM	0.7678	0.8280	0.8008
	FA-ELM	0.7923	0.8598	0.8254

表 5-31　Purdue Campus 数据 8%训练样本分类结果

波段数	算法	总体精度 (OA)		
		最小值	最大值	均值
5	3FA-ELM(OA)	0.9700	0.9741	0.9727
	FA-ELM(OA)	0.9558	0.9662	0.9608
	PSO-ELM(OA)	0.9154	0.9369	0.9203
	FA-ELM(JM)	0.8088	0.8475	0.8235
10	3FA-ELM(OA)	0.9792	0.9809	0.9801
	FA-ELM(OA)	0.9531	0.9651	0.9604
	PSO-ELM(OA)	0.9418	0.9490	0.9450
	FA-ELM(JM)	0.7993	0.8305	0.8194
15	3FA-ELM(OA)	0.9811	0.9836	0.9824
	FA-ELM(OA)	0.9708	0.9784	0.9752
	PSO-ELM(OA)	0.9359	0.9406	0.9385
	FA-ELM(JM)	0.8773	0.9019	0.8994
20	3FA-ELM(OA)	0.9827	0.9853	0.9840
	FA-ELM(OA)	0.9735	0.9777	0.9758
	PSO-ELM(OA)	0.9524	0.9556	0.9540
	FA-ELM(JM)	0.9131	0.9204	0.9186
全波段	ELM	0.8011	0.8814	0.8385
	FA-ELM	0.8102	0.8683	0.8379

表 5-32　Purdue Campus 数据 10%训练样本分类结果

波段数	算法	总体精度 (OA)		
		最小值	最大值	均值
5	3FA-ELM(OA)	0.9721	0.9766	0.9748
	FA-ELM(OA)	0.9655	0.9691	0.9672
	PSO-ELM(OA)	0.9541	0.9650	0.9590
	FA-ELM(JM)	0.7517	0.8012	0.7812
10	3FA-ELM(OA)	0.9741	0.9787	0.9767
	FA-ELM(OA)	0.9722	0.9780	0.9744
	PSO-ELM(OA)	0.9406	0.9542	0.9489
	FA-ELM(JM)	0.8703	0.8923	0.8827
15	3FA-ELM(OA)	0.9777	0.9801	0.9792
	FA-ELM(OA)	0.9754	0.9792	0.9776
	PSO-ELM(OA)	0.9479	0.9588	0.9522
	FA-ELM(JM)	0.9102	0.9203	0.9152
20	3FA-ELM(OA)	0.9789	0.9825	0.9811
	FA-ELM(OA)	0.9741	0.9898	0.9776
	PSO-ELM(OA)	0.9639	0.9690	0.9669
	FA-ELM(JM)	0.9094	0.9214	0.9173
全波段	ELM	0.8230	0.8907	0.8622
	FA-ELM	0.8449	0.9106	0.8743

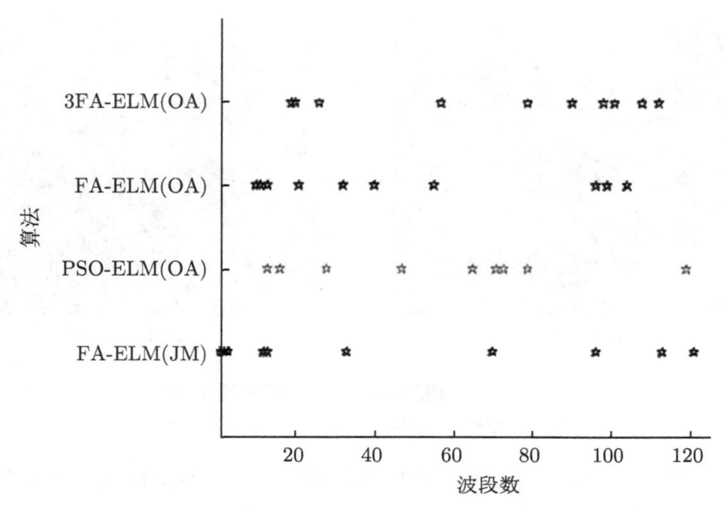

图 5-19 Purdue Campus 数据不同方法所选波段对比图（以 2%训练样本、10 波段为例）

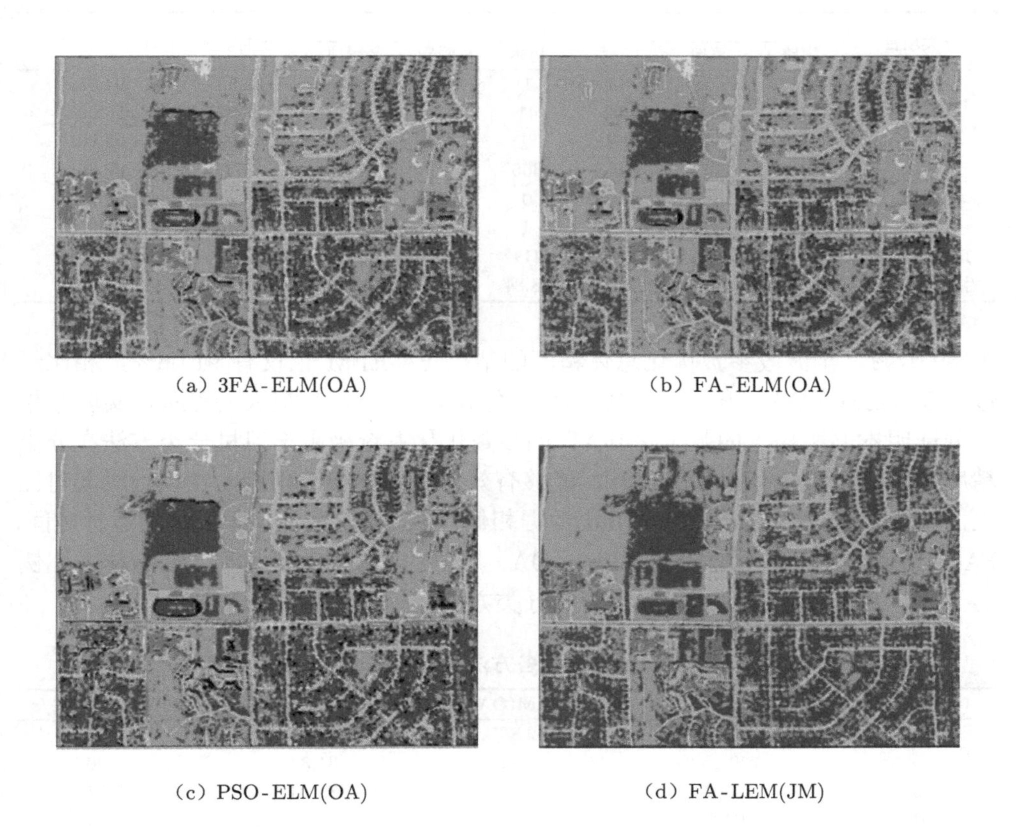

（a）3FA-ELM(OA)　（b）FA-ELM(OA)

（c）PSO-ELM(OA)　（d）FA-LEM(JM)

(e) ELM

(f) FA-ELM

道路　草地　阴影　小径　树木　屋顶

图 5-20　Purdue Campus 数据土地利用覆盖图（以 2%训练样本、10 波段为例）

表 5-33　Purdue Campus 数据 3FA-ELM(OA) 方法混淆矩阵

分类项目	地物覆盖情况						分类数量	用户精度/%
	道路	草地	小径	树木	阴影	屋顶		
道路	1197	3	0	1	0	61	1262	94.85
草地	0	1044	0	41	7	0	1092	95.60
小径	0	1	201	0	5	7	214	93.93
树木	0	6	0	365	0	0	371	98.38
阴影	0	10	0	0	1314	0	1324	99.24
屋顶	67	25	3	4	3	1157	1259	91.90
地物覆盖量	1264	1089	204	411	1329	1225	OA = 95.58%	
生产精度/%	94.70	95.87	98.53	88.81	98.87	94.45	Kappa = 0.9443	

为 89.07%，全波段参数优化总体精度的结果 FA-ELM 也仅有 91.06%，相比经过 3FA-ELM（OA）参数共同优化的分类结果 98.11%有很大的差距，实验结果充分证明本书所提出的基于“3FA”的参数优化系统极限学习机分类方法在分类精度上较传统方法有很大的提升，能够有效地提高分类的精度。在运行时间对比上，结论与 Washington DC Mall 数据相似，表 5-34 显示了各方法的运行时间，FA-ELM（OA）用时为 PSO-ELM（OA）用时的一半，与此同时，随着样本比例的上升，基于总体精度的极限学习机分类方法运行时间也有所增加。

表 5-34　Purdue Campus 数据各方法运行时间对比（以 10 波段为例）

样本比例/%	3FA-ELM(OA)/s	FA-ELM(OA)/s	PSO-ELM(OA)/s	FA-ELM(JM)/s
2	730.86	12.86	29.34	1.27
5	739.18	13.24	31.33	1.30
8	854.01	14.32	32.03	1.27
10	1104.21	16.60	33.73	1.24

5.4 本章小结

本章从多目标优化问题出发，简单介绍了多目标优化问题的概念与求解方法，并针对组合型降维方法和 ELM 参数优化的多目标优化问题进行了研究和分析。如何在众多的波段中选择某些重要波段实际上是一个优化问题，针对现有降维方法无法确定目标波段选择数目的情况，提出了组合型 PSO 智能优化的波段选择新方法——2PSO。该算法将两个 PSO 进行耦合，其中外部 PSO 负责估计需要选择的最优波段数目，内部 PSO 负责选择对应的波段。在此基础上提出了 2FA 算法，其内部 FA 根据由外部 FA 计算出的波段数目进行波段选择，从而实现自适应的波段选择。针对 ELM 其中的隐含层节点个数参数，利用 FA 算法设计了一套优化流程。针对各参数之间相适应的问题，创新性地提出了一种“3FA”优化系统，实验的结果充分表明，利用“3FA”系统进行优化是有效的。本章提出的相关方法有助于进一步提升高光谱遥感影像的分类精度。

参考文献

蔡悦. 2016. 基于极限学习及的高光谱遥感影像分类方法. 南京: 河海大学.

田野, 赵春晖, 季亚新. 2007. 主成分分析在高光谱遥感图像降维中的应用. 哈尔滨师范大学自然科学学报, 23(5): 58-60.

汪定伟, 王俊伟, 王洪峰, 等. 2007. 粒子群优化算法的改进及应用. 北京: 高等教育出版社.

Coello C A, Lamont G B, Van Veldhuizen D A. 2007. Evolutionary Algorithms for Solving Multi-objective Problems. New York: Springer.

Eberhart R, Kennedy J. 1995. A new optimizer using particle swarm theory// MHS’95. Proceedings of the Sixth International Symposium on Micro Machine and Human Science.

Huang G B, Zhou H, Ding X, et al. 2011. Extreme learning machine for regression and multiclass classification. IEEE Transactions on Systems, Man, and Cybernetics, Part B(Cybernetics), 42(2): 513-529.

Huang G B, Zhu Q Y, Siew C K. 2006. Extreme learning machine: Theory and applications. Neurocomputing, 70(1-3): 489-501.

Miettinen K. 1999. Nonlinear Multiobjective Optimization. Norwell, MA: Kluwer.

Monteiro S T, Kosugi Y. 2007. A particle swarm optimization-based approach for hyperspectral band selection Proceeding of IEEE Congress Evolutionary Computation.

Pareto V. 1906. Manuale di Economica Plittica. Societa Editrice: Societa Editrice Libraia.

Pedersen M E H, Chipperfield A J. 2010. Simplifying particle swarm optimization. Applied Soft Computing, 10(2): 618-628.

Pudil P, Novovičová J, Kittler J. 1994. Floating search methods in feature selection. Pattern Recognition Letters, 15(11): 1119-1125.

Steuer R E. 1986. Multiple Criteria Optimization: Theory, Computation, and Application. New York: Wiley.

Trelea I C. 2003. The particle swarm optimization algorithm: Convergence analysis and parameter selection. Information Processing Letters, 85(6): 317-325.

Yang H, Du Q, Su H, et al. 2011. An efficient method for supervised hyperspectral band selection. Geoscience and Remote Sensing Letters, 8(1): 138-142.

Yang H, Du Q, Chen, G. 2012. Particle swarm optimization-based hyperspectral dimensionality reduction for urban land cover classification. IEEE Journal of Selected Topics in Applied Earth Observations and Remote Sensing, 5(2): 544-554.

第 6 章　高光谱遥感多特征质量评估与优化

特征是地物所表现出来的各种属性，特征提取是高光谱遥感降维的重要方法。近年来，众多学者不断探索新的特征选择方法，而对特征本身质量的综合评价少有研究。面对高光谱遥感影像的众多特征信息，如何快速有效地对每类特征进行评估和优化是目前的研究热点和难点问题。本章从多特征提取、多特征质量评估和多特征优化等方面，对高光谱遥感多特征质量评估与优化的相关研究进行阐述和分析。

6.1　多特征提取

多特征提取是高光谱遥感多特征优化的首要工作，高光谱遥感数据处理中常用的特征提取方法分为两大类：一类是对高维的原始数据进行降维，包括特征变换、波段选择和特征提取；另一类是提取图像的空间特征，包括颜色、纹理、形状等。本节主要介绍高光谱遥感影像的空间特征提取方法。空间信息选取了四种特征（表 6-1）进行探讨，分别是局部统计特征、灰度共生矩阵 GLCM 特征、Gabor 特征、形态学特征，以充分挖掘空间信息的不同特性。

表 6-1　四种空间特征

特征种类	统计指标
局部统计特征	均值、标准差、偏度、峰度
灰度共生矩阵特征	对比度、相关性、能量、熵
Gabor 特征	可根据波长和方向调节滤波器
形态学特征	形态学剖面

6.1.1　基于局部统计特征的空间特征提取

通过图像的局部区域统计值来提取纹理特征是最简单的纹理提取算法之一，可以由简单的数学运算直接得到，即在图像一定的局部区域内计算像素矢量的统计值，将其作为该统计区域中心位置的灰度值。

比较常用的统计指标有均值、标准差、偏度和峰度等。均值反映的是统计区域的平均灰度值；标准差则是灰度对比度的一种度量，是用来描绘相对平滑度的因子；偏度和峰度是更高阶的统计值，反映了更加细致的纹理特征。偏度和峰度的数学定义如下。

偏度：
$$\frac{1}{n-1}\frac{\sum_{i=1}^{n}\left(x_i-\overline{x}\right)^3}{\sigma^3} \tag{6.1}$$

峰度：
$$\frac{1}{n-1}\frac{\sum_{i=1}^{n}\left(x_i-\overline{x}\right)^4}{\sigma^4} \tag{6.2}$$

式中，n 表示统计区域的像素个数；x_i 表示每个像素的灰度值；$\overline{x}$ 表示统计区域所有像素灰度的平均值；σ 表示统计区域所有像素灰度的标准差。

6.1.2　基于灰度共生矩阵的空间特征提取

灰度共生矩阵也是一种基于统计的纹理特征分析方法，该方法由 Haralick 等于 1973 年提出。灰度共生矩阵元素 $P\left(i,j;d,\theta\right)$ 表示在方向 θ 上，相隔为 d 像素距离的分别具有灰度值 i 和 j 的一对像素出现的概率，但它并不具有能直接区别纹理的特性，需要进行二次特征提取。Haralick 一共提出了 14 个用于分析灰度共生矩阵的二次统计量，本书选用了其中最常用的 4 个二次统计量来反映纹理中灰度级空间的相关规律。

能量：

$$\sum_{i=0}^{L-1}\sum_{j=0}^{L-1}P\left(i,j;d,\theta\right)^2 \tag{6.3}$$

对比度：

$$\sum_{i=0}^{L-1}\sum_{j=0}^{L-1}\left(i-j\right)^2 P\left(i,j;d,\theta\right)^2 \tag{6.4}$$

熵：

$$\sum_{i=0}^{L-1}\sum_{j=0}^{L-1}P\left(i,j;d,\theta\right)\log P\left(i,j;d,\theta\right) \tag{6.5}$$

相关性：

$$\sum_{i=0}^{L-1}\sum_{j=0}^{L-1}\frac{\left(i-m_r\right)\left(j-m_c\right)P\left(i,j;d,\theta\right)}{\sigma_r\sigma_c} \tag{6.6}$$

式中，m_r、m_c、σ_r、σ_c 的定义分别为

$$m_r=\sum_{i=0}^{L-1} i \sum_{j=0}^{L-1} P(i,j;d,\theta) \tag{6.7}$$

$$m_c=\sum_{i=0}^{L-1} j \sum_{j=0}^{L-1} P(i,j;d,\theta) \tag{6.8}$$

$$\sigma_r=\sum_{i=0}^{L-1} (i-m_r)^2 \sum_{j=0}^{L-1} P(i,j;d,\theta) \tag{6.9}$$

$$\sigma_c=\sum_{i=0}^{L-1} (j-m_c)^2 \sum_{j=0}^{L-1} P(i,j;d,\theta) \tag{6.10}$$

6.1.3 基于 Gabor 滤波的空间特征提取

运用 Gabor 小波对图像进行滤波分析，可以精确地提取对应于空间位置、频率及方向性的局部结构信息，在空间域中，Gabor 小波为一个被高斯函数调制的复指数信号，σ 是二维高斯函数沿两个方向坐标轴的标准方差，Gabor 小波的数学定义如下：

$$\psi(x,y,\omega_0,\theta)=\frac{1}{2\pi\sigma^2}\mathrm{e}^{-\left(x_0^2+y_0^2\right)/2\sigma^2}\left(\mathrm{e}^{\mathrm{j}\omega_0 x_0}-\mathrm{e}^{-\omega_0^2\sigma^2/2}\right) \tag{6.11}$$

$$x_0=x\cos\theta+y\sin\theta \tag{6.12}$$

$$y_0=-x\cos\theta+y\sin\theta \tag{6.13}$$

式中，ω_0 是中心频率；θ 代表 Gabor 小波的方向；(x,y) 为原始坐标系中的坐标值；(x_0,y_0) 反映的是变换后坐标系中的值。$\sigma=k/\omega_0$，其中 $k=\sqrt{2\ln 2}\left(\frac{2^{\phi}+1}{2^{\phi}-1}\right)$，$\phi$ 是用倍频程表示的带宽，通常 $\phi=1$，则 $\sigma=k/\omega_0\approx\pi/\omega_0$。为了更好地获得空间域频率的特性，一般采用均匀采样的原则来选择方向 θ。

6.1.4 基于形态学操作的空间特征提取

形态学图像处理包括四个基本操作——腐蚀、膨胀、开启和关闭，其中腐蚀和膨胀是形态学处理的基础操作，具体的描述和定义如下。

作为 Z^2 中的集合 A 和 B，A 被 B 腐蚀定义为

$$A \Theta B = \{z \,|(B)_Z \in A\} \tag{6.14}$$

A 被 B 膨胀定义为

$$A \oplus B = \{z \,|(B)_Z \cap A \neq \varnothing\} \tag{6.15}$$

开操作和闭操作的定义如下：

结构元 B 对集合 A 的开操作，表示为 $A \circ B$，其定义为

$$A \circ B = (A \Theta B) \oplus B \tag{6.16}$$

类似地，用结构元 A 对集合 B 的闭操作，则表示为 $A \bullet B$，定义为

$$A \bullet B = (A \oplus B)\, \Theta B \tag{6.17}$$

实际上，B 对 A 的开操作就是 B 对 A 的腐蚀后，再用 B 对腐蚀后的结果进行膨胀操作。而 B 对 A 的闭操作就是 B 对 A 的膨胀后，再用 B 对膨胀后的结果进行腐蚀。

6.2 多特征质量评估

6.2.1 定性评价

1. 散点图

二维散点图就是选取几种典型地物类别，将属于不同类别的已标记样本点绘制在二维特征空间中，根据不同类别的散点图之间的聚集与分散程度可以直观地表达特征空间的可分性。然而，二维散点图仅能表达样本点在两个特征空间之间的统计关系，不能反映多个特征空间之间的可分性，高维特征空间的散点图难以绘制，该方法只能作为数据的初步分析工具。

2. 概率密度函数图

给定一维特征空间 y，在 95%置信度条件下估计典型地物类别 α 在该特征空间下的均值 μ_α 和方差 σ_α，利用估计值计算典型地物类别 α 的概率密度函数（Matteoli et al.，2014）：

$$\xi = f\left(\Delta \,|\mu_\alpha \,, \sigma_\alpha\right) = \frac{1}{\sigma_\alpha \sqrt{2\pi}} \mathrm{e}^{\frac{-(\Delta-\mu_\alpha)2}{2\sigma_\alpha^2}} \tag{6.18}$$

式中，$\Delta = \{(\Delta_i)\}_{i=1}^n$ 为均匀间隔的一组观测值；地物 α 的正态分布为 $N\left(\mu_\alpha, \sigma_\alpha^2\right)$。该方法的特点是可对较难区分的地物类别给出直观评价，其思路是将不同地物类别的正态分布相叠加，正态分布特征的重叠情况反映了不同地物类别在给定特征空间的分离程度。

3. 相关系数矩阵图

相关系数可以衡量变量之间的相关性（Su et al.，2011），其值在 0 ∼ 1 范围，呈正相关；其值在 −1 ∼ 0 范围，呈负相关。计算每两个特征间的相关系数，将求得的相关系数矩阵绘制成图，即是特征的相关系数矩阵图。相关系数矩阵定义如下：

$$\boldsymbol{R}=\begin{bmatrix} r_{11} & r_{12} & \cdots & r_{1n} \\ r_{21} & r_{22} & \cdots & r_{2n} \\ \vdots & \vdots & & \vdots \\ r_{n1} & r_{n2} & \cdots & r_{nn} \end{bmatrix} \tag{6.19}$$

第 i 个和第 j 个特征的相关系数的计算公式可表示为

$$r_{ij}=\frac{\boldsymbol{C}(i,i)}{\sqrt{\boldsymbol{C}(i,j)\,\boldsymbol{C}(i,j)}} \tag{6.20}$$

式中，$\boldsymbol{C}=\mathrm{Cov}\left(\boldsymbol{X}^{\mathrm{T}}\right)$ 是 $\boldsymbol{X}$ 的协方差矩阵，相关性矩阵是对称矩阵，其对角线上的元素值均为 1，为每个特征的自相关系数。

6.2.2 定量评价

1. 特征信息量评价

信息度量即量化随机变量之间的不确定性，且不局限于线性关系，其主要指标包括信息熵、信息增益、互信息等，其中信息熵是衡量影像信息含量的重要方法（Song et al.，2019），它能够利用图像中的变量分布情况描述变量的分散程度，可用于表征遥感影像的信息测度：

$$E=-\sum_{i} p(i)\log_2 p(i) \tag{6.21}$$

式中，$p(i)$ 表示遥感影像中灰度值为 i 的像素出现的概率。信息熵也称为一阶熵，具有三个主要特性，即连续性、单调性和可加性，是在平均意义上表征信息源总体特征的量，能较好地反映图像信息的大小和复杂程度。每个特征的信息熵值反映了特征信息的含量，信息熵越大，影像数据的离散程度越大，信息量越丰富，即在图像中描述这个变量所需的信息也越多。图 6-1 给出了 Washington DC 数据各波段的信息熵。

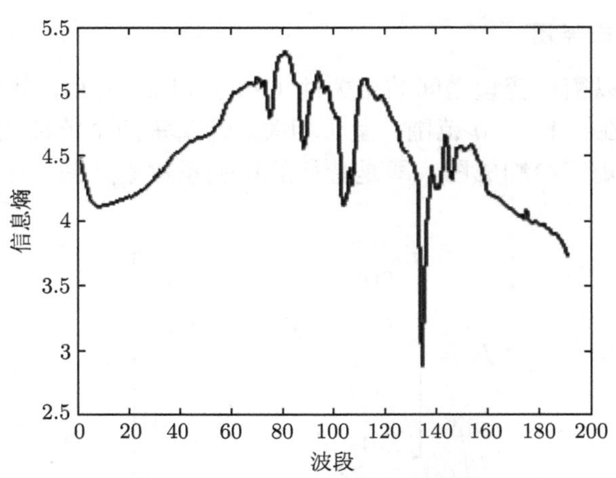

图 6-1 Washington DC 影像不同波段的信息熵

2. 直方图

直方图反映了影像亮度值出现频率的信息（Ni and Ma，2015），并可展示图像的灰度最小最大值、众数等特征，直方图中的峰对应着主要的地面覆盖类型，亮度值出现频率的分布范围对应着相应的对比度。图 6-2 给出了 Washington DC 数据在第 10 和 60 波段的直方图结果，可以看出，第 10 波段的亮度值被压缩到 0~255 区间低值的 1/3 值域内，说明影像数据对比度相对较低；而第 60 波段则分布较广，对比度相对较高。从峰值上来看，第 10 波段的直方图只有 3 个峰值，而第 60 波段有 5 个峰值（反映了该数据的 6 类地物：道路、草地、水体、小径、树林和建筑物），这也印证了影像对比度的结果，因为只有在对比度比较高的图像上才能分辨出更多的地物类型。

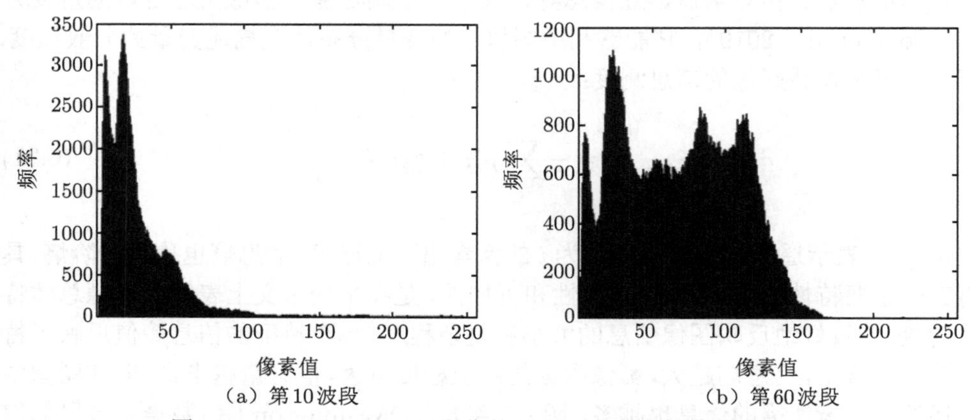

（a）第10波段　　（b）第60波段

图 6-2 Washington DC 影像第 10 和 60 波段图像的直方图

3. 信噪比

高光谱遥感数据在获取过程中受到内在因素和外在因素等多方面的干扰，会产生很多意想不到的噪声，且具有以下特性：① 基本上属于高斯白噪声，多数情况下，噪声与信号、噪声与噪声之间不具备相关性；② 像素之间的噪声具有相关性，但是在不同波长处的变化较为复杂；③ 具有空谱维的独特特性。噪声将严重影响数据的质量和影像中目标的光谱辐射特性，因此，若要准确获取高光谱遥感影像的内蕴信息，噪声消除是高光谱遥感影像处理中不可缺少的环节。

高光谱遥感影像在地物类型均一的情况下，图像数据服从正态分布，虽然噪声比较小，但其影响也比较明显。可用图像的信噪比来衡量数据中噪声所占的比例：

$$\mathrm{SNR}(i) = \frac{0.5 \cdot \mathrm{avg}S_i}{\mathrm{std}R_i} \tag{6.22}$$

式中，$\mathrm{avg}S_i$ 为第 i 波段信号的平均能量，$\mathrm{std}R_i$ 为第 i 波段噪声的标准偏差。计算信噪比时需要选择地物类型均一的局部数据，特别是要选择受环境因素影响较小的区域。由于式（6.22）计算信噪比比较困难，一般采用信号与噪声的方差之比的近似方法（Conoscenti et al.，2016）。图 6-3 为 Washington DC 高光谱遥感数据各波段的信噪比。

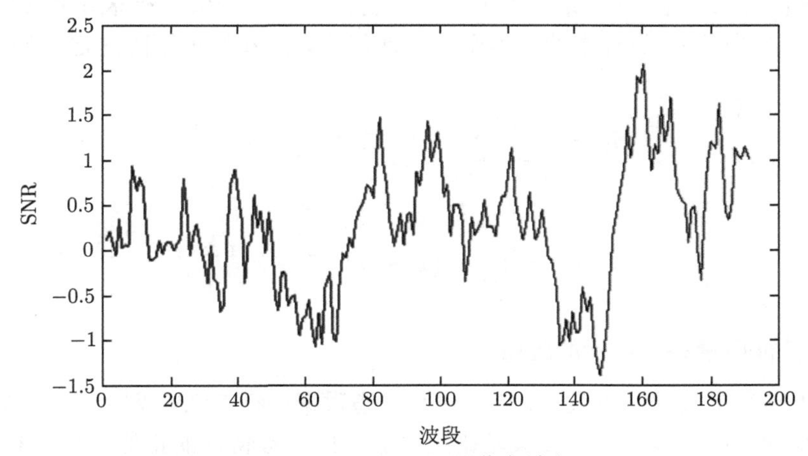

图 6-3 Washington DC 影像各波段 SNR

由信噪比的定义可知，信噪比大的波段其图像质量要好于信噪比小的波段；若与各波段的信息熵（图 6-1）相比较，可以发现信息熵大的波段其信噪比也较高。另外，与系统误差造成的噪声相比，图像背景对图像质量的干扰更大，光谱混合现象是造成图像波谱变化的主要原因。因此，利用光谱解混技术对高光谱遥感影像进行处理至关重要。

4. 特征与类别间的相关性评价

互信息可以更好地描述事物之间的普遍联系，对于随机变量 X 和 Y，它们在某种程度上存在着一定的统计依赖关系，互信息反映了这种关系（Feng et al., 2015），其定义为

$$I(X;Y) = -\sum_{x,y} p(x,y) \log \frac{p(x,y)}{p(x)\,p(y)} \tag{6.23}$$

互信息是衡量特征与类别之间相关性的重要指标，如果一个特征与某一地物类别相关，则其互信息值较高。较高的互信息值表明该特征对于类别具有较高的区分能力。

5. 特征的类别可分性评价

费希尔比率（Fisher's ratio）利用类内与类间散布矩阵的比值构建判别函数（Du，2007），该方法定义为

$$J_{B/W} = \mathrm{tr}\left(\boldsymbol{S}_W^{-1}\boldsymbol{S}_B\right) = \mathrm{tr}\left(\boldsymbol{S}_B\boldsymbol{S}_W^{-1}\right) \tag{6.24}$$

式中，$\boldsymbol{S}_W$ 为邻接矩阵；$\boldsymbol{S}_B$ 为约束矩阵。设 $\bar{x}$ 为样本均值；$\overline{x}^c$ 表示第 C 类样本的均值；n_c 为第 C 类样本的样本个数，则邻接矩阵和约束矩阵的定义如下：

$$\boldsymbol{S}_W = \sum_{c=1}^{C}\left[\sum_{i=1}^{n_c}\left(x_i^c - \overline{x}^c\right)\left(x_i^c - \overline{x}^c\right)^{\mathrm{T}}\right] \tag{6.25}$$

$$\boldsymbol{S}_B = \sum_{c=1}^{c} n_c\left(\overline{x}^c - \overline{x}\right)\left(\overline{x}^c - \overline{x}\right)^{\mathrm{T}} \tag{6.26}$$

6.2.3 特征质量评价指标的应用

由于高光谱数据波段数多，首先对高光谱数据进行 PCA 变换，取其第一主成分作为纹理提取的基影像。在其基础上根据不同纹理特征的指标和相关参数，提取四种空间特征，每种空间特征由四个不同指标的特征组成，一共有 16 个空间指标特征，空间特征的参数设置如下：提取局部统计特征的窗口大小设置为 5×5；灰度共生矩阵的灰度级数为 16，窗口大小设置为 11×11；Gabor 特征波长参数为 4，方向 θ 取 0°、45°、90°、135° 四个方向；形态学尺度选取圆盘形结构元素，其半径分别选取 4 和 2 进行开闭操作；对原始高光谱特征进行特征选择，选取 32 个光谱特征。

以 HYDICE Washington DC Mall 高光谱遥感数据和 ROSIS University of Pavia 高光谱遥感数据为例，其提取的空间特征如图 6-4 和图 6-5 所示。Washington DC Mall 数据所选取的光谱特征为第 17、32、38、41、47、50、52、71、76、81、82、93、94、96、97、99、101、109、118、122、129、131、133、134、136、139、145、151、156、163、167、176 波段，University of Pavia 数据所选取的光谱特征为 16、18、20、23、27、30、33、36、38、41、44、45、47、51、52、53、54、55、56、57、64、66、67、68、69、72、74、76、83、89、97、98 波段。

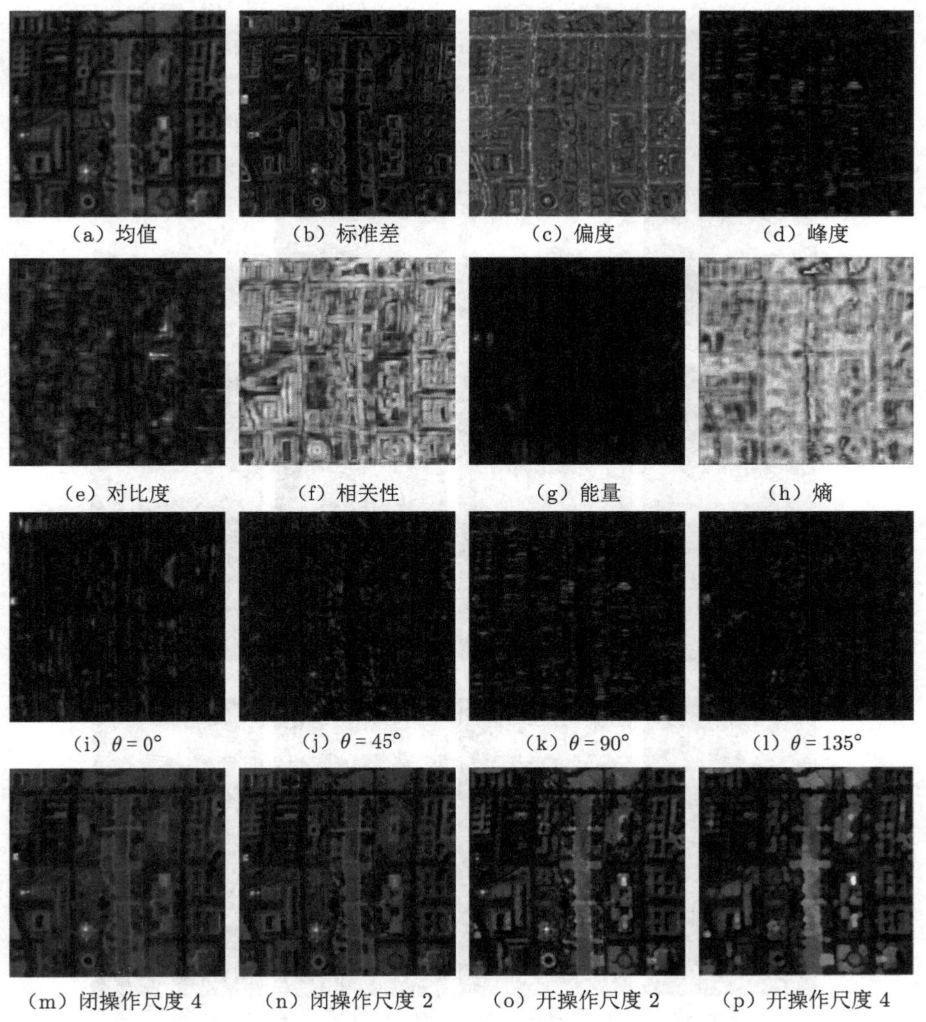

(a) 均值　(b) 标准差　(c) 偏度　(d) 峰度

(e) 对比度　(f) 相关性　(g) 能量　(h) 熵

(i) $\theta=0°$　(j) $\theta=45°$　(k) $\theta=90°$　(l) $\theta=135°$

(m) 闭操作尺度 4　(n) 闭操作尺度 2　(o) 开操作尺度 2　(p) 开操作尺度 4

图 6-4 Washington DC Mall 数据提取的空间特征图

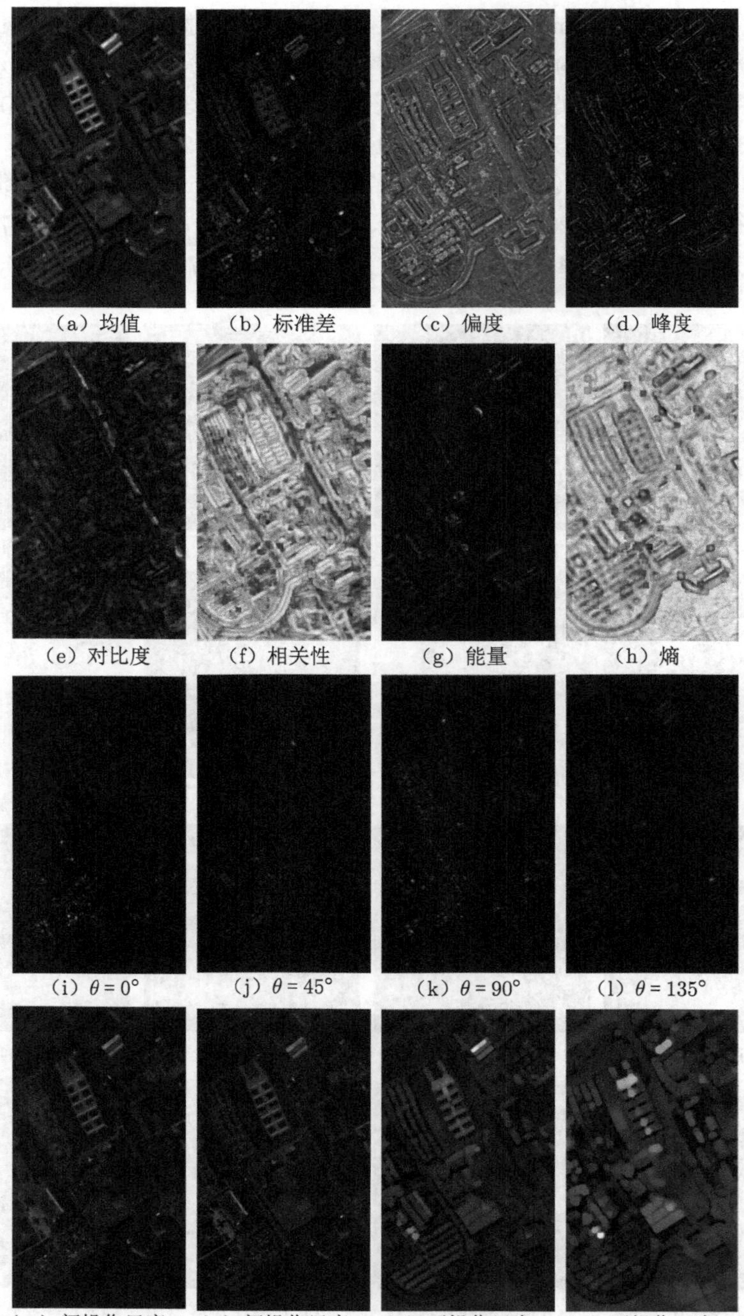

(a) 均值　(b) 标准差　(c) 偏度　(d) 峰度

(e) 对比度　(f) 相关性　(g) 能量　(h) 熵

(i) $\theta = 0°$　(j) $\theta = 45°$　(k) $\theta = 90°$　(l) $\theta = 135°$

(m) 闭操作尺度 4　(n) 闭操作尺度 2　(o) 开操作尺度 2　(p) 开操作尺度 4

图 6-5　University of Pavia 数据提取的空间特征

1. 定性评价结果与分析

采用典型地物样本的散点图、典型地类概率密度函数图和相关矩阵图三种定性评价指标分别从不同地物类别的可分性、易混淆的相似地类的区分性和特征之间的相关与冗余性对 HYDICE Washington DC Mall 高光谱遥感数据和 ROSIS University of Pavia 高光谱遥感数据的多特征质量进行定性评价。其中绘制典型地物样本的散点图和典型地类概率密度函数图需要样本点，Washington DC Mall 样本数据如表 6-2 所示，University of Pavia 数据每类随机选取了 50 个样本点。为了便于观察特征的相关矩阵图，取相关系数的绝对值进行矩阵图绘制，因此矩阵图中的元素值在 0~1。

表 6-2 Washington DC Mall 样本数据

类标签	地物类别	中文对照名称	训练样本数量	测试样本数量
1	Road	道路	55	897
2	Grass	草地	57	910
3	Shadow	阴影	50	567
4	Trail	小径	46	623
5	Tree	树木	49	656
6	Roof	屋顶	52	1123

1）实验 1：HYDICE Washington DC Mall 高光谱遥感数据

（1）典型地物样本的散点图分析。

采用二维散点图绘制了每类地物样本点在每两个特征空间上的分布，对于本书提取的局部统计特征、GLCM 特征、Gabor 特征、形态学特征和光谱特征这五类共 48 个特征来说，每两个特征的组合共有 $47 + 46 + \cdots + 2 + 1 = 1128$ 种组合方式，本书仅选取了部分特征组合进行二维散点图的绘制，如图 6-6 所示，其中图 6-6（a）~（e）反映的是地物样本点的每两个特征组合为：局部统计的均值和标准差特征、GLCM 的对比度和相关性特征、Gabor 0° 方向和 45° 方向的特征、形态学闭操作尺度为 4 和闭操作尺度为 2 的特征、光谱特征第 38 波段和第 41 波段。这五种组合方式为同类特征内不同指标或参数的特征组合。图 6-6（f）~（j）反映的则是不同类特征组合的散点图。

对比图 6-6（a）~（e），地物样本点在 GLCM 特征［图 6-6（b）］、Gabor 特征［图 6-6（c）］这两类特征的特征空间上可分性非常差，每类地物的样本点分布范围都较广且凌乱。而在光谱特征第 38 波段和 41 波段组合［图 6-6（e）］的特征空间上，样本点呈线性分布，且不同类别的样本点较多地覆盖在一起，难以区分。局部统计的均值和标准差特征组合［图 6-6（a）］相比其他四类特征的地物可分性要好，特别是对于“道路”、“阴影”和“树木”这三种地物类别，但是并不能有效区分“草地”、“屋顶”和“小径”，这三类地物的样本点依然是较大程度

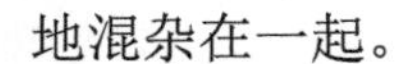
地混杂在一起。

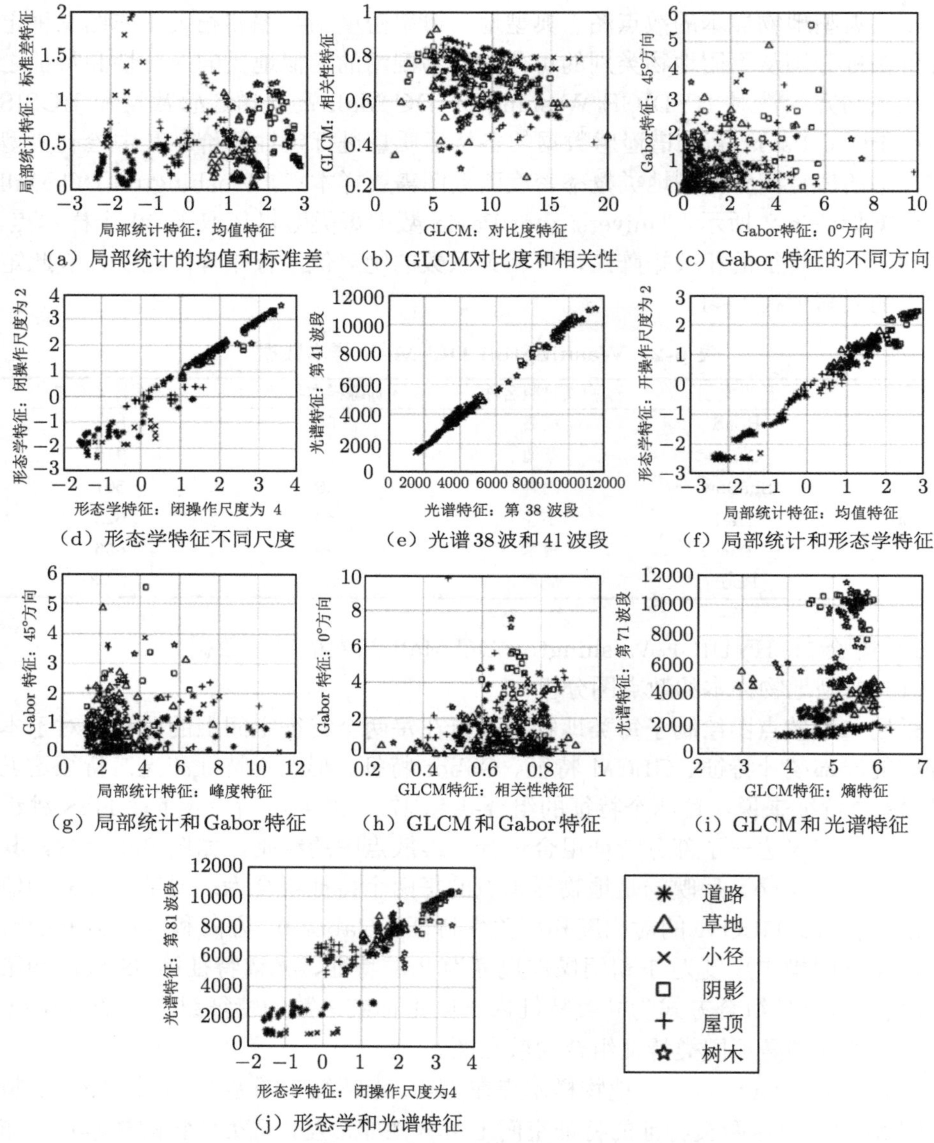

（a）局部统计的均值和标准差　（b）GLCM对比度和相关性　（c）Gabor 特征的不同方向

（d）形态学特征不同尺度　（e）光谱 38 波和 41 波段　（f）局部统计和形态学特征

（g）局部统计和 Gabor 特征　（h）GLCM 和 Gabor 特征　（i）GLCM 和光谱特征

（j）形态学和光谱特征

图 6-6　Washington DC Mall 数据典型地物样本的散点图

从图 6-6（f）～（j）来看，地物样本点在局部统计特征的峰度特征和 Gabor 特征 45° 方向的组合［图 6-6（g）］、GLCM 特征的相关性特征和 Gabor 特征 0° 方向的组合［图 6-6（h）］上可分性非常差，样本点分布杂乱无章。而地物样本点在局部统计特征的均值特征和形态学开操作尺度为 2 的组合［图 6-6（f）］、形态学闭操作尺度为 4 的特征和光谱特征第 81 波段的组合［图 6-6（j）］上的可分性较好，其中“草地”和“房顶”这两种地物类别的样本点少部分混合，六类地物大体上可以区分，但相比较而言前者的每类样本点分布更加紧凑，可分性更好。

从这十幅图来看，整体上对于这六类地物具有较好可分性的是局部统计特征的均值特征和形态学开操作尺度为 2 的组合［图 6-6（f）］，比样本点在原始光谱特征两个波段组合的特征空间的不同地物样本的可分性［图 6-6（e）］有明显的提高。

（2）典型地类概率密度函数图分析。

Washington DC Mall 数据的典型地物选择了“道路”、“小径”和“草地”，绘制“道路”、“小径”和“草地”在不同特征下的正态分布曲线。图 6-7 共展示了 12 个特征下三种地类的概率密度函数图，图 6-7（a）～（h）是从四类空间特征中选取两个特征绘制的概率密度函数图，图 6-7（i）～（l）则是从光谱特征中选取了四个原始波段绘制的图。

从图中可明显看出，在不同特征空间中三种地类的正态分布曲线有较大差异。具体地，图 6-7（c）中三种地类的重叠度最大，说明 GLCM 特征中的对比度特征的质量较差，难以区分这三种地类，而图 6-7（k）中三种地类的正态分布曲线相互分离，没有重叠，且间隔较大，说明光谱特征中的第 76 波段具有较好的可分性。四类空间特征中，局部统计特征中的均值特征和形态学闭操作尺度为 2 的特征相比较其他空间特征对这三种地类有着较好的可分性。

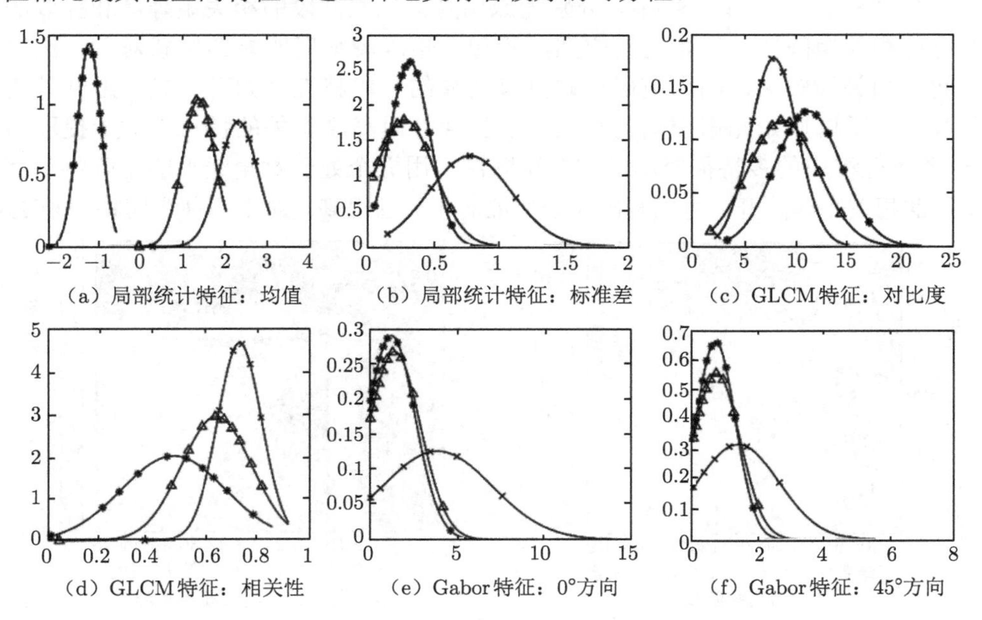

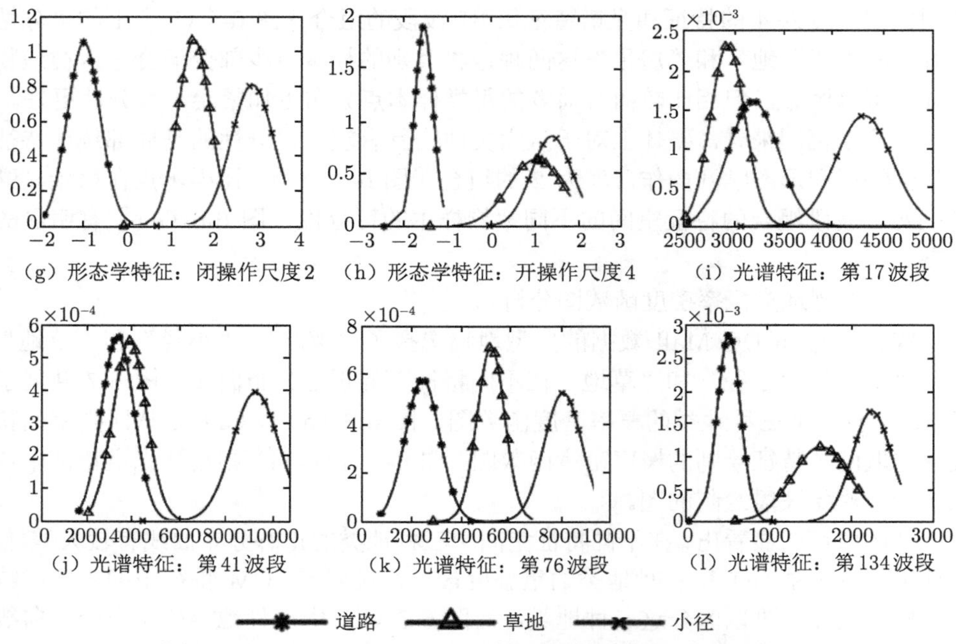

（g）形态学特征：闭操作尺度2　（h）形态学特征：开操作尺度4　（i）光谱特征：第17波段

（j）光谱特征：第41波段　（k）光谱特征：第76波段　（l）光谱特征：第134波段

图 6-7　Washington DC Mall 数据典型地类概率密度函数图

（3）相关系数矩阵图分析。

图 6-8（a）和图 6-8（b）分别为原始光谱空间波段的相关矩阵图和提取的多特征相关矩阵图，原始光谱空间波段相关矩阵图呈现明显的块状对称，波段之间的相关性较大，因为电磁波谱具有明显的分段特性（如可见光、近红外谱段等），所以原始光谱空间的相关性也呈现分段高度相关的特点。对于提取的 48 个特征组成的多特征空间的相关矩阵图，用五个处于对角线上的矩阵将每类特征的相关矩阵隔开，可以看出光谱特征的相关性很高。对于四种空间特征来说，

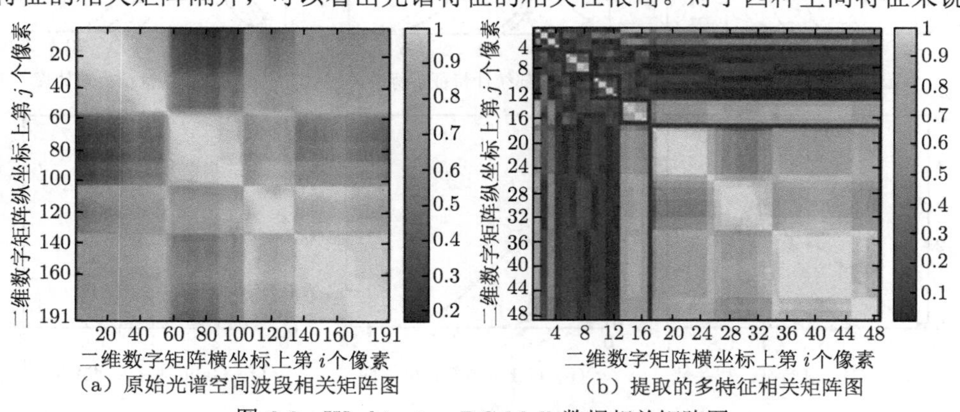

（a）原始光谱空间波段相关矩阵图　（b）提取的多特征相关矩阵图

图 6-8　Washington DC Mall 数据相关矩阵图

形态学四个特征的相关性很强，而其他三类空间特征相关性较低。观察矩形框外的相关系数值，不同类型的特征之间除了形态学特征与光谱特征的相关性很强外，局部统计特征的均值特征与形态学和光谱特征都具有较强的相关性，这是因为局部统计的均值特征的提取方式并没有过多改变原始的光谱维特征结构，保留了大部分的光谱信息。

2）实验 2：ROSIS University of Pavia 高光谱遥感数据

（1）典型地物样本的散点图分析。

对于 University of Pavia 数据的 9 类地物，同样采用二维散点图绘制了每类地物样本点在每两个特征空间上的分布，以此来评价不同特征对于样本点的可分性。散点图如图 6-9 所示，其中图 6-9（a）～（e）反映的是同类特征内不同指标或参数特征组合的散点图。图 6-9（f）～（j）反映的则是不同类特征组合的散点图。

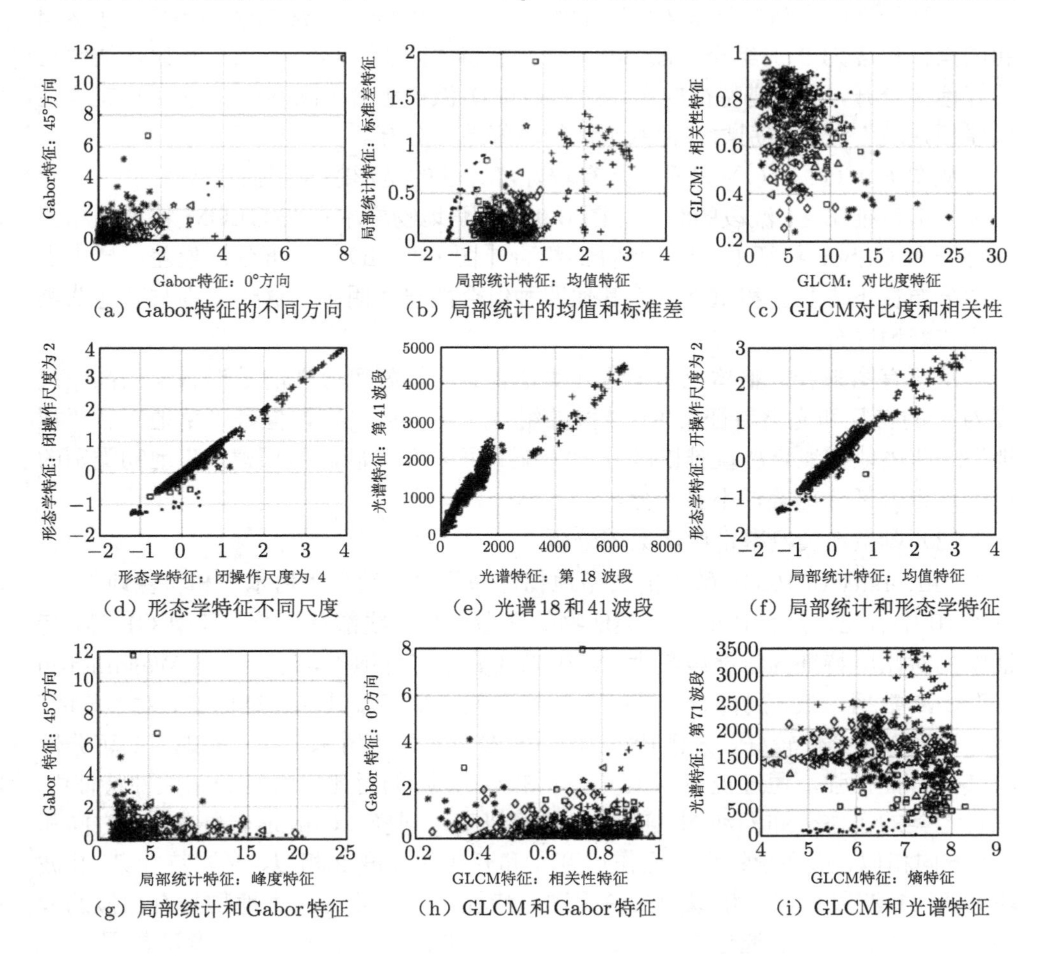

（a）Gabor特征的不同方向　（b）局部统计的均值和标准差　（c）GLCM对比度和相关性

（d）形态学特征不同尺度　（e）光谱 18 和 41 波段　（f）局部统计和形态学特征

（g）局部统计和Gabor 特征　（h）GLCM 和 Gabor 特征　（i）GLCM 和 光谱特征

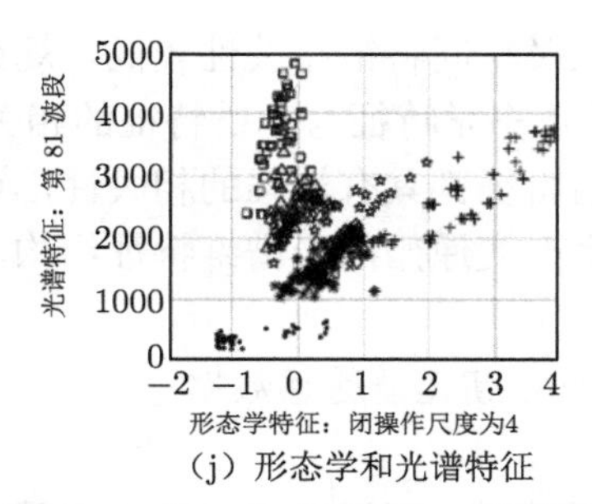

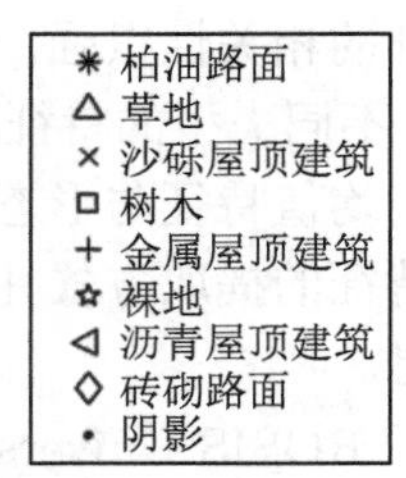

（j）形态学和光谱特征

图 6-9　University of Pavia 数据典型地物样本的散点图空间特征图

对比图 6-9（a）～（e），前三幅图的样本点分布散乱，呈散射状，后两幅图的样本点近似呈线性分布，较为紧凑，但五种组合地物样本点的可分性都不太好。局部统计特征的均值和标准差特征的组合［图 6-9（b）］、形态学闭操作尺度为 4 和闭操作尺度为 2 的组合［图 6-9（d）］能将“阴影”这一类别与其他八类地物较好地区分开，而光谱特征的第 18 波段和 41 波段组合［图 6-9（e）］可以把“金属屋顶建筑”这一类别与其他八类地物较好地区分开。

从图 6-9（f）～（j）来看，具有较好可分性的是形态学闭操作尺度为 4 的特征和光谱特征第 81 波段的组合［图 6-9（j）］，地物样本点在 GLCM 特征的相关性特征和 Gabor 特征 0° 方向特征的组合［图 6-9（h）］的可分性最差，样本点集中分布在下方且互相重叠，而其他四种组合能将“阴影”这一类别与其他八类地物较好地区分开。

从所有图来看，整体上对于这九类地物具有较好可分性的是形态学闭操作尺度为 4 的特征和光谱特征第 81 波段的组合［图 6-9（j）］，但是“草地”和“裸地”这两类地物混合严重难以区分，“砌砖路面”和“砂砾屋顶建筑”地物类别的样本点也大部分重叠，不易区分。

（2）典型地类概率密度函数图分析。

University of Pavia 数据的典型地物选择了“草地”、“树木”和“裸地”，从图 6-10 中看出，每种特征下三类地物的正态分布曲线都有重叠，其中 GLCM 特征中的对比度特征的重叠度最大，最难以区分这三种地类，这一点同 Washington DC Mall 数据一致，局部统计特征中的标准差特征相较其他特征而言，对“草地”和“裸地”区分性较好。光谱特征的第 68 波段对于“树木”和“裸地”的可分性较其他特征稍强，通过观察不难发现，在 GLCM 的对比度特征和相关性特征中，三种地类的正态分布曲线图具有一定的相似度，同样，Gabor 特征的 0° 方向和 45° 方向相似、形态学特征闭操作尺度 4 和开操作尺度 2 相似、光谱特征第 18 波段和第 41 波段相似，相似的图说明这些特征对于区分这三类地物具有相似的能力，也就存在冗余。通过对选取的 12 个特征进行典型地类概率密度函数图分析，不难发现，其中没有哪一个特征具备将这三类地物全部区分开的能力，因此往往需要不同的特征组合才能发挥特征之间的互补性。

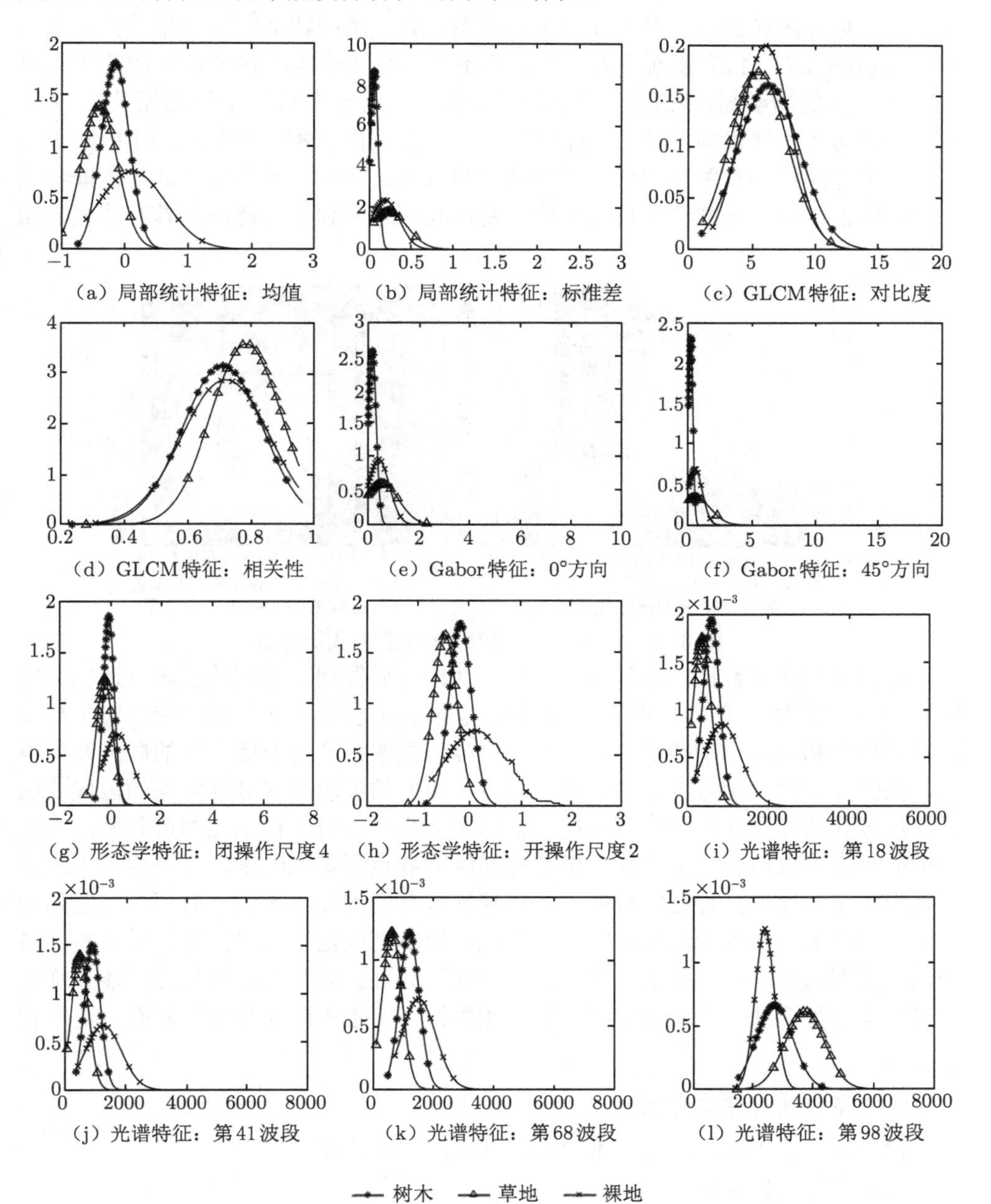

图 6-10 University of Pavia 数据典型地类概率密度函数图

（3）相关系数矩阵图分析。

图 6-11（a）和图 6-11（b）分别为 University of Pavia 数据原始光谱空间波段相关矩阵图和提取的多特征相关矩阵图，其反映的特征之间的相关性关系与 Washington DC Mall 数据较为一致，原始光谱空间波段的相关矩阵图的块状对称性表现得更为明显，波段之间的相关性较大，对于多特征空间的相关矩阵图，光谱特征的相关性很高。对于四种空间特征来说，形态学四个特征的相关性很强，其他三类空间特征相关性较低。不同类型的特征之间除了形态学特征与光谱特征的相关性很强外，局部统计特征的均值特征与形态学和光谱特征都具有较强的相关性。

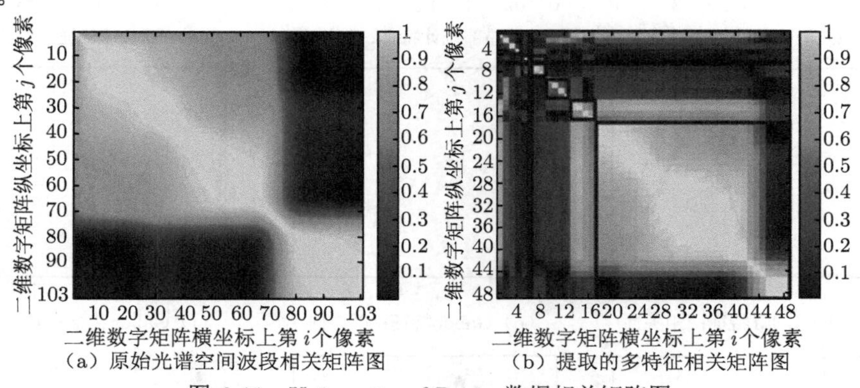

（a）原始光谱空间波段相关矩阵图　　（b）提取的多特征相关矩阵图

图 6-11　University of Pavia 数据相关矩阵图

对两组高光谱数据的多种特征进行定性评价后发现，不同特征区分地物类别的能力差异很大，其中局部统计特征和形态学特征较其余两类空间特征对于样本点的可分性和典型地物类别的区分能力更强，光谱特征的原始波段的质量差异很大，在区分地物类别方面存在着比空间特征更好的波段和区分能力差的波段。由于评价方式的局限性，散点图只能评价两个特征组合对于样本点的可分性，当然三维散点图可以组合三个特征，但是更高维的散点图难以绘制，且不便于人眼进行直观的定性评价，特征组合的方式随特征数目的增加而增加，对所有可能的特征组合绘制散点图既困难又耗时。典型地类概率密度函数图只能评价单个特征对于地物类别的可分性，无法评价特征组合的可分性，而相关系数矩阵图能直观地看出每类特征内或者不同类特征之间的相关性，对于去除冗余特征具有一定的指导意义。

2. 定量评价结果与分析

1）实验 1：Washington DC Mall 高光谱影像数据

（1）特征信息量评价。

计算了 Washington DC Mall 数据的 48 个特征的信息熵值，得到的结果如

表 6-3 所示。通过比较得出，整体来看光谱特征的第 118 波段和 122 波段的信息熵值最大，所含信息量最丰富，同时这两个波段较为邻近，存在冗余的可能性较大，信息熵值最低的是 GLCM 特征的能量特征，另外局部统计特征中的峰度特征的信息熵值也较低；四类空间特征中，形态学的信息熵值较高，信息熵值最高的是开操作尺度 2 的特征，其中开操作两个特征的信息量比两个闭操作的信息量高，而 Gabor 特征的信息熵值在四类空间特征中较低，且低于大部分光谱特征。

表 6-3 Washington DC Mall 数据多特征信息熵值

局部统计特征	信息熵值	光谱特征	信息熵值	光谱特征	信息熵值
均值	4.95	第 17 波段	4.11	第 122 波段	**5.10**
标准差	4.77	第 32 波段	4.44	第 129 波段	5.02
偏度	4.60	第 38 波段	4.49	第 131 波段	5.00
峰度	3.88	第 41 波段	4.53	第 133 波段	4.93
GLCM 特征	信息熵值	第 47 波段	4.57	第 134 波段	4.96
对比度	4.63	第 50 波段	4.59	第 136 波段	4.69
相关性	4.97	第 52 波段	4.61	第 139 波段	4.54
能量	**3.53**	第 71 波段	4.61	第 145 波段	4.51
熵	4.74	第 76 波段	4.77	第 151 波段	4.36
Gabor 特征	信息熵值	第 81 波段	4.89	第 156 波段	4.56
$\theta = 0°$	4.25	第 82 波段	5.03	第 163 波段	4.21
$\theta = 45°$	4.18	第 93 波段	5.05	第 167 波段	4.07
$\theta = 90°$	4.25	第 94 波段	5.09	第 176 波段	4.06
$\theta = 135°$	4.11	第 96 波段	4.94		
形态学特征	信息熵值	第 97 波段	5.07		
闭操作尺度 4	4.71	第 99 波段	5.00		
闭操作尺度 2	4.81	第 101 波段	4.84		
开操作尺度 2	5.04	第 109 波段	4.11		
开操作尺度 4	5.02	第 118 波段	**5.10**		

（2）特征与类别的相关性评价。

图 6-12 计算了 Washington DC Mall 数据的 48 个特征与六类地物的互信息，为了便于观察比较，将计算的互信息值绘制成折线图，横坐标为特征编号，前 16 个特征编号对应的分别是局部统计特征（均值、标准差、偏度、峰度）、GLCM 特征（对比度、相关性、能量、峰度）、Gabor 特征（$\theta = 0°$、$\theta = 45°$、$\theta = 90°$、$\theta = 135°$）、形态学特征（闭操作尺度为 4、闭操作尺度为 2、开操作尺度为 2、开操作尺度为 4），后 32 个特征编号对应原始的光谱波段（第 17、32、38、41、47、50、52、71、76、81、82、93、94、96、97、99、101、109、118、122、129、131、133、134、136、139、145、151、156、163、167、176 波段），纵坐标为互信息数值。

通过比较得出，与“道路”类别相关性最强的是形态学开操作尺度为 2 的特征，与“草地”类别相关性最强的是形态学开操作尺度为 4 的特征，与“阴影”类别相关性最强的是形态学闭操作尺度为 2 的特征，与“小径”类别相关性最强的是形态学开操作尺度为 4 的特征，与“树木”类别相关性最强的是形态学开操作尺度为 2 的特征，与“屋顶”类别相关性最强的是形态学开操作尺度为 4 的特征。不难发现，与六类地物的相关性最强的特征都属于形态学特征，除形态学特征外的其余空间特征总体上与类别的相关性不如原始光谱特征，尤其是 Gabor 特征与所有地物类别的相关性都较低；光谱特征中不同波段对不同地物类别的相关性差异较大，如编号为 26~33 范围内的特征，对应的原始波段为 81、82、93、94、96、97、99、101，对于“道路”类别的相关性较强，但对“小径”的相关性较低，说明这些波段对于“道路”类别可能有着较好的区分能力。

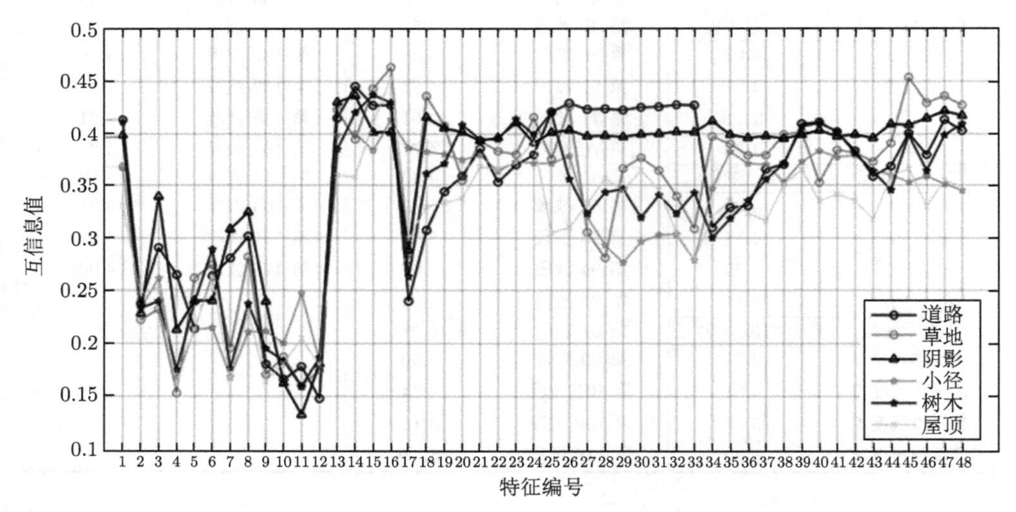

图 6-12 Washington DC Mall 数据多特征与每个类别的互信息曲线图

（3）特征的类别可分性评价。

计算了 Washington DC Mall 数据的 48 个特征的费希尔比率，定量评价每个特征区分不同地物的能力大小，如表 6-4 所示。比较不同特征的费希尔比率，原始光谱特征的费希尔比率普遍比空间特征更高，光谱特征的第 97 波段的费希尔比率最大，其次为第 93 波段，通过观察可以发现，原始光谱波段的费希尔比率在 80 多和 90 多波段的时候较大。四类空间特征的费希尔比率差异很大，除了局部统计特征的均值特征和形态学的四个特征外费希尔比率都很低，在所有空间特征中形态学开操作尺度 2 的特征和局部统计特征中均值特征的费希尔比率最高，区分不同地物的能力较优。

表 6-4 Washington DC Mall 数据多特征费希尔比率

局部统计特征	费希尔比率	光谱特征	费希尔比率	光谱特征	费希尔比率
均值	16.63	第 17 波段	2.61	第 122 波段	12.40
标准差	0.26	第 32 波段	4.07	第 129 波段	12.67
偏度	0.80	第 38 波段	5.00	第 131 波段	13.01
峰度	0.07	第 41 波段	6.36	第 133 波段	13.37
GLCM 特征	费希尔比率	第 47 波段	7.34	第 134 波段	13.62
对比度	0.05	第 50 波段	8.28	第 136 波段	14.25
相关性	0.09	第 52 波段	9.59	第 139 波段	13.89
能量	0.54	第 71 波段	10.12	第 145 波段	12.90
熵	0.63	第 76 波段	13.56	第 151 波段	10.91
Gabor 特征	费希尔比率	第 81 波段	17.10	第 156 波段	11.10
$\theta=0^\circ$	0.13	第 82 波段	17.69	第 163 波段	10.44
$\theta=45^\circ$	**0.05**	第 93 波段	18.29	第 167 波段	6.11
$\theta=90^\circ$	0.14	第 94 波段	15.02	第 176 波段	5.89
$\theta=135^\circ$	0.06	第 96 波段	16.10		
形态学特征	费希尔比率	第 97 波段	**18.41**		
闭操作尺度 4	6.05	第 99 波段	16.41		
闭操作尺度 2	13.91	第 101 波段	12.89		
开操作尺度 2	17.01	第 109 波段	8.81		
开操作尺度 4	13.49	第 118 波段	12.00		

2）实验 2：University of Pavia 高光谱影像数据

（1）特征信息量评价。

计算了 University of Pavia 数据的 48 个特征的信息熵值，计算得到的结果如表 6-5 所示。通过比较得出，形态学特征中开操作尺度为 4 的特征信息熵值最高，比原始光谱特征的信息熵值还要高，光谱特征的信息熵值差异不太大，但可以发现波段数靠后的几个波段的信息熵值比较高，如第 83、89、97、98 波段的信息熵值在所选取的光谱特征中最高。比较四类空间特征的信息熵值可以发现，同 Washington DC Mall 数据得到的结论相近，形态学的信息熵值较高，且形态学开操作两个特征的信息量比两个闭操作的信息熵值高，而 Gabor 特征的信息熵值在四类空间特征中较低。

表 6-5 University of Pavia 数据多特征信息熵值

局部统计特征	信息熵值	光谱特征	信息熵值	光谱特征	信息熵值
均值	4.51	第 16 波段	4.12	第 41 波段	4.35
标准差	4.02	第 18 波段	4.15	第 44 波段	4.36
偏度	4.72	第 20 波段	4.17	第 45 波段	4.37
峰度	4.11	第 23 波段	4.19	第 47 波段	4.38
GLCM 特征	信息熵值	第 27 波段	4.20	第 51 波段	4.38
对比度	4.51	第 30 波段	4.20	第 52 波段	4.39
相关性	4.89	第 33 波段	4.23	第 53 波段	4.39
能量	3.26	第 36 波段	4.29	第 54 波段	4.40
熵	4.65	第 38 波段	4.33	第 55 波段	4.40

续表

Gabor 特征	信息熵值	光谱特征	信息熵值	光谱特征	信息熵值
$\theta = 0°$	3.27	第 56 波段	4.40	第 76 波段	4.43
$\theta = 45°$	2.90	第 57 波段	4.40	第 83 波段	4.69
$\theta = 90°$	3.22	第 64 波段	4.42	第 89 波段	4.70
$\theta = 135°$	**2.96**	第 66 波段	4.41	第 97 波段	4.69
形态学特征	信息熵值	第 67 波段	4.41	第 98 波段	4.68
闭操作尺度 4	4.11	第 68 波段	4.39		
闭操作尺度 2	4.16	第 69 波段	4.35		
开操作尺度 2	4.47	第 72 波段	4.26		
开操作尺度 4	**4.77**	第 74 波段	4.30		

（2）特征与类别的相关性评价。

University of Pavia 数据的 48 个特征与每类地物的互信息值的折线图如图 6-13 所示，通过比较得出，与“柏油路面”类别相关性最强的是原始光谱特征第 76 波段，与“草地”类别相关性最强的是原始光谱特征第 53 波段，与“沙砾屋顶建筑”类别相关性最强的是开操作尺度为 4 的特征，与“树木”类别相关性最强的是原始光谱特征第 67 波段，与“金属屋顶建筑”类别相关性最强的是原始光谱特征第 30 波段，与“裸地”类别相关性最强的是原始光谱特征第 68 波段，与“沥青屋顶建筑”类别相关性最强的是原始光谱特征第 76 波段，与“砖砌路面”类别相关性最强的是局部统计特征偏度特征，与“阴影”类别相关性最强的是原始光谱特征第 76 波段。从图 6-13 中看出，九条折线图在前 16 个空间特征上变化趋势近似一致，在后面的光谱特征上则差异较大，如第 16、18 波段与“金属屋顶

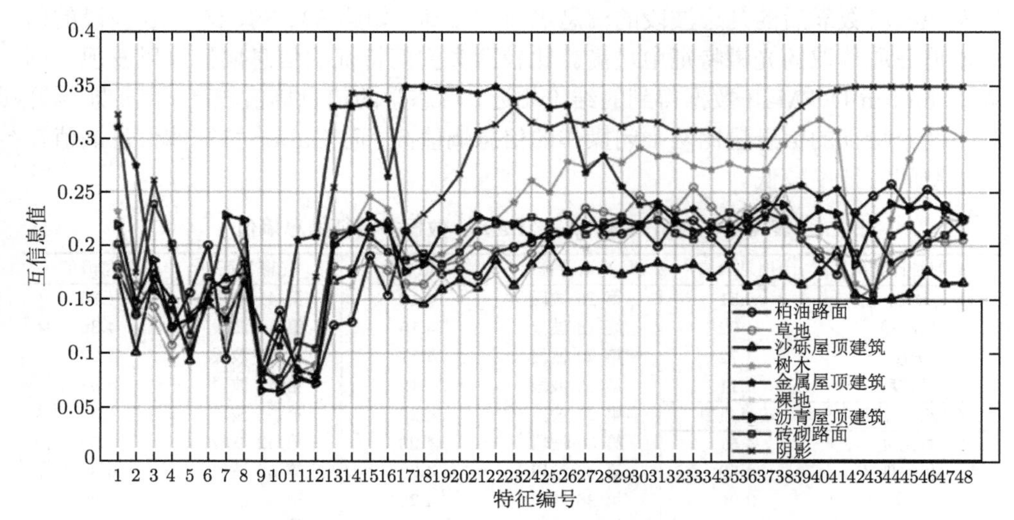

图 6-13 University of Pavia 数据多特征与每个类别的互信息曲线图

建筑”这一类别的互信息值较高，但是与“阴影”类别的互信息值低于其他光谱波段，四类空间特征中形态学特征与每类地物的相关性较其他空间特征更大，而 Gabor 特征与每个类别的互信息显示出这一类特征与类别的相关性较低。

（3）特征的类别可分性评价。

University of Pavia 数据的 48 个特征的费希尔比率如表 6-6 所示。比较不同特征的费希尔比率，原始光谱特征的第 16 波段的费希尔比率最大，其次为第 18 波段，通过观察可以发现，原始光谱波段的费希尔比率在 10~30 波段的时候较大。在所有空间特征中形态学开操作尺度 2 的特征和局部统计特征中均值特征的费希尔比率最高，区分不同地物的能力较优，这与 Washington DC Mall 数据特征评价的结果一致。

表 6-6 University of Pavia 数据多特征费希尔比率

局部统计特征	费希尔比率	光谱特征	费希尔比率	光谱特征	费希尔比率
均值	5.00	第 16 波段	**7.50**	第 57 波段	3.10
标准差	1.21	第 18 波段	7.33	第 64 波段	3.14
偏度	0.48	第 20 波段	7.34	第 66 波段	3.19
峰度	0.30	第 23 波段	7.04	第 67 波段	3.22
GLCM 特征		第 27 波段	6.49	第 68 波段	3.22
对比度	0.19	第 30 波段	6.05	第 69 波段	3.21
相关性	0.32	第 33 波段	5.56	第 72 波段	3.10
能量	0.77	第 36 波段	5.12	第 74 波段	3.25
熵	1.06	第 38 波段	4.77	第 76 波段	3.64
Gabor 特征		第 41 波段	4.16	第 83 波段	4.60
$\theta = 0^\circ$	**0.13**	第 44 波段	3.65	第 89 波段	5.09
$\theta = 45^\circ$	0.18	第 45 波段	3.52	第 97 波段	5.16
$\theta = 90^\circ$	0.36	第 47 波段	3.36	第 98 波段	5.19
$\theta = 135^\circ$	0.46	第 51 波段	3.21		
形态学特征		第 52 波段	3.18		
闭操作尺度 4	2.98	第 53 波段	3.15		
闭操作尺度 2	4.19	第 54 波段	3.12		
开操作尺度 2	5.07	第 55 波段	3.09		
开操作尺度 4	2.02	第 56 波段	3.09		

通过对两组高光谱数据的多种特征进行定量评价，发现空间特征中的形态学特征与其他三类空间特征相比具有更好的地物区分能力，与类别的相关性更强，特征所含信息量最为丰富，而大部分空间特征与光谱特征相比，与类别的相关性以及对地物类别的可分性能力都较低，很多空间特征所含信息量也较少，但是信息量少并不能说明这个特征对后续应用没有价值，可能这部分特征所含的信息正是其他特征所不具备的，能提供额外互补的信息。

6.3 基于改进萤火虫算法的高光谱遥感多特征优化

20 世纪 50 年代中期仿生学诞生，人们从生物进化的机理受到启发，提出了很多解决复杂问题的智能优化算法；近年来，有研究表明将智能优化算法用于遥感影像处理也能得到较好的效果。本节利用粒子群优化算法和萤火虫算法对高光谱遥感影像多特征进行优化，并对萤火虫算法进行了改进，在萤火虫算法的位置更新公式中引入了随机惯性权重（random inertia weight，RIW）；利用两组城市高光谱数据进行土地覆被精细分类研究，并将仅利用原始光谱信息进行波段选择的分类结果与利用多特征信息得到的分类结果进行对比分析。实验表明，随机惯性权重可以提高 FA 特征选择算法的速度，且光谱与空间信息的结合有助于提高城市土地覆被精细分类的精度。

6.3.1 随机惯性权重的萤火虫算法

现有的高光谱遥感波段选择研究证明，在相同种群规模、维数和迭代次数条件下，FA 的寻优精度和收敛速度都比 PSO 算法表现更优（Su et al.，2016）；萤火虫算法具有简单的操作过程、较高的计算效率和较少的优化参数等优点。但是，在理论分析和实践应用中也暴露了一些缺点，如随着算法的不断迭代，每个萤火虫均逐步汇集在局部或全局极值点附近，萤火虫彼此之间的距离很近。由公式可知，萤火虫个体的吸引度会大大增加，再加上步长因子固定不变的因素，使得最佳空间位置坐标不能精确定位，在极值点周围存在来回波动的问题，进而减弱优化性能，且收敛速度变慢。为了改善 FA 算法的收敛性能，Tian 等（2012）在萤火虫位置更新公式中引入了惯性权重：

$$x_i = wx_i + \beta(r)(x_j - x_i) + \alpha \times (\text{rand} - \frac{1}{2}) \tag{6.27}$$

式中，w 为线性递减的惯性权重，但其收敛速度并没有得到明显改善，函数容易收敛到局部极值点。

Bansal 等（2011）总结了 15 种形式的惯性权重，并认为随机惯性权重的计算效率最高。如果将惯性权重设定为服从某种随机分布的随机数，在一定程度上可以克服 FA 算法收敛速度较慢的问题。在利用随机变量的特性调整惯性权重时，将 w 设定为服从某种分布的随机数，有利于保持 FA 种群的多样性，可以使算法较快跳出局部最优，提高算法的全局搜索性能。因此，本书提出一种新的思路，即采用分段均匀分布的随机惯性权重法取代线性递减的方法，搜索初期惯性权重服从较大的均匀随机分布，在后期服从较小的均匀随机分布，如下式：

$$w = \begin{cases} 0.75 + 0.25 \times \text{rand}(k < 0.5 \times \text{MaxG}) \\ 0.5 + 0.25 \times \text{rand}(k > 0.5 \times \text{MaxG}) \end{cases} \tag{6.28}$$

式中，k 为当前迭代次数；MaxG 为最大迭代次数。将式（6.28）的随机惯性权重引入萤火虫算法的位置更新公式，即为本书提出的随机惯性权重的萤火虫算法（random inertia weight firely algorithm，RIWFA）。

6.3.2 目标函数的设置

可分性准则类目标函数是遥感影像特征选择最常用的准则函数，类间可分性准则一般要满足如下三个要求：① 与错误概率有单调关系，当准则取得最好效果时，其错误概率往往比较小。② 度量特性，当 $i \neq j$ 时，$J_{ij} > 0$；当 $i = j$ 时，$J_{ij} = 0$；$J_{ij} = J_{ji}$。式中，J_{ij} 为第 i 类和第 j 类特征的可分性准则函数，J_{ij} 越大，两类特征的分离程度就越大。③ 单调性，即加入新的特征时，准则函数值不减小。满足上述条件的可分性准则有很多，如样本间平均距离、离散度、JM（Jeffreys-Matusita）距离、费希尔比率。

本节用于多特征优化的目标函数为 JM 距离和费希尔比率。JM 距离基于类条件概率之差，其表达式为

$$J_{ij} = \left[2\left(1 - \mathrm{e}^{-\alpha}\right)\right]^{1/2} \tag{6.29}$$

式中，

$$\alpha = \frac{1}{8}\left(\mu_i - \mu_j\right)^{\mathrm{T}}\left(\frac{\sigma_i + \sigma_j}{2}\right)^{-1}\left(\mu_i - \mu_j\right) + \frac{1}{2}\ln\left[\frac{\left|\left(\sigma_i + \sigma_j\right)/2\right|}{\left(\left|\sigma_i\right| \cdot \left|\sigma_j\right|^{1/2}\right)}\right] \tag{6.30}$$

6.3.3 多特征优化的流程

（1）空间特征提取。提取局部统计特征、GLCM 特征、Gabor 特征、形态学特征。

（2）光谱特征提取。FA 波段选择 32 个光谱特征。

（3）特征集构建。用堆栈的方式将空间特征与光谱特征组合。

（4）设置萤火虫算法初始参数，包括萤火虫种群的数量、最大吸引度 β_0、光强吸收系数 γ、步长因子 α、最大迭代次数。

（5）多特征优选，根据 JM 距离和费希尔比率计算目标函数。计算萤火虫相对亮度 I 和吸引度 β，根据式（6.27）更新萤火虫的空间位置，惯性权重随迭代次数不断更新，判断当前迭代次数是否为最大迭代次数的一半，并根据式（6.28）计算惯性权重的大小。

（6）当达到最大迭代次数时，转到步骤（7），否则转回步骤（5），进行下一次搜索。

（7）输出全局最优点和最优个体值，即最佳特征子集及其目标函数值。

多特征优化的框架图如图 6-14 所示。

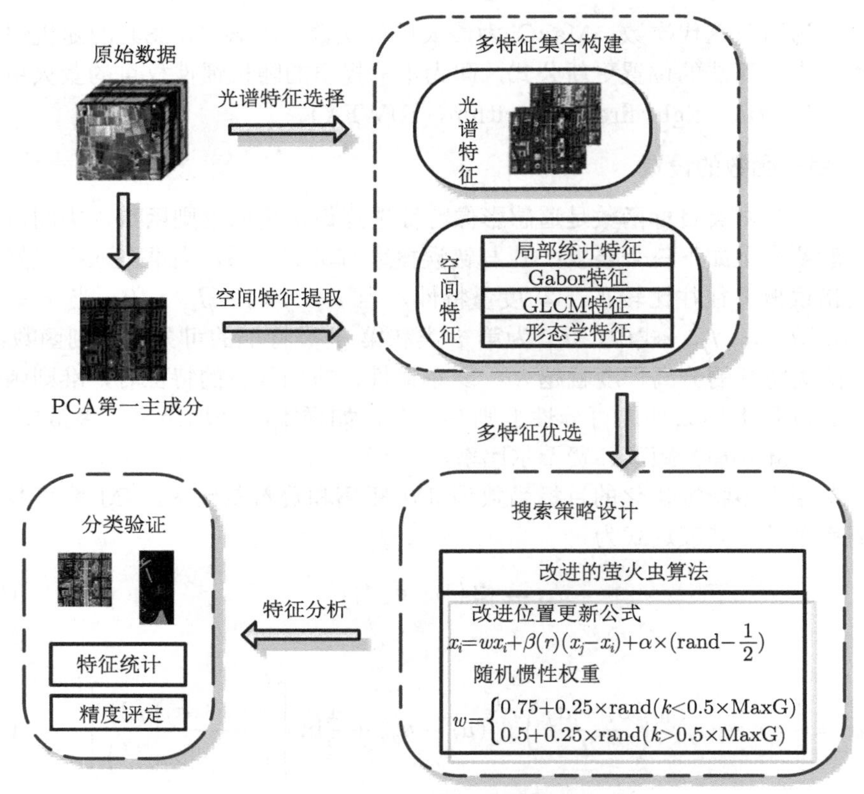

图 6-14　多特征优化框架图

6.3.4　多特征优化实验分析

本书采用以 JM 距离和以费希尔比率为目标函数的 RIWFA 算法作为多特征优化算法，两种算法分别记为 MF-RIWFA-JM 和 MF-RIWFA-FisherRatio（MF 为 mutiple features 的简写），并采用支持向量机对优化后的特征进行分类。

采用以 JM 距离和费希尔比率为目标函数的 FA（只用光谱信息、FA-JM、FA-FisherRatio）及 JM 距离和费希尔比率为目标函数的 FA（多特征信息、MF-FA-JM、MF-FA-FisherRatio）作为对比。为进一步说明多特征优化算法的有效性，实验采用 PSO 与 FA 作对比实验。分类评价指标采用总体分类精度（OA）。

1. 参数设置

FA 算法的种群进化代数，即最大迭代次数（MaxG）设置为 300，种群规模设置为 30，光强吸收系数 γ 和最大吸引度 β_0 均设置为 1，步长因子 $\alpha=0.5$。

粒子群优化算法的最大迭代次数（MaxG）设置为 300，种群规模设置为 30。学习因子 c_1 和 c_2 分别取 1.5 和 1.7，PSO 算法中惯性权重设置为常数 1，采用随机惯性权重的 PSO 算法时设置为式（6.28）的形式。

多特征集合特征组成如表 6-7 所示，其中前 16 个为空间特征，第 17～48 为光谱特征，并将后续实验 Washington DC Mall 数据和 University of Pavia 数据参与多特征优选的光谱特征波段号标出；将这 48 个特征堆栈，以直接拼接的方式进行组合，并在特征选择前对其进行归一化处理。

表 6-7 多特征集合

序号	特征	模型
1	均值	局部统计特征
2	标准差	局部统计特征
3	偏度	局部统计特征
4	峰度	局部统计特征
5	对比度	GLCM 特征
6	相关性	GLCM 特征
7	能量	GLCM 特征
8	熵	GLCM 特征
9	$\theta = 0$	Gabor 特征
10	$\theta = \pi/4$	Gabor 特征
11	$\theta = 2\pi/4$	Gabor 特征
12	$\theta = 3\pi/4$	Gabor 特征
13	闭操作尺度 4	形态学特征
14	闭操作尺度 2	形态学特征
15	开操作尺度 2	形态学特征
16	开操作尺度 4	形态学特征
$17 \sim 48$ （Washington DC Mall 数据光谱特征）	17 32 38 41 47 50 52 71 76 81 82 93 94 96 97 99 101 109 118 122 129 131 133 134 136 139 145 151 156 163 167 176	
$17 \sim 48$ （University of Pavia 数据光谱特征）	16 18 20 23 27 30 33 36 38 41 44 45 47 51 52 53 54 55 56 57 64 66 67 68 69 72 74 76 83 89 97 98	

2. 多特征优化结果与分析

1）实验 1：HYDICE Washington DC Mall 高光谱遥感数据

图 6-15（a）和图 6-15（b）是以 JM 距离为目标函数分别用 FA 和 PSO 进行特征选择的分类精度图，图 6-15（c）和图 6-15（d）是以费希尔比率为目标函数分别用 FA 和 PSO 进行特征选择的分类精度图。横坐标为算法选择的波段个数，纵坐标为循环实验 10 次得到的最大 OA 值。

图 6-16 是 MF-RIWFA-JM 和 MF-RIWFA-FisherRatio 的特征选择结果展示图，前 16 个波段指数表示的特征是空间特征，后 32 个为光谱特征。表 6-8 和表 6-9 分别是 MF-RIWFA-JM 和 MF-RIWFA-FisherRatio 算法选出的特征分布统计数据。

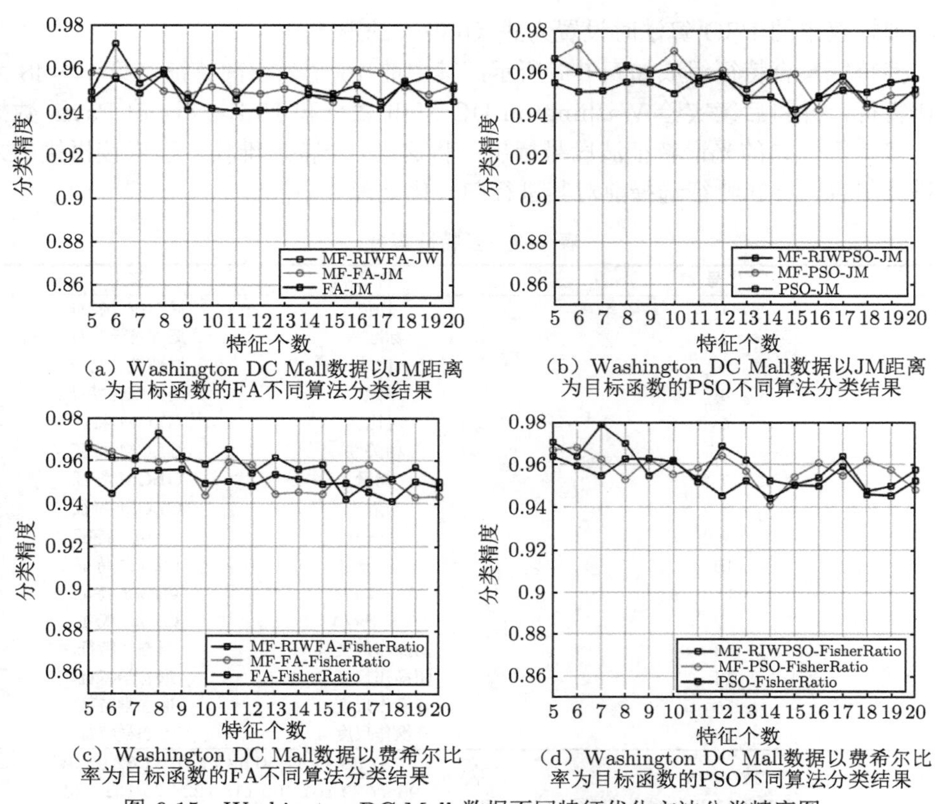

（a）Washington DC Mall数据以JM距离为目标函数的FA不同算法分类结果

（b）Washington DC Mall数据以JM距离为目标函数的PSO不同算法分类结果

（c）Washington DC Mall数据以费希尔比率为目标函数的FA不同算法分类结果

（d）Washington DC Mall数据以费希尔比率为目标函数的PSO不同算法分类结果

图 6-15　Washington DC Mall 数据不同特征优化方法分类精度图

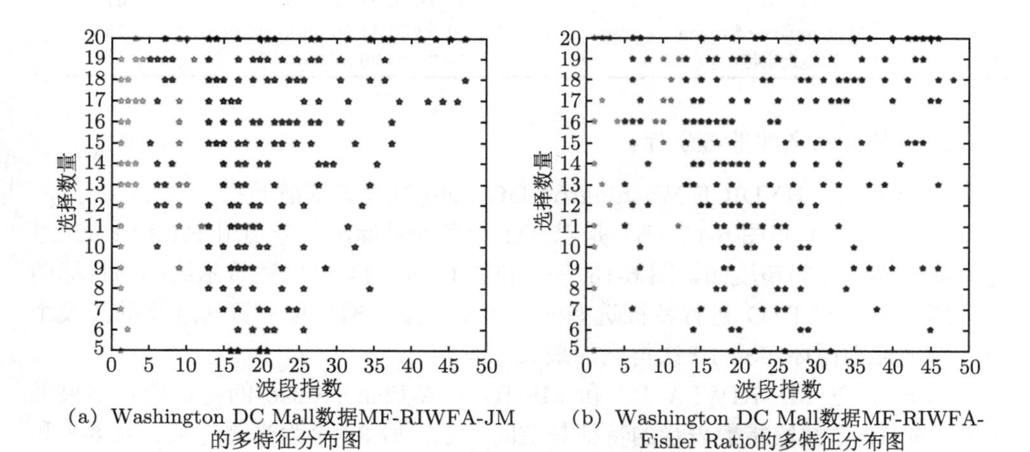

(a) Washington DC Mall数据MF-RIWFA-JM的多特征分布图

(b) Washington DC Mall数据MF-RIWFA-Fisher Ratio的多特征分布图

局部统计特征GLCM特征Gabor特征形态学特征 光谱特征

图 6-16　Washington DC Mall 数据多特征分布统计图

表 6-8 Washington DC Mall 数据 MF-RIWFA-JM 多特征分布统计

特征数目	局部统计特征	GLCM 特征	Gabor 特征	形态学特征	光谱特征	OA/%
5	1	0	0	1	3	94.93
6	1	0	0	0	5	**97.13**
7	1	0	0	1	5	95.33
8	1	0	0	2	5	95.93
9	1	0	1	2	5	94.09
10	1	1	0	2	6	96.00
11	1	0	2	2	6	94.59
12	1	2	1	2	6	95.77
13	3	2	2	1	5	95.68
14	3	2	0	1	8	95.07
15	1	1	0	3	10	94.82
16	2	0	1	2	11	95.22
17	4	1	1	3	18	94.47
18	2	2	0	3	11	95.30
19	1	1	2	2	13	95.66
20	1	1	2	2	14	95.07
合计	25	13	12	29	131	

表 6-9 Washington DC Mall 数据 MF-RIWFA-FisherRatio 多特征分布

特征数目	局部统计特征	GLCM 特征	Gabor 特征	形态学特征	光谱特征	OA/%
5	1	0	0	0	4	96.58
6	1	0	0	1	4	96.12
7	0	1	0	1	5	96.10
8	1	0	0	0	7	**97.28**
9	0	1	0	0	8	96.19
10	1	1	0	0	8	95.83
11	1	1	1	0	8	96.54
12	1	2	0	2	7	95.39
13	1	1	0	2	9	96.14
14	1	1	0	2	10	95.58
15	0	1	1	2	11	95.79
16	2	3	2	4	5	94.17
17	1	1	2	2	11	94.97
18	2	3	2	4	7	95.14
19	0	2	2	2	13	95.66
20	3	2	0	1	14	95.01
合计	16	20	10	23	131	

针对 Washington DC Mall 数据的实验结果，图 6-15 中各种算法优化后特征的分类结果表明，多特征优选的实验分类精度较优，尤其是 PSO 算法，多特征优化的分类精度全面高于只利用光谱信息分类的精度，但从 FA 算法来看，RIWFA 分类精度和稳定性并没有 FA 好。分类结果表明，无论是 FA 还是 PSO，在特征选择算法相同的情况下，经过多特征优选的实验分类精度较优。从表 6-8 和

表 6-9 的多特征分布统计的结果来看，总体上 Gabor 特征被选中的次数最少，形态学特征最多，以 JM 距离和费希尔比率多特征优化的最高精度分别为 97.13%和 97.28%，选择特征数目分别为 6 和 8 时，都是空间特征中只有局部统计特征被选中。当特征数目较少时，如选择 8 个特征以下时，空间特征中基本上是局部统计特征和形态学特征被选中，而当选择 10 个以上特征时，基本有 3 种以上空间特征被选中，分类结果表明并不是空间特征参与得越多精度越高，从特征选中的次数和对分类精度的影响上来看，形态学特征和局部统计特征较其他两种空间特征更优。

2）实验 2：ROSIS University of Pavia 高光谱遥感数据

随机选取 20%的样本数据作为训练样本，剩下 80%的样本为测试样本，采用五次交叉验证取平均值，分类结果如图 6-17 所示，MF-RIWFA-JM 和 MF-RIWFA-FisherRatio 算法优化后的空间特征平均统计次数分别如表 6-10 和表 6-11 所示。

针对 University of Pavia 数据的实验结果，图 6-17 的各种算法优化后特征的分类结果表明，多特征优选的实验分类精度较优，尤其是 PSO 算法中，多特征优化的分类精度全面高于只利用光谱信息分类的精度，但从 FA 算法来看，RIWFA 分类精度和稳定性并没有 FA 好。从 MF-RIWFA-JM 多特征分布的统计结果来看，光谱特征数目占大多数，空间特征中形态学特征被选中次数最多。当特征数较少时，如选择 8 个特征以下时，空间特征中除形态学特征外，其余三种空间特征被选中次数极少；当选择特征数目超过 9 个时，四种空间特征都有被选中；选择特征数目为 9~15 时，局部统计特征和形态学特征被选中次数超过其余两种空间特征；当选择特征数目超过 15 个时，GLCM 特征被选中次数多余局部统计特征；当选择 20 特征时，局部统计特征被选中次数超过形态学特征，局部统计特征成为四种空间特征中被选中次数最多的特征。从特征选中的次数和对分类精度的影响上来看，最高分类精度为 96.39%时，局部统计特征和形态学特征被选中次数多于其余两种空间特征，值得注意的是，当分类精度高于 95%后，GLCM 特征被选中次数增长较快。总体来看，形态学特征被选中次数最多，其余三种空间特征被选中次数差别不大，局部统计特征被选中次数较 GLAM 特征和 Gabor 特征更多一些。从 MF-RIWFA-FisherRatio 多特征分布的统计结果来看，同样是光谱特征数目占大多数，空间特征中形态学特征被选中次数最多，其次为局部统计特征。当选择的特征数目较少时，如选择 5 个和 6 个特征时，空间特征仅有局部统计特征和形态学特征被选中。随着特征选择数目的增加，GLCM 特征和 Gabor 特征都有被选中，但从被选中的次数来看，发现选择 10 个以上数目的特征后，基本上局部统计特征比 GLCM 特征和 Gabor 特征选中的次数都要多。综上分析，得出与 Washington DC Mall 数据较为一致的结论：形态学特征和局部统计特征较其他两种空间特征更优。

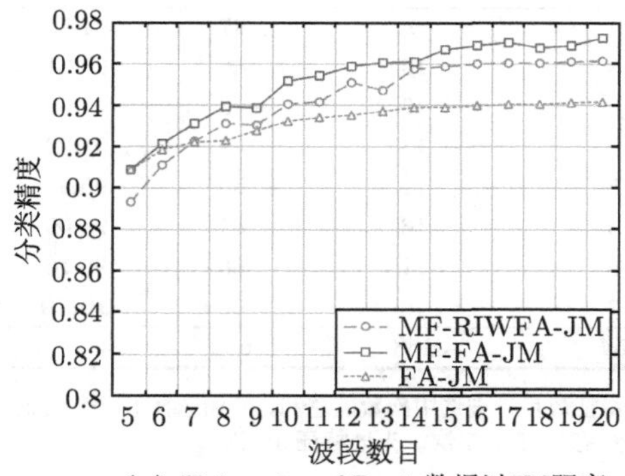

（a）University of Pavia数据以JM距离为目标函数的FA不同算法分类结果

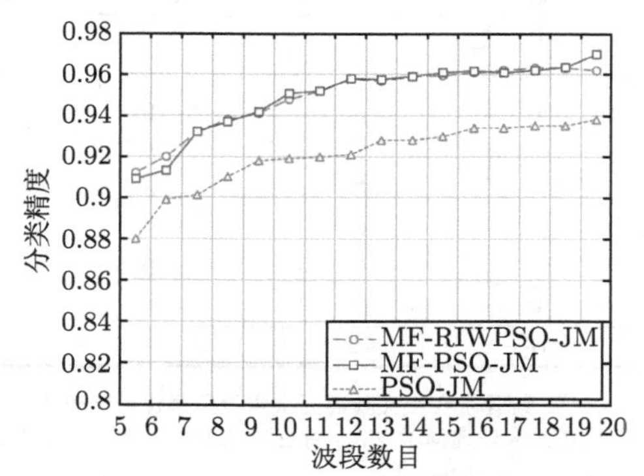

（b）University of Pavia数据以JM距离为目标函数的PSO不同算法分类结果

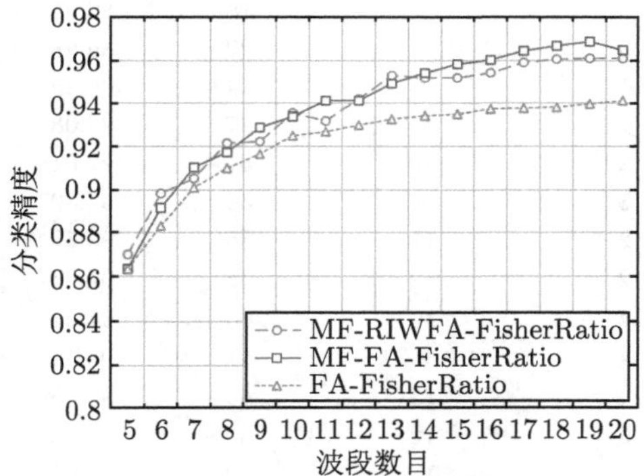

（c）University of Pavia数据以费希尔比率为目标函数的FA不同算法分类结果

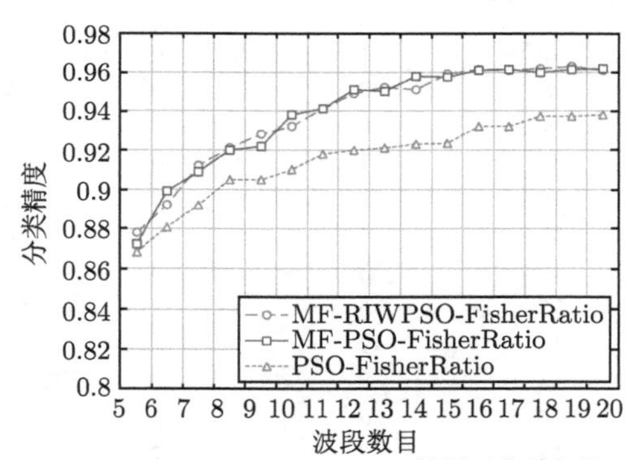

（d）University of Pavia数据以费希尔比率为目标函数的PSO不同算法分类结果

图 6-17 University of Pavia 数据不同特征优化方法分类精度图

表 6-10 University of Pavia 数据 MF-RIWFA-JM 多特征分布统计

特征数目	局部统计特征	GLCM 特征	Gabor 特征	形态学特征	光谱特征	OA/%
5	0	1	0	5	19	89.25
6	1	0	0	6	23	91.01
7	0	0	2	9	24	92.37
8	0	0	2	8	30	93.00
9	3	2	2	8	30	92.93
10	6	2	4	8	30	94.03
11	2	4	1	11	37	94.43
12	4	3	1	12	40	94.90

续表

特征数目	局部统计特征	GLCM 特征	Gabor 特征	形态学特征	光谱特征	OA/%
13	4	1	4	9	47	94.55
14	7	4	3	10	46	95.31
15	5	9	5	13	43	95.55
16	7	5	6	13	49	95.92
17	7	8	5	12	53	95.98
18	6	7	3	13	61	96.09
19	6	9	9	11	60	96.16
20	14	9	7	10	60	**96.39**
合计	72	64	54	158	652	

注：统计了在交叉验证五次实验后每种特征在选择不同特征数目下被选中次数的总和，例如选择 5 个特征时，五次实验合计选择了 25 个特征，其中 GLCM 特征 1 次、形态学特征 5 次、光谱特征 19 次。

表 6-11 University of Pavia 数据 MF-RIWFA-FisherRatio 多特征分布统计

特征数目	局部统计特征	GLCM 特征	Gabor 特征	形态学特征	光谱特征	OA/%
5	2	0	0	5	18	86.95
6	1	0	0	7	22	89.98
7	0	0	1	10	24	90.25
8	2	1	1	9	27	92.08
9	1	0	2	8	34	92.01
10	7	2	3	8	30	93.89
11	4	3	2	11	35	93.52
12	5	3	2	12	38	94.35
13	5	1	4	10	45	94.21
14	7	3	4	9	47	94.18
15	8	5	4	13	45	95.55
16	8	5	5	12	50	95.86
17	8	7	5	13	52	96.01
18	6	5	3	14	62	**96.12**
19	8	7	7	12	61	96.08
20	14	8	7	10	61	96.07
合计	86	50	50	163	651	

注：统计了在交叉验证五次实验后每种特征在选择不同特征数目下被选中次数的总和，例如选择 5 个特征时，五次实验合计选择了 25 个特征，其中局部统计特征 2 次、形态学特征 5 次、光谱特征 18 次。

3. 时间复杂度分析

为进一步比较算法的复杂度，统计了萤火虫算法和随机惯性权重的萤火虫算法特征选择运行的时间，如表 6-12 所示。很明显，随机惯性权重的萤火虫算法具有更快的运行速度，运行效率提升了 2~3 倍。可以发现随着特征数目的增加，运行时间加快，这是由于随着特征个数的增加，特征组合可能的个数减少，因此特征选择所耗费的时间减少。

表 6-12 FA 和 RIWFA 波段选择时间

特征数目	FA/s	RIWFA/s
5	47.15	22.57
10	42.96	16.45
15	34.13	9.27
20	20.82	7.51

本节提出了基于改进随机惯性权重萤火虫算法的高光谱遥感影像多特征优化方法，将多种特征一起进行特征优选，可以更充分地利用和挖掘高光谱遥感的不同特征信息。该算法改进了原始萤火虫算法的搜索策略，引入了随机惯性权重，提高了算法的运行效率。两组城市高光谱 HYDICE 和 ROSIS 影像数据的实验结果表明，不同影像对于不同特征具有不同的适应性。总体来看，在特征优选过程中，空间特征中的形态学特征被选择次数最多，局部统计特征和形态学特征比 GLCM 特征和 Gabor 特征更优。两组实验数据的分类结果都表明光谱与空间信息的结合有助于提高城市土地覆被精细分类的精度，尤其对 University of Pavia 数据分类精度的提高非常明显。

6.4 基于多分类器集成的多特征性能评估

本节主要采用分类器集成的思想和投票法的多分类器集成策略，针对前文的特征质量评估结果设计多种特征组合方案，利用多分类器集成的分类方法对设计的多特征组合及 6.3 节多特征优化选出的特征子集进行性能评估。因为不同的分类器具有差异性，多分类器集成分类方式有助于客观评估特征优化的性能。

6.4.1 多分类器集成的思想介绍

1784 年法国的启蒙思想家 Condorcet 提出了 Condorcet's Jury 定理——“如果共有 N 个选民，每个选民做出正确选择的概率基本相同，都为 P，那么当 P 大于 50%时，N 越大，选出好选项的可能性越大。而当 P 小于 50%时，人越多，选出好选项的可能性越小”。这个定理的思想就是多分类器集成思想的最早来源，多分类器集成方法是在模式识别处理问题日益复杂的情况下产生的，其最终目的就是获得尽量好的识别能力。在处理简单对象时，该方法通常可以取得较好的处理结果。但随着处理问题复杂性的增加，传统的模式识别在处理这些问题上的局限性显得愈发明显。为解决这个问题，人们开始致力于研究新的、复杂的算法，然而现实世界的复杂性、软硬件条件的限制等都证明了要想获得功能强大且具有高处理效率的分类算法是一项很艰难的工作。通过大量试验研究发现：即使在各个分类器存在性能差异的情况下，针对同一目标问题被各个分类器同时分错的样本并不都是完全重叠的，即对于某个分类器误分的样本，可能在其他分类器中的分类结果是准确的，也就是说，不同的分类器在分类模式上存在着互补信息。从另一个侧面也说明了，仅仅挑选那些具有较好分类效果的分类器作为最终解决问题的方案，很可能丢弃了其他分类器中一些有价值的信息。于是，人们开始关心不同分类器的分类互补信息能否被利用，并思考如何对这些信息进行处理。

6.4.2 分类器集成中的融合规则（投票法）

多分类器集成的算法很多，投票法是最常用的抽象级分类器组合方法，其遵循的原则是“少数服从多数”。其基本思路是由基分类器对样本进行预测，每一个基分类器对自己所预测的类投一票，得到票数最多的类就是该样本的最终预测结果。可以看出，分类时每一个像元都有可能被多个基分类器赋予多个类别的标签，该算法是将最多数基分类器一致分类的类别作为待分类像元的最终类别。当多个类别获得的投票数目相同时，往往随机选择其中的一个类别作为最终的结果。可以看出，无加权的投票表决具有非常强的鲁棒性。此外，考虑到不同分类器的分类正确率，也可以对各个结果按照分类器的不同表现设置不同的权重，进行加权投票。

6.4.3 基于分类器集成的多特征性能评估

本节以 Washington DC 数据为例，针对多特征的组合用多分类器集成分类的方法进行性能评估，设计不同的特征组合方式用极限学习机（extreme learning machine，ELM）、支持向量机（SVM）、随机森林（random forest，RF）、协同表示分类（collaborative representation based classification，CRC）、k 近邻（k-nearest neighbor，KNN）、贝叶斯（Bayes）、线性判别分析（LDA）等方法进行分类，最后用投票法对多种分类器结果进行集成，评估不同特征组合方式分类的有效性。基于多分类器集成的多特征性能评估框架图如图 6-18 所示。

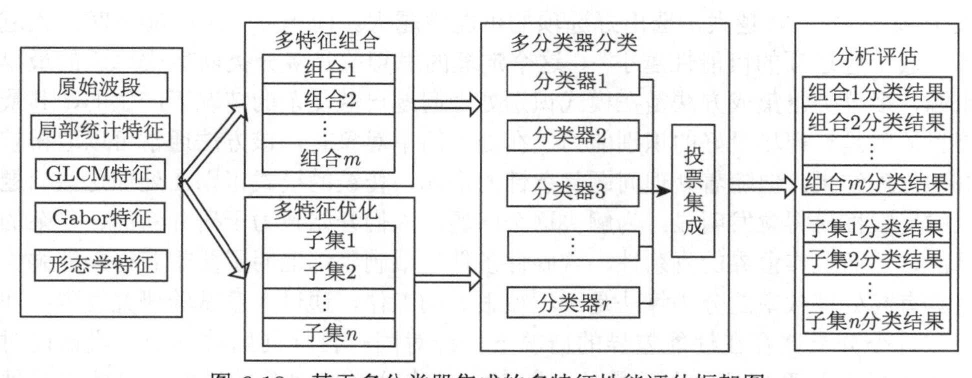

图 6-18 基于多分类器集成的多特征性能评估框架图

（1）根据提取的不同特征，设计不同的特征组合方案，形成不同多特征组合的特征集，作为待评估特征组合；对于多特征优化得到的不同数目的特征子集，选取部分特征子集作为待评估的特征组合。

（2）采用多种分类器用待评估的特征组合对高光谱遥感影像进行分类，并对每种分类器分类的结果以投票法进行集成，得到多种分类器分类和集成分类的结果。

（3）对待评估的特征组合的分类结果进行分析，在不同分类器分类的方法下，评估每种特征组合对于不同地类的分类的有效性，分析不同特征组合对于最后分类结果的影响。

1. 多特征组合的性能评估

设计不同的特征组合方案，研究不同空间特征对于分类的有效性，由于空间特征仅能作为辅助特征而不足以支撑分类，所以将空间特征分别与原始光谱波段组合进行分类。设计了五种空间特征与光谱波段结合的特征组合方案，方案 6 仅使用光谱信息，用来进行对比。此外，根据第 6 章多特征定量评估的结果设计了方案 7，方案 7 根据 Washington DC 数据以信息熵为评估函数进行信息量评价，选出四个信息熵值最高的空间特征：局部统计均值特征、GLCM 对比度特征、形态学开操作尺度为 2 和尺度为 4 的特征，将这个特征与全部波段组合进行分类评估。每种方案的特征构成见表 6-13，分类结果如表 6-14~表 6-20 所示。

表 6-13 不同方案的特征构成

方案	特征组合方式
1	16 个空间特征＋全部波段
2	4 个局部统计特征＋全部波段
3	4 个 GLCM 特征＋全部波段
4	4 个 Gabor 特征＋全部波段
5	4 个形态学特征＋全部波段
6	全部波段
7	局部统计均值特征＋ GLCM 对比度特征＋形态学开操作尺度为 2 和尺度为 4 的特征＋全部波段

表 6-14 Washington DC 数据方案 1 多特征集成分类精度 （单位：%）

分类	ELM	KNN	CRC	RF	Bayes	SVM	LDA	集成
道路	**98.77**	**98.77**	92.15	98.09	95.52	87.78	95.52	98.21
草地	96.37	96.37	79.01	95.38	85.93	**97.47**	95.71	95.38
阴影	96.65	96.65	97.53	97.18	88.54	96.65	**98.41**	97.00
裸地	98.39	98.23	94.86	**98.88**	85.07	96.79	92.30	97.75
树木	99.85	99.85	96.49	99.24	98.93	99.09	99.09	**100**
屋顶	83.70	83.70	83.26	84.15	85.66	**90.92**	83.88	86.91
OA	94.61	94.59	89.14	94.45	89.65	94.15	93.23	**95.05**

续表

分类	ELM	KNN	CRC	RF	Bayes	SVM	LDA	集成
AA	95.62	95.60	90.55	95.49	89.94	94.78	94.15	**95.88**
Kappa	93.48	**94.59**	86.90	93.28	87.44	92.90	91.81	94.01

表 6-15 Washington DC 数据方案 2 多特征集成分类精度 (单位: %)

分类	ELM	KNN	CRC	RF	Bayes	SVM	LDA	集成
道路	**98.54**	**98.54**	90.81	97.31	94.96	95.96	95.29	98.09
草地	96.26	96.26	74.51	73.08	84.40	**97.25**	95.71	95.38
阴影	96.83	96.12	94.71	93.12	88.71	94.53	95.77	**97.18**
裸地	96.79	97.11	97.91	94.06	85.07	95.99	91.01	**98.88**
树木	98.83	98.93	96.80	99.09	98.93	98.48	99.09	**99.24**
屋顶	82.99	82.81	82.01	**90.12**	85.57	86.46	83.97	84.15
OA	94.07	93.98	87.84	90.32	89.25	94.15	92.73	**94.45**
AA	95.06	94.96	89.46	91.13	89.61	94.78	93.47	**95.49**
Kappa	92.82	92.72	85.35	88.28	86.96	92.91	91.19	**93.28**

表 6-16 Washington DC 数据方案 3 多特征集成分类精度 (单位: %)

分类	ELM	KNN	CRC	RF	Bayes	SVM	LDA	集成
道路	**98.65**	**98.65**	95.18	97.42	94.62	69.39	97.09	97.98
草地	96.26	96.26	76.15	72.53	85.38	**97.25**	95.27	95.38
阴影	95.06	95.06	**99.12**	93.30	88.71	93.30	93.12	96.12
裸地	97.43	97.27	96.79	92.94	84.91	95.83	92.62	**97.59**
树木	99.09	99.09	95.12	99.09	99.09	98.32	**99.54**	**99.54**
屋顶	83.17	83.08	80.85	**90.47**	85.49	89.67	85.22	85.22
OA	94.03	93.98	88.85	90.19	89.35	89.75	93.23	**94.42**
AA	94.94	94.90	90.54	90.96	89.70	90.63	93.81	**95.31**
Kappa	92.77	92.72	86.55	88.13	87.08	87.53	91.80	**93.25**

表 6-17 Washington DC 数据方案 4 多特征集成分类精度 (单位: %)

分类	ELM	KNN	CRC	RF	Bayes	SVM	LDA	集成
道路	**98.43**	**98.43**	91.37	97.31	94.62	96.08	95.74	97.53
草地	96.26	96.26	73.08	72.64	84.18	**97.25**	95.93	95.71
阴影	92.06	91.01	**99.47**	92.95	88.54	84.83	97.35	96.12
裸地	97.11	97.11	**98.56**	93.42	84.91	96.31	91.33	97.11
树木	99.24	99.24	98.17	99.09	98.93	98.93	99.09	**99.70**
屋顶	83.17	83.35	80.23	90.83	85.57	**87.53**	82.72	84.86
OA	93.61	93.52	88.09	90.30	89.10	93.38	92.79	**94.28**
AA	94.38	94.23	90.15	91.04	89.46	93.49	93.70	**95.17**
Kappa	92.26	92.16	85.66	88.25	86.78	91.96	91.27	**93.07**

表 6-18 Washington DC 数据方案 5 多特征集成分类精度 (单位: %)

分类	ELM	KNN	CRC	RF	Bayes	SVM	LDA	集成
道路	97.76	**98.65**	89.13	97.42	95.18	96.41	96.75	98.21
草地	95.71	95.71	73.96	73.63	85.05	**97.03**	95.38	95.49

续表

分类	ELM	KNN	CRC	RF	Bayes	SVM	LDA	集成
阴影	95.59	95.06	**98.59**	93.12	88.36	95.41	98.06	97.35
裸地	97.91	98.23	96.31	94.38	85.23	**99.04**	91.49	98.88
树木	99.24	99.24	97.71	99.09	98.93	99.24	99.24	**99.54**
屋顶	84.42	82.29	83.35	**89.67**	85.66	88.51	82.81	85.75
OA	94.19	94.13	88.12	90.38	89.42	94.28	93.02	**94.93**
AA	95.18	95.09	89.84	91.22	89.74	95.28	93.96	**95.87**
Kappa	92.98	92.90	85.69	88.36	87.16	95.94	91.55	**93.86**

表 6-19 Washington DC 数据方案 6 多特征集成分类精度 （单位：%）

分类	ELM	KNN	CRC	RF	Bayes	SVM	LDA	集成
道路	**98.54**	98.43	95.07	97.31	94.62	96.52	96.08	97.65
草地	**96.37**	96.26	72.64	73.19	84.18	96.92	95.71	95.71
阴影	87.13	88.18	**100**	92.06	88.71	87.83	94.18	94.89
裸地	97.59	97.43	**98.23**	93.74	85.07	96.95	91.65	97.91
树木	99.09	98.93	97.26	99.09	98.93	98.63	**99.24**	**99.24**
屋顶	83.70	83.53	81.92	**90.29**	85.66	85.84	83.70	84.42
OA	93.23	93.23	89.00	90.21	89.16	93.40	92.73	**94.09**
AA	93.74	93.79	90.85	90.95	89.53	93.78	93.43	**94.97**
Kappa	91.80	91.80	86.73	88.15	86.86	92.00	91.19	**92.85**

表 6-20 Washington DC 数据方案 7 多特征集成分类精度 （单位：%）

分类	ELM	KNN	CRC	RF	Bayes	SVM	LDA	集成
道路	**98.99**	**98.99**	95.40	97.42	95.18	92.94	96.97	98.21
草地	**96.48**	**96.48**	74.07	73.19	85.05	97.36	95.82	95.82
阴影	93.83	94.53	**100**	92.95	88.54	91.36	95.59	97.00
裸地	98.23	98.23	95.99	95.02	85.23	**98.72**	92.30	98.56
树木	99.09	99.09	95.88	99.09	98.93	98.78	**99.39**	**99.39**
屋顶	82.99	82.99	84.42	**89.49**	85.66	88.87	83.70	86.02
OA	94.05	94.13	89.44	90.32	89.44	94.19	93.19	**94.95**
AA	94.94	95.05	90.96	91.19	89.77	94.67	93.96	**95.83**
Kappa	92.80	92.90	87.26	88.28	87.19	92.96	91.75	**93.88**

针对方案 1，从总体分类精度来看，集成方法的分类精度比其他单一分类器高，但对于六种不同的地物，集成方法仅对“树木”的分类精度最高且达到了 100%，对于“道路”这一类别分类精度最高的是 ELM 和 KNN 分类方法，但这两种分类器对于“屋顶”的分类效果较差，可以从每类地物的分类精度看出，这两种分类器的分类效果很相似；对于“草地”还有“屋顶”，SVM 的分类精度最高；对于“裸地”分类精度最高的是 RF 分类方法；对于“阴影”分类精度最高的则是 LDA 方法。综上，每种分类器的分类效果的差异性较大，没有哪一种分类器能够对每一地物类别都具有最好的分类效果。

针对方案 2，从总体分类精度来看，集成方法的分类精度比其他单一分类器高，且对于六种不同的地物，集成方法有三种地物分类的精度最高，分别是“阴影”、“裸地”和“树木”；对于“道路”分类精度最高的是 ELM 和 KNN 分类方法；对于“草地”SVM 的分类精度最高；对于“屋顶”RF 的分类精度最高。与方案 1 相比，方案 2 的总体分类精度下降了 0.6%，除了“裸地”这一类别两种方案的分类精度一样外，其余每类地物的分类精度均是方案 1 较高，这证明了除局部统计特征外，其余三类空间特征对于分类精度提高的有效性。

针对方案 3，从总体分类精度来看，集成方法的分类精度比其他单一分类器高，且对“裸地”和“树木”这两种地物类别的分类精度最高；对于“道路”分类精度最高的是 ELM 和 KNN 分类方法；对于“草地”SVM 的分类精度最高；对于“阴影”这一类别则是 CRC 方法，但是 CRC 在几种分类器中对于其他地物的分类精度都较低；对于“屋顶”这一类别分类精度最高的是 RF 分类方法。方案 3 与方案 1 相比总体分类精度下降了 0.63%，和方案 2 的分类精度相差不大，方案 3 对于“阴影”使用 CRC 分类方法的最高分类精度为 99.12%，而方案 1 为 98.41%，方案 3 比方案 1 高出 0.71%。在方案 1 中同样使用 CRC 的分类方法，“阴影”的分类精度为 97.53%，这说明方案 3 采用的 GLCM 特征在使用 CRC 分类方法时能有效提高“阴影”的识别率。

针对方案 4，从总体分类精度来看，集成方法的分类精度比其他单一分类器高，但是仅对“树木”这一类别的分类精度最高；对于“道路”分类精度最高的是 ELM 和 KNN 分类方法；对于“草地”和“屋顶”地物类别 SVM 的分类精度最高；对于“阴影”和“裸地”分类精度最高的均是 CRC 方法。与方案 1 相比，方案 4 除了“阴影”这一类别外，其他地物类别的最高分类精度均比方案 1 低，特别是“屋顶”这一类别方案 1 比方案 3 高出 3%，说明方案 1 的多特征有助于区分“屋顶”地物类别。

针对方案 5，从总体分类精度来看，集成方法的分类精度比其他单一分类器高，同方案 4 一样，在六种地物类别中仅对“树木”这一类别的分类精度最高；对于“道路”分类精度最高的是 KNN 分类方法，与前几种方案不同的是，ELM 对于“道路”这一类别分类精度不再和 KNN 方法一样；对于“草地”和“裸地”均是 SVM 的分类精度最高；对于“阴影”分类精度最高是 CRC 方法；对于“屋顶”分类精度最高是 RF 方法。同前面三种单一空间特征与全部波段组合的方案相比，方案 5 每种分类器的总体分类精度及最后集成的分类精度都是最高的，再次证明了形态学特征相比其他三类空间特征质量更好，更有助于识别不同的地物类别，能够有效提高分类精度，但方案 5 集成的总体分类精度依旧不如方案 1，说明方案 1 使用的多种特征能够提供单一特征所不具备的分类信息。

方案 6 仅使用了光谱信息，从总体分类精度来看，集成方法的分类精度比其他单一分类器高，六种地物类别中仅对“树木”这一类别的分类精度最高；对于“道路”和“草地”分类精度最高的是 ELM 分类方法；对于“阴影”和“裸地”分类精度最高的是 CRC 方法，且对“阴影”这一类别的分类精度达到了 100%，而前面五种方案对于“阴影”这一类别的分类精度均没有仅利用光谱信息的高，这说明了光谱特征能对某些地类具有很好的区分度，而加入空间特征并不一定都可以提高分类精度，也有可能会产生不利于分类的信息。

针对方案 7，从总体分类精度来看，集成方法的分类精度比其他单一分类器高，对“树木”这一类别的分类精度最高；对于“道路”分类精度最高的是 ELM 和 KNN 分类方法；对于“草地”分类精度最高的同样是 ELM 和 KNN 分类方法；对于“阴影”分类精度最高的是 CRC 方法；对于“裸地”分类精度最高的是 SVM 分类方法；对于“屋顶”这一类别分类精度最高的是 RF 分类方法。可以看出方案 7 以信息熵为评估函数进行信息量评价，选出四个信息熵值最高的空间特征与全部波段组合的集成分类精度比前几种方案都要高，说明评估特征质量具有一定效果，选出的特征具有较好的可分性。

分析七种组合方案的多分类器集成结果，发现每种组合的集成分类精度都比单一分类器精度高，其中方案 1 采用 16 个空间特征＋全部波段的组合分类精度最高，而方案 6 仅利用原始光谱波段进行的多分类器集成分类精度最低，方案 1 比方案 6 高出 1%的分类精度，其他利用了空间信息的组合分类精度均比仅使用光谱信息的分类精度高。同时可以发现，不同的分类器分类能力差异较大，其中极限学习机和支持向量机的分类能力较为稳定，性能较好。

方案 1 和方案 7 两组实验均涉及多种空间特征与光谱波段的组合，方案 2 到方案 5 是采用每一类空间特征与光谱波段的组合方式，从方案 1 到方案 7 的分类实验来看，方案 1 和方案 7 的分类精度高于其他四种单一型空间特征与光谱波段组合的分类精度，说明多特征组合的方式是有效的，有助于遥感影像的分类。

2. 多特征优化的性能评估

根据第 6 章 Washington DC 数据使用改进萤火虫算法进行多特征优化的结果，对优选 7 个特征、10 个特征、14 个特征的组合进行多分类器的集成研究，具体的特征构成情况见表 6-21，分类结果如表 6-22、表 6-23 和表 6-24 所示。

表 6-21 优选特征子集的特征构成

特征数目	特征子集包含的特征
7	局部统计均值特征、形态学开操作尺度为 2 特征、光谱特征 17、41、47、71、76 波段

续表

特征数目	特征子集包含的特征
10	局部统计均值特征、GLCM 相关性特征、形态学闭操作尺度为 4 特征、形态学开操作尺度为 2 特征、光谱特征 17、32、33、41、47、81 波段
14	局部统计均值特征、局部统计标准差特征、局部统计偏度特征、GLCM 相关性特征、GLCM 熵特征、形态学开操作尺度为 2 特征、光谱特征 17、32、41、47、93、94、96、122 波段

表 6-22 优选 7 个特征各种分类算法分类精度及集成分类精度 （单位: %）

分类	ELM	KNN	CRC	RF	Bayes	SVM	LDA	集成
道路	**99.78**	**99.78**	55.38	99.22	92.83	99.78	99.44	99.66
草地	**96.26**	95.05	93.52	89.78	87.03	93.08	95.38	95.27
阴影	93.83	95.06	89.59	92.95	87.48	97.00	**98.06**	97.88
裸地	95.18	89.25	98.07	80.74	82.50	91.17	**99.68**	96.63
树木	99.24	98.93	64.63	96.49	**99.54**	98.48	98.17	99.09
屋顶	84.33	87.71	74.09	89.94	65.72	**93.23**	87.27	91.72
OA	94.09	93.98	77.97	91.70	84.28	95.33	95.49	**96.27**
AA	94.77	94.30	79.21	91.52	85.85	95.46	96.33	**96.71**
Kappa	92.83	92.70	73.42	89.91	80.96	94.32	94.54	**95.47**

表 6-23 优选 10 个特征各种分类算法分类精度及集成分类精度 （单位: %）

分类	ELM	KNN	CRC	RF	Bayes	SVM	LDA	集成
道路	99.78	99.66	84.87	97.31	96.30	**99.89**	99.55	98.32
草地	96.81	97.03	67.69	89.78	87.65	95.93	75.93	**98.79**
阴影	95.94	94.89	94.89	94.00	87.65	96.83	**98.59**	96.47
裸地	94.54	93.10	96.95	85.71	82.18	95.67	**97.59**	95.02
树木	97.41	97.26	92.38	98.17	97.71	**98.78**	97.26	99.09
屋顶	79.96	77.20	84.06	**92.07**	73.73	91.10	86.82	90.92
OA	93.08	92.12	85.20	92.85	85.03	96.00	91.36	**96.12**
AA	94.07	93.19	86.81	92.84	86.12	96.36	92.62	**96.43**
Kappa	91.62	90.46	82.17	91.31	81.80	95.14	94.03	**95.29**

表 6-24 优选 14 个特征各种分类算法分类精度及集成分类精度 （单位：%）

分类	ELM	KNN	CRC	RF	Bayes	SVM	LDA	集成
道路	99.66	**99.89**	71.76	96.41	95.18	98.65	99.78	99.66
草地	**97.69**	97.03	76.37	87.03	95.05	96.92	74.84	95.27
阴影	**99.12**	97.53	92.24	92.59	90.83	92.24	98.24	98.06
裸地	86.84	84.59	91.01	92.13	84.59	89.25	95.35	**93.42**
树木	98.32	98.32	**99.70**	**99.70**	98.48	98.78	98.02	98.93
屋顶	82.99	82.99	89.14	92.79	87.71	**93.23**	88.25	89.76
OA	93.44	92.87	85.50	93.21	91.95	95.07	91.30	**95.39**
AA	94.10	93.39	86.68	93.44	91.97	94.85	92.41	**95.85**
Kappa	92.05	91.36	82.41	91.76	90.22	94.01	89.48	**94.41**

针对优选的 7 个特征的多分类器分类结果，投票集成的总体分类精度最高，但对于六种不同的地物，集成分类的效果并没有达到最好；对于“道路”类别分类精度最高的是 ELM 和 KNN 分类方法；对“草地”分类效果最好的是 ELM；对于“阴影”和“裸地”分类效果最好的是 LDA 方法；对于“树木”分类精度最高的是 Bayes 分类方法，但是 Bayes 分类器对“屋顶”类别的分类效果非常差；对“屋顶”类别 SVM 的分类精度最高。多特征优化选出的 7 个特征在“道路”和“裸地”类别上的最高分类精度达到 99.78%和 99.68%，比前面七个多特征组合方案在这两种地物类别上的分类精度更高。

针对优选的 10 个特征的多分类器分类结果，同样是投票集成的总体分类精度最高，从六类不同地物的分类精度来看，对“道路”分类效果最好的是 SVM 分类；对“草地”分类效果最好的是集成方法；对“阴影”和“裸地”分类效果最好的是 LDA 方法；对“树木”分类精度最高的是 SVM 分类方法；对“屋顶”类别 RF 的分类精度最高。同优选 7 个特征相似的是，LDA 方法对“阴影”和“裸地”分类效果都是最好的，虽然优选 10 个特征集成方法的总体分类精度并没有优选 7 个特征的高，但是在“草地”上的分类精度比优选 7 个特征的分类精度更高。

针对优选的 14 个特征的多分类器分类结果，虽然投票集成的总体分类精度最高，但是并不如前面两种优选特征子集的分类精度高。从六类不同地物的分类精度来看，对“道路”类别分类效果最好的是 KNN 分类；对“草地”和“阴影”类别分类精度最高的是 ELM 分类方法；对“裸地”类别分类精度最高的是集成方法；对“树木”分类精度最高的是 CRC 和 RF 方法；对“屋顶”类别则是 SVM 的分类精度最高。同前两种优选特征子集相比，优选的 14 个特征在“道路”、“草地”和“阴影”这三类地物上的最高分类精度都比优选 7 个特征的分类精度更高，在“阴影”上的最高分类精度比优选 10 个特征的分类精度更高。

分析三种基于多特征优化的多分类器集成结果，三种优选特征子集的集成分类精度都比单一分类器精度高，优选 7 个特征能以较少的特征数目取得比另外两种特征子集分类精度更好的效果。但是后两种优选的特征子集在“道路”类别最高分类精度都达到了 99.89%，比优选 7 个特征的分类精度更高，也比前面所有的多特征组合方案在“道路”类别分类上的最高分类精度更高。

比较前一小节不同的特征组合方案，发现经过优选的三种特征子集的集成分类精度不仅比只使用光谱特征的方案 6 集成分类精度高，比其他多特征组合方案的集成分类精度也要高，且从使用的特征数目来看，多特征优化使用的特征数目较少，而多特征组合使用的特征数目多达 200 个，通过多特征优化能筛选出数目较少的特征并取得较好的分类精度，说明了多特征优化的有效性。

本节在高光谱影像多分类器分类和集成学习理论分析的基础上，对高光谱遥感影像多特征评估的结果及多特征优化的结果进行了性能评估。针对不同的多特征组合方案，利用七种不同的分类器对高光谱数据进行分类，分析并比较了不同特征组合方案的分类效果，发现利用多种空间特征信息比仅使用单一空间特征信息更有助于提高分类精度，采用特征评估挑选的空间特征与光谱信息的结合能够取得更好的分类精度；针对多特征优化的三种不同特征数目的特征子集进行了多分类器分类，发现多特征优化能以数目较少的特征子集取得比多特征组合方案更好的集成分类精度。本章的实验表明了多特征质量评估和多特征优化工作的可靠性与有效性。

6.5 本章小结

本章结合高光谱遥感影像特点，从多特征提取、多质量评估到多特征优化层层递进，以达到充分挖掘高光谱遥感影像数据的不同特征信息的目的。首先分别基于局部统计特征、灰度共生矩阵、Gabor 滤波和形态学操作进行特征提取，再通过定性评价和定量评价两个角度，综合运用不同特征评价方法，从特征信息含量、特征与类别的相关性大小和特征空间可分性等方面，较全面地对高光谱遥感影像多种特征质量进行评价，并运用本章提出的基于改进随机惯性萤火虫算法的高光谱遥感影像多特征优化方法对多特征进行特征优选，更加充分地利用和挖掘影像特征信息，最终从众多特征中选择出合适的特征组合，为后续分类工作提供更合适的特征信息。

参考文献

Bansal J C, Singh P K, Saraswat M, et al. 2011. Inertia weight strategies in particle swarm optimization. Nature and Biologically Inspired Computing.

Conoscenti M, Coppola R, Magli E. 2016. Constant SNR, rate control, and entropy coding for predictive lossy hyperspectral image compression. IEEE Transactions on Geoscience and Remote Sensing, 54(12): 7431-7441.

Du Q. 2007. Modified Fisher's linear discriminant analysis for hyperspectral imagery. IEEE Geoscience and Remote Sensing Letters, 4(4): 503-507.

Feng J, Jiao L, Liu F, et al. 2015. Mutual-information-based semi-supervised hyperspectral band selection with high discrimination, high information, and low redundancy. IEEE Transactions on Geoscience and Remote Sensing, 53(5): 2956-2969.

Haralick R M, Shanmugam K, Dinstein I. 1973. Textural features for image classification. IEEE Transactions on Systems Man and Cybernetics, 3(6): 610-621.

Matteoli S, Veracini T, Diani M, et al. 2014. Background density nonparametric estimation with data-adaptive bandwidths for the detection of anomalies in multi-hyperspectral imagery. IEEE Geoscience and Remote Sensing Letters, 11(1): 163-167.

Ni D, Ma H. 2015. Hyperspectral image classification via sparse code histogram. IEEE Geoscience and Remote Sensing Letters, 12(9): 1843-1847.

Song M P, Shang X D, Wang Y L, et al. 2019. Class information-based band selection for hyperspectral image classification. IEEE Transactions on Geoscience and Remote Sensing, 57(11): 8394-8416.

Su H, Yang H, Du Q, et al. 2011. Semisupervised band clustering for dimensionality reduction of hyperspectral imagery. IEEE Geoscience and Remote Sensing Letters, 8(6): 1135-1139.

Su H, Yong B, Du Q. 2016. Hyperspectral band selection using improved firefly algorithm. IEEE Geoscience and Remote Sensing Letters, 13(1): 68-72.

Tian Y, Gao W, Yan S. 2012. An improved inertia weight firefly optimization algorithm and application. International Conference on Control Engineering and Communication Technology.

第 7 章　高光谱遥感影像新型降维方法

针对高光谱遥感数据具有的高维特征、海量数据、丰富信息、非结构化等特点导致的“维数灾难”问题，将共形几何代数引入高光谱遥感影像波段选择研究。基于高光谱遥感影像数据在高维空间分布的几何特征，利用内积、外积和几何积，结合 MEAC 和 JM 等信息测度，设计了高光谱遥感影像的新型特征提取算子，可以实现更简洁、快速、鲁棒的高光谱遥感波段选择。实验利用 HYDICE 和 AVIRIS 等高光谱遥感数据对算法性能进行评价，结果表明，新方法能更有效地选择最佳波段，与已有波段选择算法相比，在运行效率、分类精度等方面具有明显的优势。

7.1　引　　言

高光谱遥感能利用成像光谱仪纳米级的光谱分辨率，获取大量非常窄且光谱连续的图像数据，实现地物空间、辐射、光谱信息的同步获取（童庆禧等，2006；张良培和张立福，2011）。相对于常规遥感，高光谱遥感影像在保留较高空间分辨率的同时，光谱分辨率得到极大的提高，使得无论在描述同类地物的细节方面，还是识别不同类别地物的能力方面都有大幅提高，因而，在土地利用变化与覆盖、灾害监测、地质评估、农林调查等方面得到了广泛应用（浦瑞良和宫鹏，2000；Chang，2007）。

高光谱遥感数据具有高维数、小样本等特点，在利用传统方法处理高光谱数据时常常会遇到“维数灾难”等问题，因此需要对高光谱数据进行降维研究，以便减少数据量、降低数据冗余。高光谱遥感波段选择是数据降维的一个重要手段，近年来得到了快速发展。目前，高光谱遥感波段选择的研究主要可以分为以下三部分内容：一是构建能够有效表达高光谱数据特征的信息测度函数，如欧氏距离、互信息、Jeffreys-Matusita（JM）距离、信息散度等（Keshava，2004；杜培军等，2011；苏红军等，2011）；二是设计能够全局寻优的搜索策略，如序列前向选择（SFS）、序列浮动前向选择（SFFS）、粒子群优化（PSO）、克隆算法等（Keshava, 2004；Zhong and Zhang, 2009；Yang et al., 2012）；三是探讨一种能够自适应地判别所选波段数目的方法，如虚拟维数（VD）、组合型 PSO 等方法（Chang and Du，2004；Su et al.，2014）。以上进展深化了高光谱遥感波段选择方法的研究，有力地促进了高光谱遥感的后续应用；但是依然在高维信息表达、算法效率、鲁棒性等方面存在较多问题。

为解决高光谱遥感降维存在的问题，迫切需要新型理论为高维海量的高光谱影像数据提供简洁、快速、鲁棒的处理，共形几何代数（conformal geometric algebra, CGA）有望成为实现这些目标的理论基础（李洪波，2005）。共形几何代数具有统一几何表示、简洁代数形式和高效几何计算等特点，适用于处理高维空间中的复杂几何计算问题。在 CGA 中，空间可以直接被定义为向量集合间的运算，空间维数直接由运算法则确定，实现了高维几何计算和分析的统一，已在计算机视觉、运动检测、模式识别等方面取得了良好的应用效果（Wareham et al., 2005；Labunets，2011），显示出强大的生命力。因此，这一章节将基于 CGA 理论与方法，以几何积算子设计特征距离计算算子和目标函数，介绍一种针对高光谱遥感影像的波段选择方法。这种方法的创新点是将共形几何代数理论引入高光谱遥感降维研究中，从而提出一种新型的波段选择模型，以期推动高光谱遥感降维研究的发展。

7.2 基于 CGA 的高光谱遥感影像波段选择方法

7.2.1 共形空间

CGA（共形几何代数）对几何对象的表示主要通过点、线、面等简单几何体直接抽象或组合描述来实现，而高光谱遥感影像从几何的角度可以看作一个高维立方体。以多重向量为基础，通过对几何对象的三维点坐标以外积操作构建几何对象，建立基本几何形体对高光谱遥感影像进行数学表达，在多重向量的表达中，几何形体以符号运算为主要构成方式，为后续的“无坐标”运算（影像的解译）奠定了基础。

欧几里得空间中一般把模式表示为一个数值向量，整个数据集表示为一个实矩阵。假定样本数为 N，特征变量数为 L，则数据集可以表示为 N 行 L 列的矩阵 $\boldsymbol{X}$：

$$\boldsymbol{X}=\begin{bmatrix} x_{11} & x_{12} & \cdots & x_{1L} \\ x_{21} & x_{22} & \cdots & x_{2L} \\ \vdots & \vdots & & \vdots \\ x_{N1} & x_{N2} & \cdots & x_{NL} \end{bmatrix} \tag{7.1}$$

式中，矩阵中的元素 x_{nl} 为实数，$n=1,2,\cdots,N$；$l=1,2,\cdots,L$。若该数据的 L 个变量可以按照变量间具有的某种关系分为 l 组，假定第 k 组含有 d_k 个变量，$1\leqslant k\leqslant m$，则

$$\sum_{k=1}^{l} d_k = M \tag{7.2}$$

若共形空间 G_{p_k,q_k} 满足 $2^{p_k,q_k} \geqslant d_k$，并具有规范代数基 $E_i := G_{p_k,q_k}[i]$，$i \in \{1,2,\cdots,2^n\}$，则第 n 个样本第 k 组的 d_k 个变量可以表示为共形空间中的一个多向量：

$$G_{n,k} = \sum_{j=1}^{d_k} x^{n,k_j} B_j, \{B_j\} \subseteq \{E_i\} \tag{7.3}$$

式中，x^{n,k_j} 为第 n 个样本第 k 组的第 j 个变量。整个数据集可以表示为一个 N 行 l 列的多向量矩阵 $\boldsymbol{G}$，其第 n 行第 k 列元素为 $G_{n,k}$：

$$\boldsymbol{G} = \begin{bmatrix} \sum_{j=1}^{d_1} x^{1,1_j} B_j & \cdots & \sum_{j=1}^{d_k} x^{1,k_j} B_j & \cdots & \sum_{j=1}^{d_l} x^{1,l_j} B_j \\ \vdots & & & & \vdots \\ \sum_{j=1}^{d_1} x^{n,1_j} B_j & \cdots & \sum_{j=1}^{d_k} x^{n,k_j} B_j & \cdots & \sum_{j=1}^{d_l} x^{n,l_j} B_j \\ \vdots & & & & \vdots \\ \sum_{j=1}^{d_1} x^{N,1_j} B_j & \cdots & \sum_{j=1}^{d_k} x^{N,k_j} B_j & \cdots & \sum_{j=1}^{d_l} x^{N,l_j} B_j \end{bmatrix} \tag{7.4}$$

式（7.4）即为模式特征在共形空间中的多向量表示的一般表达式。利用多向量表示的方法对高光谱遥感影像在共形空间下进行了表达，如图 7-1 所示。

图 7-1 欧几里得空间与共形空间映射图

7.2.2 高光谱遥感影像波段选择与 CGA 理论

高光谱遥感影像的高维特征，使其数据在特征空间的分布具有不同于传统数据的特殊性质。现有研究证明，高维数据空间几乎是空的，数据主体都集中在集合的表面和顶点上，即多变量数据总具有低维的拓扑结构，高维空间的数据集可以投影至更低维的子空间中而不会损失过多用于区分不同统计类的可分性信息（Chang，2007）。另外，高维数据分布的复杂性造成密度估计的困难，局部邻域几乎总是空的，因此按常规方式进行数据描述在实际应用中将出现问题。既然高光谱图像的高维空间大部分都是空的，则可以用低维空间近似地表达高维空间，并且不会带来较大的误差，这给高光谱遥感数据的降维提供了理论依据。作为降维方法的一种，高光谱遥感波段选择即从众多波段中选择感兴趣的若干波段，或选择信息量大、相关性小的若干波段，以实现后续的影像分析目的。

在高维空间中进行波段选择需要对高维空间的数据进行适当的表达和描述，现有的描述基本上在欧几里得空间中，其计算依赖于坐标，尤其在高维空间中计算比较复杂、效率比较低。CGA 最初被称为广义齐次坐标，是全新的几何表示和计算工具、完全不依赖于坐标的经典几何的统一语言，为经典几何提供了统一和简洁的齐次代数框架，以及高效的展开、消元和化简算法。CGA 通过建立经典几何的统一协变代数表示，实现了不变量代数的高效计算，从而实现了用几何语言直接（脱离坐标）进行经典几何计算，并给出了几何对象的稳定、快速、高效的算法，为高维空间数据分析提供了新的数学工具（李洪波，2005）。

内积、外积与几何积是支撑几何代数空间几何对象表达与算法构建的核心，两个向量 $\boldsymbol{a}$ 与 $\boldsymbol{b}$ 的几何积可定义为

$$\boldsymbol{ab} = \boldsymbol{a} \cdot \boldsymbol{b} + \boldsymbol{a} \wedge \boldsymbol{b} \tag{7.5}$$

式中，$\boldsymbol{a} \cdot \boldsymbol{b}$ 为向量 $\boldsymbol{a}$ 和 $\boldsymbol{b}$ 的内积；$\boldsymbol{a} \wedge \boldsymbol{b}$ 为向量 $\boldsymbol{a}$ 和 $\boldsymbol{b}$ 的外积，它是 $\boldsymbol{a}$ 与 $\boldsymbol{b}$ 所在平面上的一个有向面积，称为二重矢量。从式（7.5）可以看出，两个向量的几何积为一个标量和一个二重矢量之和，这种形式的量称为多重矢量。CGA 以多重矢量为基础，通过对几何对象的三维点坐标以外积操作构建几何对象。在多重矢量的表达中，几何形体以符号运算为主要构成方式，为后续的“无坐标”运算奠定了基础。任一欧几里得空间的向量 $\boldsymbol{x} \in E^n$，通过立体映射得到矢量为

$$\boldsymbol{K} : \boldsymbol{x} \in E^n \rightarrow \left(\frac{2}{1+\boldsymbol{x}^2}\boldsymbol{x} + \frac{\boldsymbol{x}^2 - 1}{1+\boldsymbol{x}^2}\boldsymbol{e}_+ \right) \in E^{n+1} \tag{7.6}$$

用齐次坐标表示 $\boldsymbol{K} : \boldsymbol{x} \in E^n$ 为

$$P\left(\boldsymbol{K} : \boldsymbol{x} \in E^n\right) \rightarrow \left(\frac{2}{1+\boldsymbol{x}^2}\boldsymbol{x} + \frac{\boldsymbol{x}^2 - 1}{1+\boldsymbol{x}^2}\boldsymbol{e}_+ + \boldsymbol{e}_- \right) \in E^{n+2} \tag{7.7}$$

将欧几里得空间中的矢量首先映射到球上，再用共形空间中的 null 矢量表示，

可得到以下映射：

$$\boldsymbol{X}=\frac{1+\boldsymbol{x}^2}{2}P\left(\boldsymbol{K}:\boldsymbol{x}\in E^n\right)=\boldsymbol{x}+\frac{1}{2}\boldsymbol{x}^2\boldsymbol{e}_\infty+\boldsymbol{e}_0 \tag{7.8}$$

式中，$\boldsymbol{e}_+^2=+1$，$\boldsymbol{e}_-^2=-1$，$\boldsymbol{e}_+\cdot\boldsymbol{e}_-=0$，利用此正交基可产生两个 null 基：$\boldsymbol{e}_0=(\boldsymbol{e}_- - \boldsymbol{e}_+)/2$，$\boldsymbol{e}_\infty=(\boldsymbol{e}_- + \boldsymbol{e}_+)/2$，分别表示原点和无穷远点，且满足 $\boldsymbol{e}_\infty^2=\boldsymbol{e}_0^2=0$，$\boldsymbol{e}_\infty\cdot\boldsymbol{e}_0=-1$。

CGA 对几何对象的表示主要通过点、线、面等简单几何体直接抽象或组合描述来实现，而高光谱遥感影像从几何的角度可以看作一个高维立方体；通过 CGA 建立基本几何形体可以对高光谱遥感影像进行数学表达和计算，进而对高光谱遥感影像进行代数解析和解译。

CGA 通过选取并定义不同单位向量间内积、外积及几何积的符号实现不同维度的空间表达及运算。CGA 中外积（$\boldsymbol{A}\wedge\boldsymbol{B}$）主要用于几何对象的构建与求交，是一种升维运算；内积（$\boldsymbol{A}\cdot\boldsymbol{B}$）可用于计算角度和距离，是一种降维运算；而几何积则是外积和内积的线性组合（$\boldsymbol{AB}=\boldsymbol{A}\wedge\boldsymbol{B}+\boldsymbol{A}\cdot\boldsymbol{B}$），满足结合律和分配律并且可逆，可以表达空间几何计算与变换，是共形空间中构建算子及运算的基础。

7.2.3 欧几里得空间与共形空间的映射关系设计

欧几里得空间中的矢量首先映射到圆上，再用共形空间中的 null 矢量表示，得到映射关系，具体实现采用式（7.8）的形式。式中，$\boldsymbol{X}$ 为欧几里得空间中的矢量；在模式识别中，对于任意模式 $\boldsymbol{x}\in E^n$，其中，$\boldsymbol{x}$ 为模式，E^n 为 n 维的共形空间，通过齐次坐标的形式将欧几里得空间中的矢量嵌入共形空间。

7.2.4 距离特征算子设计

高光谱遥感影像特征距离计算算子的方法，具体实现采用以下公式：

$$D'(b_1,b_2)=\frac{1}{w_1+w_2}(w_1\times D(b_1,b_2)+w_2\times D(b_2,b_1)) \tag{7.9}$$

式中，$D'(b_1,b_2)$ 为波段 b_1 和波段 b_2 之间特征距离的计算算子；w_1 和 w_2 为权值，取 $w_1=w_2=0.5$；$D(b_1,b_2)$ 为波段 b_1 和波段 b_2 之间的特征距离，其中，$D(b_1,b_2)=\left|\frac{\mathrm{rej}(b_2,T)}{\boldsymbol{e}\cdot b_2}-\frac{\mathrm{rej}(b_1,T)}{\boldsymbol{e}\cdot b_1}\right|$，$\boldsymbol{e}$ 为单位向量，$\mathrm{rej}(b_1,T)$ 为波段 b_1 和波段 T 的正交部分，$\mathrm{rej}(b_2,T)$ 为波段 b_2 和波段 T 的正交部分，波段 b_1、b_2 和 T 均属于要选择的 b 个波段。

7.2.5 目标函数构建

基于 CGA 特征距离计算算子，采用最小估计丰度协方差（MEAC）作为距离测度函数，具体实现采用以下公式：

$$\underset{\Phi^S}{\arg\min}\left\{\operatorname{tr}\left[\left(\boldsymbol{S}^{\mathrm{T}}\boldsymbol{\Sigma}^{-1}\boldsymbol{S}\right)^{-1}\right]\right\} \tag{7.10}$$

式（7.10）中，Φ^S 为所选择的波段集合；$\operatorname{tr}[\cdot]$ 为矩阵的迹；$\boldsymbol{\Sigma}$ 为噪声方差矩阵；$\boldsymbol{S}$ 为波段集合中已知样本光谱数据构成的 $c \times d$ 的矩阵，其中 c 为地物类别数目，d 为经 7.2.6 节 CGA 波段选择算法步骤 1 的数据预处理后的高光谱数据的波段数；$\boldsymbol{S}^{\mathrm{T}}$ 为 $\boldsymbol{S}$ 矩阵的转置矩阵；$\boldsymbol{\Sigma}^{-1}$ 为 $\boldsymbol{\Sigma}$ 的逆矩阵。

另外，也可以采用 JM 距离作为距离测度函数：

$$J_{i,j} = 2(1 - \mathrm{e}^{-B_{i,j}}) \tag{7.11}$$

式中，

$$B_{i,j} = \frac{1}{8}(\mu_i - \mu_j)^{\mathrm{T}}\left(\frac{\boldsymbol{\Sigma}_i + \boldsymbol{\Sigma}_j}{2}\right)^{-1}(\mu_i - \mu_j) + \frac{1}{2}\ln\left(\frac{|(\boldsymbol{\Sigma}_i + \boldsymbol{\Sigma}_j)/2|}{|\boldsymbol{\Sigma}_i|^{\frac{1}{2}}|\boldsymbol{\Sigma}_j|^{\frac{1}{2}}}\right) \tag{7.12}$$

式中，i 和 j 为地物类别的序号；$J_{i,j}$ 为类别 ω_i 和 ω_j 之间的马氏距离；μ_i 和 μ_j 分别为第 i 类和第 j 类地物的均值；$\boldsymbol{\Sigma}_i$ 和 $\boldsymbol{\Sigma}_j$ 分别为第 i 类和第 j 类地物的方差矩阵。

7.2.6 CGA 波段选择算法步骤

本章介绍的基于 CGA 的高光谱遥感波段选择方法主要包含以下步骤：

（1）高光谱数据收集、样本数据采集、数据预处理，指定要选择的波段数目 b；

（2）在共形空间下，对步骤（1）中获取的高光谱遥感信息进行描述，建立不同空间之间数据的映射关系；

（3）基于内积、外积和几何积，设计高光谱遥感影像特征距离计算算子；

（4）基于 CGA 构建距离测度的表达式；

（5）根据步骤（3）获得的高光谱遥感影像特征距离计算算子计算不同波段之间的距离，并采用步骤（4）获得的距离测度表达式计算每个波段的 k 个近邻波段；

（6）利用 Floyd 最短路径算法计算每两个波段之间的最短距离，并作为降维的距离矩阵；

（7）利用主成分分析（PCA）计算距离矩阵的 b 个特征值，将该 b 个特征值作为映射坐标系，该坐标系描述的波段数据即为所要选择的波段数据，所述 b 个特征值即为步骤（1）中指定选择的波段数目 b。CGA 波段选择算法示意图如图 7-2 所示。

其中，Floyd 最短路径的计算方法为

$$D_{m,n,k} = \min(D_{m,k,k-1} + D_{k,n,k-1}, D_{m,n,k-1}) \tag{7.13}$$

式中，$D_{m,n,k}$ 为从波段 m 到波段 n 的只以 $1,2,\cdots,k$ 波段集合中的节点为中间节点的最短路径的长度；若最短路径经过波段 k，则 $D_{m,n,k} = D_{m,k,k-1}+D_{k,n,k-1}$；反之，则 $D_{m,n,k} = D_{m,n,k-1}$，并将获得的每两个波段之间的最短距离作为降维的矩阵。在实际算法中为节约空间，可直接在原始波段空间上进行迭代，空间可降至二维。

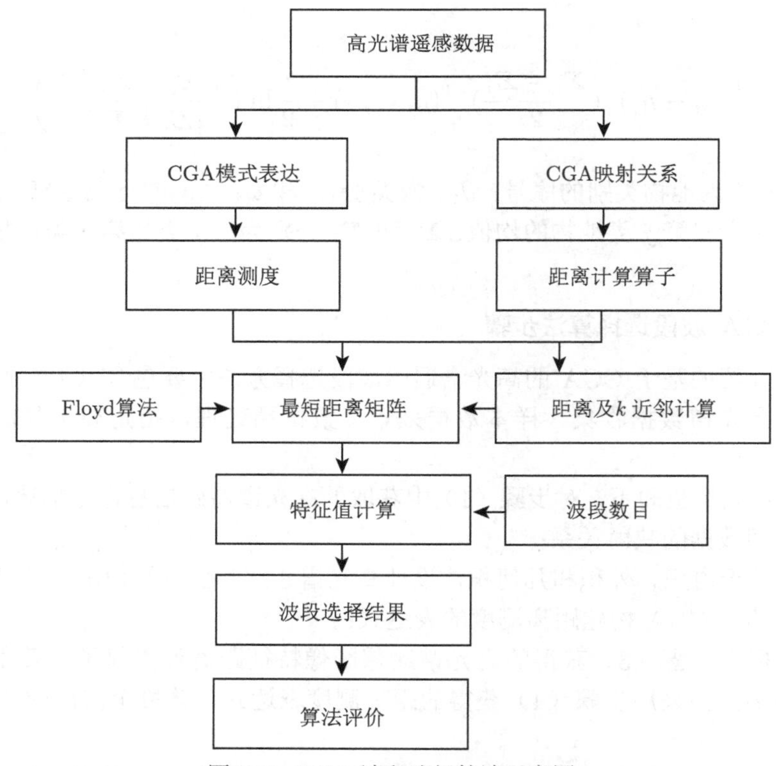

图 7-2 CGA 波段选择算法示意图

7.3 CGA 波段选择实验与分析

本节利用 HYDICE Washington DC Mall 和 AVIRIS Salinas-A 高光谱遥感数据对所使用的波段选择算法进行性能评价。每个数据设计了三组实验，即 CGA 算法中不同距离下的结果对比、CGA 算法与其他降维方法对比、算法运行时间分析等。采用支持向量机（SVM）分类器进行分类研究，SVM 版本为林智仁等开发的 LibSVM（核函数选择 RBF）。根据高光谱遥感数据的不同，模型参数 c 和 r 通过网格搜索方法自动优化获得（Yang et al.，2012；Chang and Du，2004）。

7.3.1 HYDICE Washington DC Mall 数据实验

该数据是由 HYDICE 传感器获取的华盛顿特区的高光谱遥感影像，覆盖了 0.4~2.5μm 光谱区间的 210 个波段，空间分辨率约为 2.8m；剔除了水吸收波段和噪声波段后，保留了 191 个波段用于数据分析。实验数据为从 Washington DC Mall 原始影像上切取的一个子图像，其数据大小为 304×301，包括道路（road）、草地（grass）、阴影（shadow）、小路（trail）、树木（tree）和屋顶（roof）6 个类别（图 7-3 和表 7-1）。

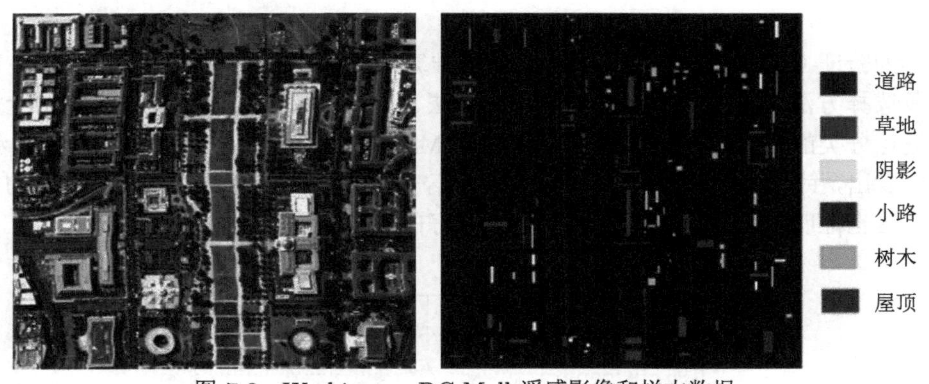

图 7-3 Washington DC Mall 遥感影像和样本数据

表 7-1 Washington DC Mall 数据样本

类别	道路	草地	阴影	小路	树木	屋顶
训练样本	55	57	50	46	49	52
测试样本	892	910	567	623	656	1123

为了验证基于 CGA 的高光谱遥感波段选择方法的性能，选择多种不同的距离函数，如 MEAC、JM、欧氏距离（EUD）、正交投影散度（OPD）和变换散度（transfer divergence，TD）等信息测度进行了波段选择实验。不同距离下的波段选择性能如图 7-4 所示，可以看出针对 Washington DC Mall 高光谱遥感数据，MEAC 距离的性能最高，JM 次之，TD 的性能是最低的。其原因是 MEAC

和 JM 距离能更好地对地物的可分性进行表达，从而能够选出对六类地物进行有效分类的波段数据。

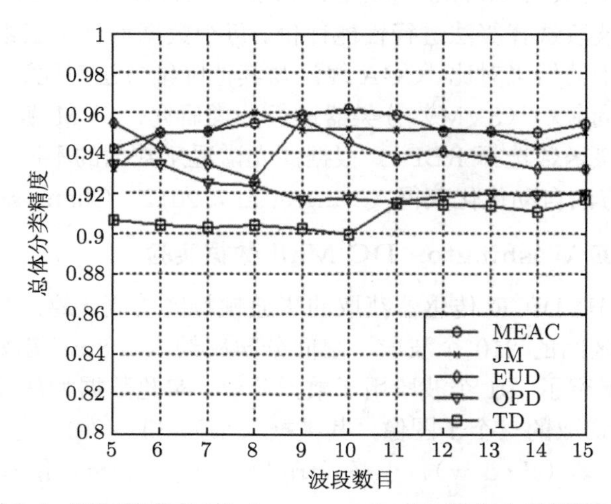

图 7-4 不同距离在 Washington DC Mall 数据上的性能对比

为验证 CGA 波段选择方法与其他降维算法的性能对比，实现了基于 SFS 的波段选择方法、基于 PSO 的波段选择方法、基于 PCA 的降维方法和利用全波段进行分类的结果，其中距离函数均采用 MEAC 信息测度。结果如图 7-5 所示，可以看出，针对 Washington DC Mall 数据，CGA 波段选择方法取得了最好的效果，这也证明了本章所介绍的算法具有较好的性能。

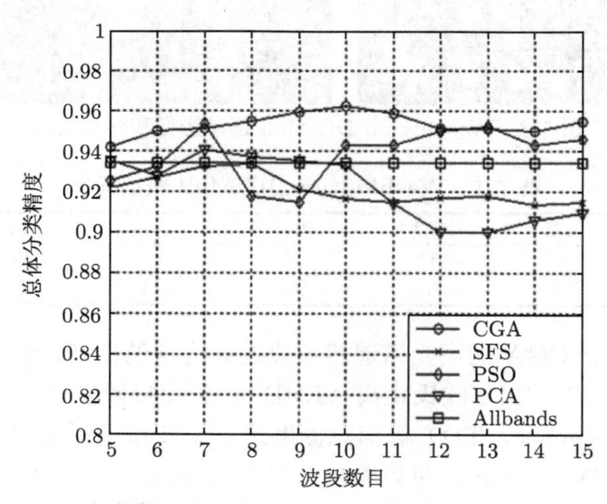

图 7-5 CGA 与其他方法在 Washington DC Mall 数据上的性能对比

CGA 算法具有简洁表示和高效计算等特点，因此基于 CGA 的波段选择方法在理论上应该具有较高的效率。实验记录了不同算法的运行时间，如图 7-6 所示。通过分析可得，基于 CGA 的波段选择方法的运行效率比 SFS 和 PSO 等方法都要高，同时其效率也好于利用原始所有波段进行分类的策略。其原因在于 CGA 能够进行不依赖于坐标的运算，提高了运行效率。

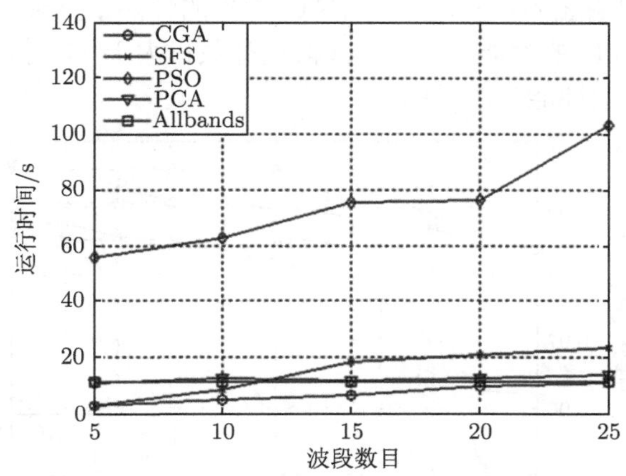

图 7-6 不同方法运行时间随维数的变化（Washington DC Mall）

7.3.2 AVIRIS Salinas-A 数据实验

为进一步验证此算法的适用性和可靠性，利用 AVIRIS 传感器获取的美国堪萨斯州 Salinas 山谷高光谱遥感数据进行了研究，即图 7-7。该数据大小为 86×83，空间分辨率为 3.7m，共有 224 个波段；在删除了水吸收和低 SNR 波段后，保留了 204 个波段。该高光谱遥感数据共含有 6 个不同的地物类型，样本数据如表 7-2 所示，实验采用 5 次交叉验证的方法进行分类，最后取 5 次分类的平均值作为最终的分类结果。

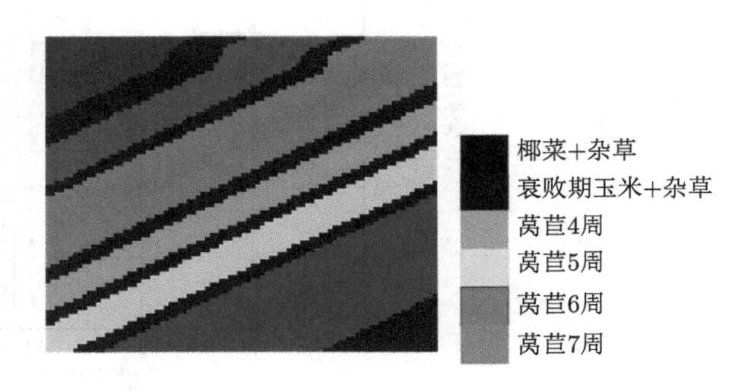

图 7-7 AVIRIS Salinas-A 遥感影像和样本数据

表 7-2 Salinas-A 数据地物类型及样本数据

样本类别	椰菜 + 杂草	衰败期玉米 + 杂草	萵苣 4 周	萵苣 5 周	萵苣 6 周	萵苣 7 周
样本数目	391	1343	616	1525	674	799

为进一步验证不同距离函数对算法性能的影响，本实验也采用了不同的距离函数，如 MEAC、JM、EUD、OPD 和 TD 等。不同距离下的波段选择性能如图 7-8 所示，可以看出本次实验中 MEAC 距离的性能依然最高。另外，当波段数目小于 11 时，TD 的性能次之，当波段选择数目大于 11 时，JM 的性能次之；欧氏距离和 OPD 的性能是最低的。

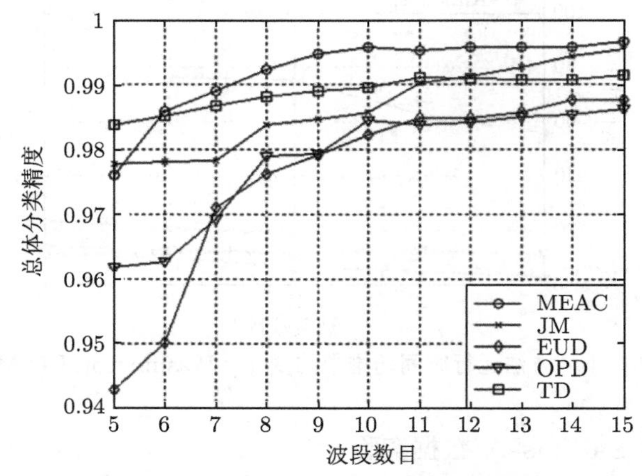

图 7-8 不同距离在 Salinas-A 数据上的性能对比

在不同降维算法的性能对比实验中，由图 7-9 可以看出，当波段数目大于 9 时，CGA 算法可以取得最好的效果，SFS 算法在该实验中性能是最低的。这也证明了此算法基本能够适用于不同的传感器数据，具有较好的适用性。

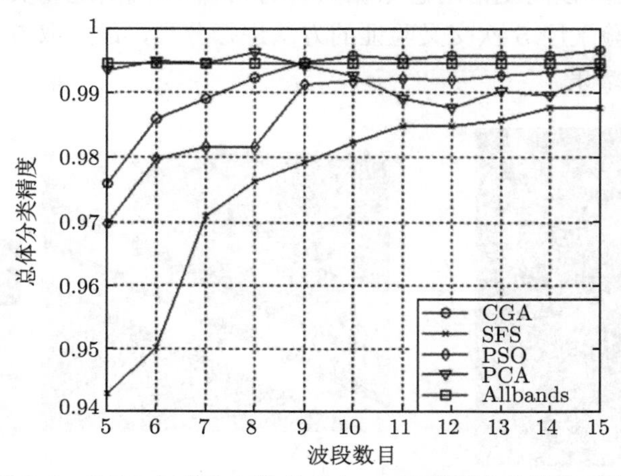

图 7-9 CGA 与其他方法在 Salinas-A 数据上的性能对比

为统计不同降维方法的运行效率，图 7-10 给出了不同算法对 Salinas-A 数据进行处理时的运行时间结果。可以看出，该实验中基于 CGA 的波段选择方法的效率与 PCA 算法效率基本差不多，它们都比 PSO 和 SFS 等方法好，精度也高于利用原始所有波段分类的策略。

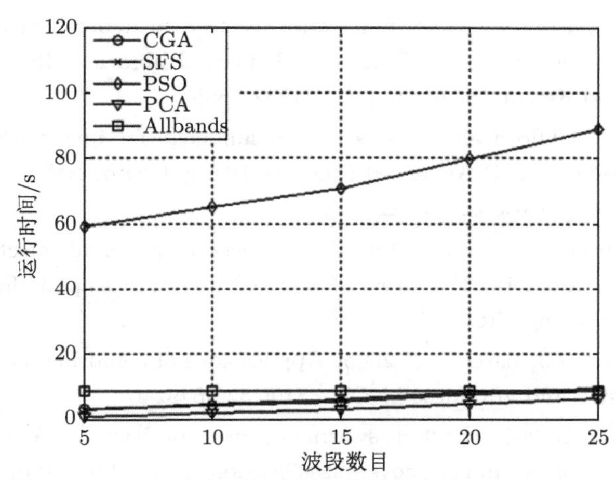

图 7-10 不同方法运行时间随维数的变化（Salinas-A）

7.4 本章小结

本章介绍了一种具有统一几何表示、简洁代数形式和高效几何计算等特点的新型数学理论——共形几何代数。该方法可进行高维空间的不依赖于坐标的几何计算，对高光谱遥感影像高维空间进行重构，构建了高光谱遥感影像波段选择方法。实验结果表明该算法模型具有较好的降维效果。

参考文献

杜培军, 王小美, 谭琨, 等. 2011. 利用流形学习进行高光谱遥感影像的降维与特征提取. 武汉大学学报 (信息科学版), 36(2): 148-152.

李洪波. 2005. 共形几何代数——几何代数的新理论和计算框架. 计算机辅助设计与图形学学报, 17(11): 2383-2393.

浦瑞良, 宫鹏. 2000. 高光谱遥感及其应用. 北京: 高等教育出版社.

苏红军, 盛业华, Yang H, 等. 2011. 基于正交投影散度的高光谱遥感波段选择算法. 光谱学与光谱分析, 31(5): 1309-1313.

童庆禧, 张兵, 郑兰芬. 2006. 高光谱遥感: 原理、技术与应用. 北京: 高等教育出版社.

张良培, 张立福. 2011. 高光谱遥感. 北京: 测绘出版社.

Chang C I. 2007. Hyperspectral Data Exploitation: Theory and Applications. Hoboken, NJ: Wiley-Interscience.

Chang C I, Du Q. 2004. Estimation of number of spectrally distinct signal sources in hyperspectral imagery. IEEE Transactions on Geoscience and Remote Sensing, 42(3): 608-619.

Keshava N. 2004. Distance metrics and band selection in hyperspectral processing with applications to material identification and spectral libraries. IEEE Transactions on Geoscience and Remote Sensing, 42(7): 1552-1565.

Labunets V. 2011. Clifford algebras as unified language for image processing and pattern recognition. NATO Advanced Study Institute, Computational Noncommutative Algebra and Applications: 197-225.

Su H, Du Q, Chen G, et al. 2014. Optimized hyperspectral band selection using particle swarm optimization. IEEE Journal of Selected Topics in Applied Earth Observations and Remote Sensing, 7(6): 2659-2670.

Wareham R, Cameron J, Lasenby J. 2005. Applications of conformal geometric algebra in computer vision and graphics. LNCS, 3519: 329-349.

Yang H, Du Q, Chen G. 2012. Particle swarm optimization-based hyperspectral dimensionality reduction for urban land cover classification. IEEE Journal of Selected Topics in Applied Earth Observations and Remote Sensing, 5(2): 544-554.

Zhong Y, Zhang L. 2009. A fast clonal selection algorithm for feature selection in hyperspectral imagery. Geo-spatial Information Science, 12(3): 172-181.

第 8 章　高光谱遥感影像降维的应用

高光谱遥感影像中每个像元均记录着几十个以上连续、窄波段的光谱信息（童庆禧等，2006），如何在高维数据中提取有用信息并为应用服务是重要的研究课题。高光谱遥感影像的降维能够从大量的高光谱数据中提取出合适的特征，不仅能够提高效率，而且能够满足各类应用的需求。本章利用典型高光谱遥感影像数据进行实验，利用改进的 K 均值算法降维后进行端元提取，与地面真值结合可以有效进行矿物识别，对于地质找矿有重要现实意义；在共形空间信息表达的基础上，研究耦合自适应扩展 CMFs 模型的特征驱动的高光谱遥感影像可视化方法，能够有效提高高光谱遥感影像的可视性，为矿产资源的目视判读等应用提供支持；利用改进的 SKMd-BR 算法进行波段选择，得到的结果能够提高分类精度，有利于城市覆盖分析。

8.1　降维支持下的端元提取和矿物识别

8.1.1　AVIRIS Cuprite 数据简介

该数据为 AVIRIS 传感器于 1997 年 6 月 19 日获取的美国内华达地区 224 个波段的高光谱影像数据，子图像大小为 350 像素 ×350 像素（图 8-1），数据空间分辨率为 20m。在删除了水吸收和低 SNR 波段后，保留了 189 个波段，该影像含有五种矿物：明矾石（alunite）、水铵长石（buddingtonite）、方解石（calcite）、高岭石（kaolinite）和白云母（muscovite）。根据实地调查，该影像实际上含有 20 种以上的矿物。

(a) 影像数据

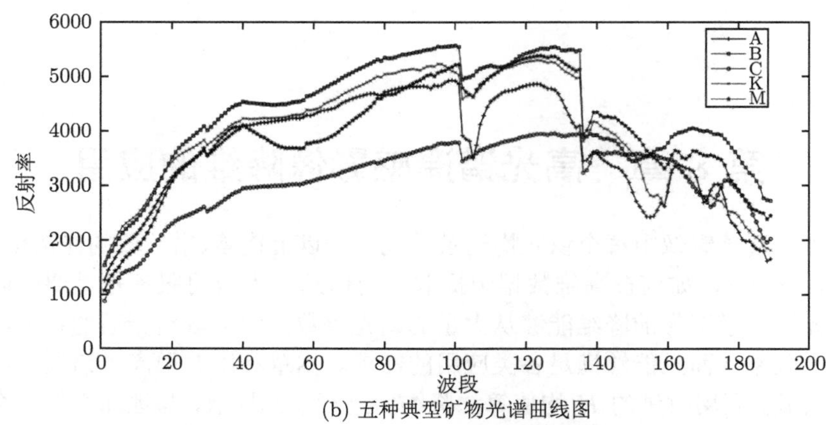

(b) 五种典型矿物光谱曲线图

图 8-1 Cuprite 影像和典型矿物光谱数据

A 指明矾石；B 指水铵长石；C 指方解石；K 指高岭石；M 指白云母

该数据所覆盖的地区矿物组合多样，很早就成为美国遥感地质研究的重要试验基地，许多遥感地质和矿物波谱研究都以该区为试验区，如蚀变矿物波谱研究、岩性识别和蚀变矿物识别研究、矿物识别技术研究等。在矿物识别研究中，最重要的一步就是纯净像元的提取，即端元提取。因数据有 224 个波段，即使在删除了水吸收和低 SNR 波段后，仍然具有 189 个波段，用 189 个波段直接进行矿物识别和端元提取将会导致运算复杂度上升，降低算法的性能。因此，本书在进行处理之前，采用改进的 K 均值算法对数据进行降维处理，然后再提取端元信息并进行矿物识别。

8.1.2 数据降维分析

1. 监督特征提取

本节采用监督 K 均值对数据进行降维，以便采用降维后的数据进行端元提取和矿物识别。因为是监督特征提取，利用了该数据中 5 种地物的光谱特征值。同时，为了评价该算法的性能，利用约束线性判别分析（CLDA）分类算法（Du and Chang，2001）对 Cuprite 进行了分类评估。实验中将本书算法与原始 K 均值即 KM、MSNRPCA 和初始的 K 均值即 KM（MSP）（Chang et al.，1999）、BG（CC）和 BG（U）（Du and Yang，2008）等方法进行了对比。

各算法的性能对比如图 8-2 所示，提出的改进 K 均值（SKM）（苏红军和盛业华，2012）取得了最好的效果，其性能要高于其他算法。可以看出，当波段数小于 20 时，KM（MSP）波段选择算法的效果也比较好；但是当波段数大于 20 时，该算法的性能增长不大。KM 和 BG（CC）算法效果一般，这是因为 K 均值初始值不稳定导致其结果陷入局部最小值；而 BG（U）因为把所有波段按大小均等地分到各个聚类，导致算法波动很大。

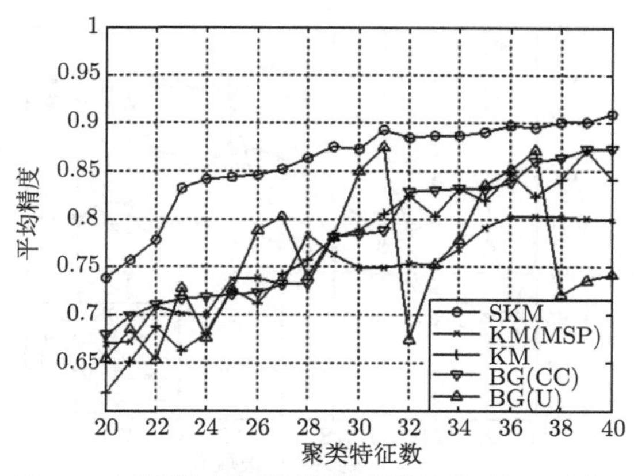

图 8-2 不同算法特征提取数据的性能对比（监督）

2. 半监督特征提取

本节利用 SKMd 算法（Su et al.，2011）对 Cuprite 数据进行特征提取，以便采用降维后的数据更好地进行端元提取和矿物识别。需要说明的是，SKMd 利用了该数据中包含的五种地物的光谱特征值。由于该数据的地物类别比较多，K 值从 20 开始算起。因为此数据只有部分类别是已知的，所以采用 CLDA 算法作为分类评价的函数。

结果如图 8-3（a）所示，SKMd 同样得到了最好的结果，其结果要比利用所有聚类中心的 SKM 算法高。和上一节的结果类似，SKMd（CC）和 SKM（CC）的结果分别比 SKMd 和 SKM 的结果低了很多。图 8-3（b）中，SKMd 算法的结果明显地高于其他算法。实验中，BG（U）的性能随着聚类个数的变化而剧烈震荡，这意味着尽管 BG（U）算法简单直观，但是其鲁棒性非常差。当 K 值大于 30 时，SKMd 算法的分类精度变化不是很大，但是其他算法的变化非常大。

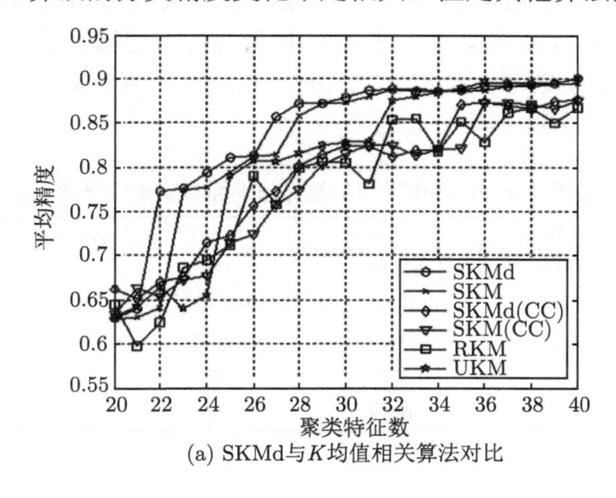

(a) SKMd与K均值相关算法对比

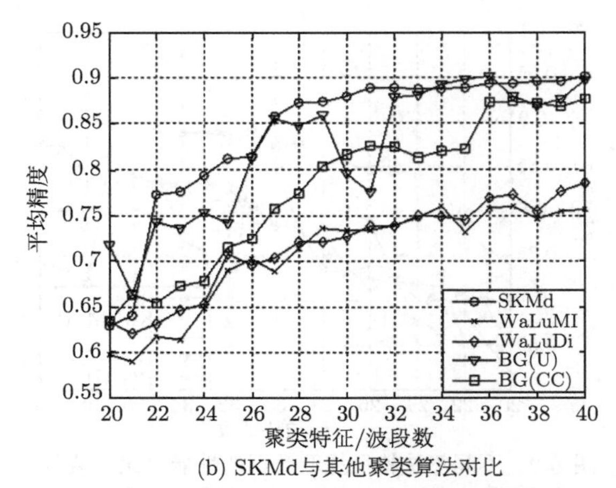

(b) SKMd与其他聚类算法对比

图 8-3　不同算法特征提取数据的性能对比（半监督）

8.1.3　端元提取和矿物识别分析

Cuprite 数据为典型的矿物地区，纯净像元比较多，为了进行矿物识别，需要进行端元提取。经过实验分析，采用上一节 SKMd 降维后的 22 个聚类特征数据，利用最大体积单形体（maximum simplex volume，MSV）算法提取该数据的部分端元信息，并将提取的端元结果与该数据提供的 5 种地表真实矿物相对比。同时，基于其他几种降维数据，也进行了端元的提取，并与基于改进 K 均值降维后数据提取的端元进行了对比。其中，在从降维后的数据中所提取的端元与 5 种矿物真实值进行对比分析时，采用了光谱角度匹配作为其相似性的评判标准进行分析。

根据实地调查数据，该数据中的矿物种类大概在 22 种，因此实验中从影像数据中提取了 22 个端元：首先，从每个聚类中提取 n 个端元（n 为聚类中的成员个数）（这样做符合鸽笼理论）；然后，把所有提取的端元放到一起，从中选择 22 个端元。表 8-1 ～ 表 8-4 显示了提取的端元与 5 种真实矿物（A、B、C、K 和 M）的 SAM 对比结果。

表 8-1　基于改进 K 均值提取的端元与地面真实矿物光谱相似性对比

矿物	A(62,161)	B(209,234)	C(30,347)	K(22,298)	M(33,271)
A(62,161)	**0.0000**	0.1576	0.2038	0.0961	0.1421
B(69,142)	0.1518	**0.0575**	0.0746	0.1662	0.0834
C(11,156)	0.2115	0.0967	**0.0350**	0.2135	0.1170
K(22,299)	0.1076	0.1789	0.2177	**0.0220**	0.1305
M(33,271)	0.1421	0.0968	0.1108	0.1263	**0.0000**

表 8-2 从所有波段中提取的端元与地面真实矿物光谱相似性对比

矿物	A(62,161)	B(209,234)	C(30,347)	K(22,298)	M(33,271)
A(62,160)	**0.0167**	0.1524	0.1978	0.0921	0.1356
B(202,218)	0.1636	**0.0334**	0.0882	0.1748	0.0926
C(29,348)	0.2225	0.1108	**0.0516**	0.2194	0.1213
K(23,298)	0.1098	0.1523	0.1918	**0.0613**	0.1079
M(33,271)	0.1421	0.0968	0.1108	0.1263	**0.0000**

表 8-3 基于 BG（CC）提取的端元与地面真实矿物光谱相似性对比

矿物	A(62,161)	B(209,234)	C(30,347)	K(22,298)	M(33,271)
A(61,161)	**0.0172**	0.1645	0.2115	0.0962	0.1476
B(210,243)	0.1244	**0.0479**	0.0959	0.1400	0.0701
C(171,167)	0.2131	0.0887	**0.0308**	0.2229	0.1195
K(22,298)	0.0961	0.1733	0.2114	**0.0000**	0.1263
M(33,272)	0.1519	0.0964	0.1040	0.1413	**0.0264**

表 8-4 基于 BG（U）提取的端元与地面真实矿物光谱相似性对比

矿物	A(62,161)	B(209,234)	C(30,347)	K(22,298)	M(33,271)
A(62,161)	**0.0000**	0.1576	0.2038	0.0961	0.1421
B(103,184)	0.1497	**0.0511**	0.0722	0.1605	0.0705
C(11,156)	0.2115	0.0967	**0.0350**	0.2135	0.1170
K(22,299)	0.1076	0.1789	0.2177	**0.0220**	0.1305
M(33,272)	0.1519	0.0964	0.1040	0.1413	**0.0264**

从表 8-1 ~ 表 8-4 中的结果可以看出，基于改进 K 均值聚类数据所提取出来的端元最为纯净（提取了 2 种矿物），利用所有光谱波段数据提取的端元次之，最差的是基于 BG（CC）和 BG（U）分组结果提取的端元。通过端元提取实验可以看出，基于特征提取（波段聚类）的端元提取能够比从原始所有波段中得到的结果更好，也证明了改进 K 均值算法的有效性。

对 Cuprite 地区的矿物进行端元提取，基于端元提取的结果与地面真实值结合可以进行矿物识别。利用约束线性判别分析（CLDA）对矿物进行分类实验，结果如图 8-4 所示，分别识别出明矾石、水铵长石、方解石、高岭石和白云母 5 种典型矿物在该地区的分布，与地面真实值对比发现，5 种矿物的识别率分别为 90.28%、89.43%、89.09%、92.44%和 87.58%；识别总体正确率为 89.76%，错误率为 10.24%。

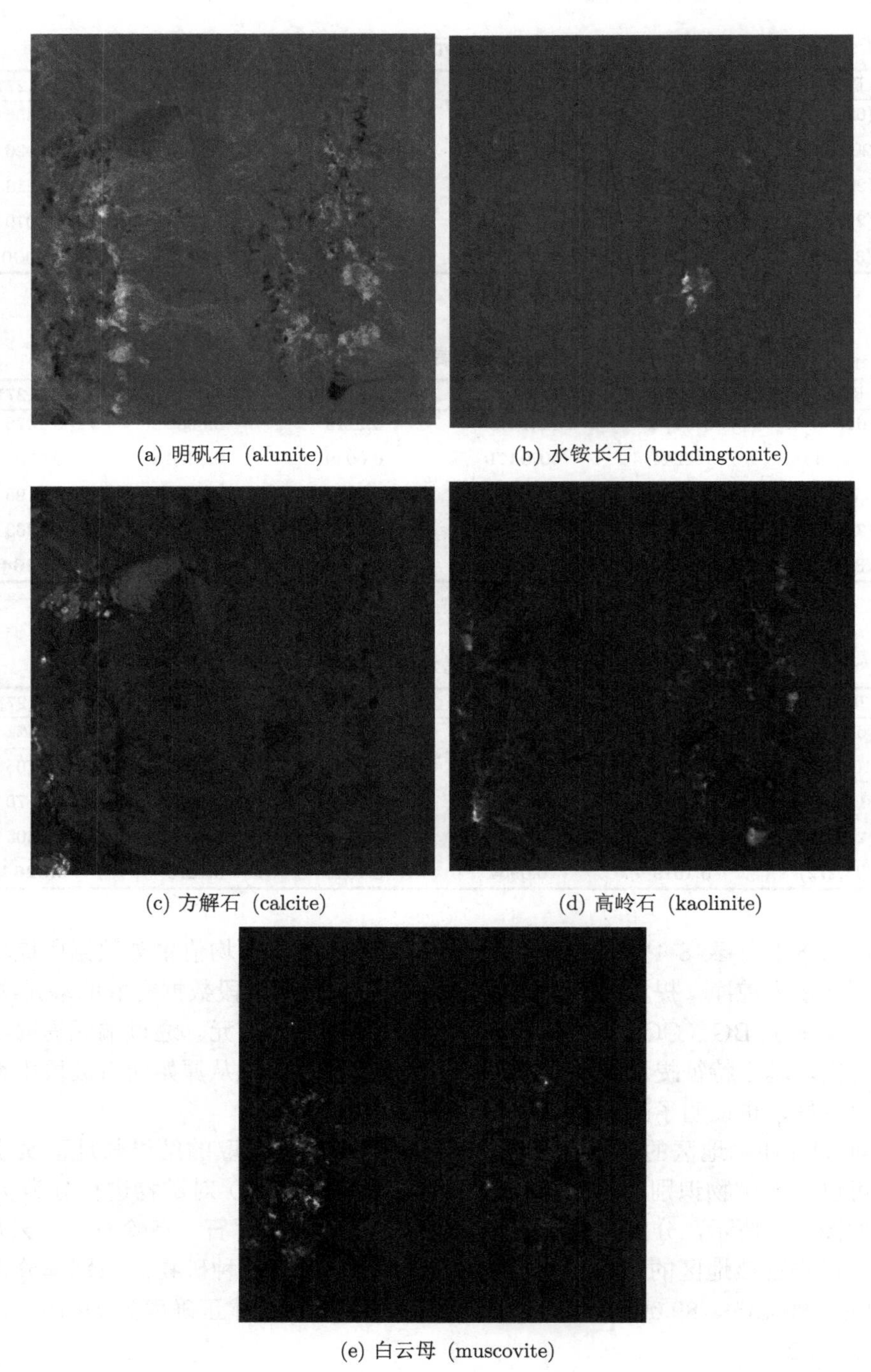

(a) 明矾石 (alunite)　(b) 水铵长石 (buddingtonite)

(c) 方解石 (calcite)　(d) 高岭石 (kaolinite)

(e) 白云母 (muscovite)

图 8-4　Cuprite 各矿物分布图

本节为了解决矿物识别和端元提取问题，首先利用改进 K 均值对 Cuprite 高光谱数据进行了降维分析，然后基于降维后的数据进行端元提取和矿物识别实验，得到了 5 种典型矿物在该地区的分布图，这对于地质找矿具有重要的现实意义。结果证明了本书算法的有效性和实用性。

8.2 波段选择约束的影像可视化

高光谱遥感影像中包含了丰富的光谱和空间信息，主要基于图像空间表达地物的空间信息和形态特征、利用光谱空间表达二维和三维光谱信息、采用特征空间表达样本在不同空间中的分布。为了满足目视判别的需要，还需要对遥感影像进行彩色可视化表达。本节研究耦合自适应扩展 CMFs 模型的特征驱动的高光谱遥感影像可视化方法，首先对光谱范围进行处理，实现波段选择；然后构建色域映射支持和波段选择约束的真彩色合成、CIR 合成、假彩色合成和扩展 CMF 合成等四种可视化生成方法，并在彩色合成模式的支持下实现高光谱遥感信息的有效可视化表达。该成果可以有效提高高光谱遥感影像的可视性，为矿产资源的目视判读等应用提供支持。

8.2.1 高光谱影像信息表达模式

1. 真彩色合成模式

如果波段选择方法选出的三个波段非常靠近彩色三原色区域，则该三波段就可以生成一个真彩色的影像。因此，首先对原始波段进行分组，即分为 ΦR、ΦG、ΦB（R、G、B 区域分别为 610~700nm、500~570nm、450~500nm），然后利用波段选择方法分别从三个区域选择波段，最后将选择后的三个波段分别映射到 RGB 颜色空间，得到真彩色图像。其合成模式如图 8-5 所示。

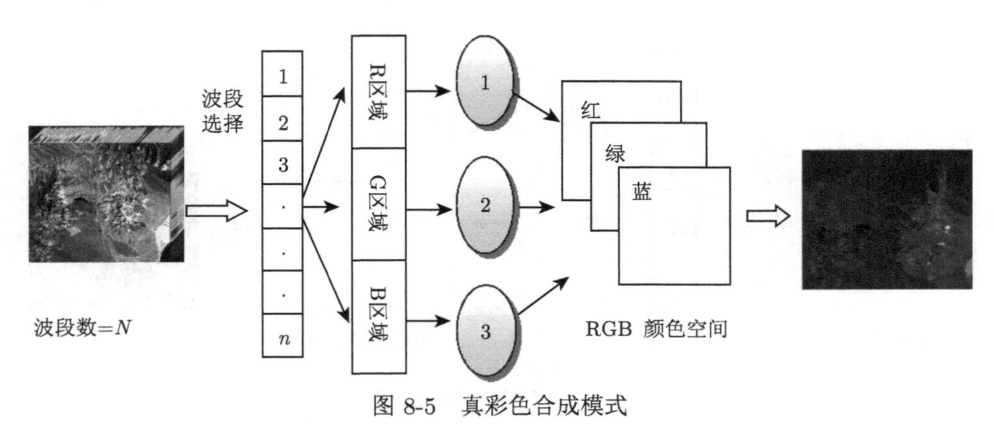

图 8-5 真彩色合成模式

2. CIR 合成模式

该模式的思路与真彩色合成类似，只不过其映射的三个区域不同：near infrared（NIR）、R 和 G 区域。CIR 合成模式特别适合可视化遥感影像中的植被信息。其合成模式见图 8-6。

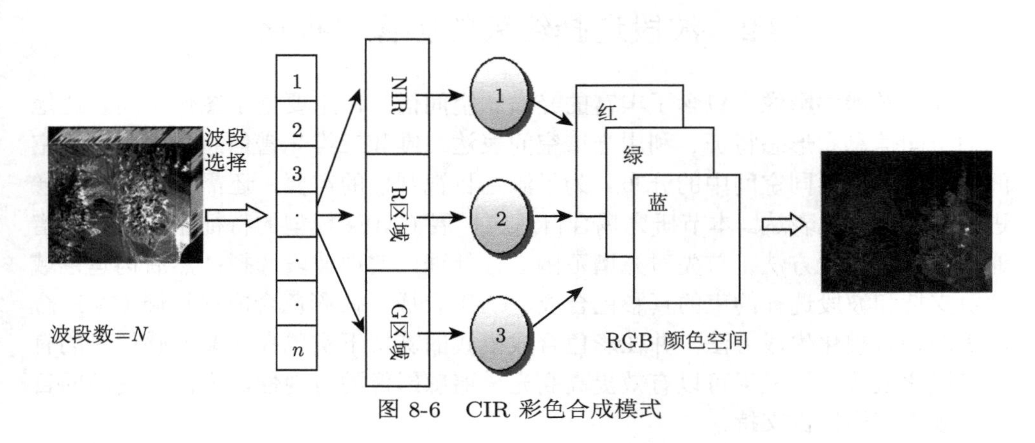

图 8-6　CIR 彩色合成模式

3. 假彩色合成模式

在真彩色和 CIR 合成模式中，由于只有落入相应区域的波段才有可能被选择出来使用，因此，当其他区域的波段也带有大量有效信息时，以上两种模式得到的可视化效果可能不好。而假彩色合成模式首先从所有原始波段中选择出一定数目的信息量最大的波段（如 10 个波段），然后再从已选出的波段中找出三个最不相关的波段，最后将三个波段分别映射到 RGB 颜色空间，得到假彩色合成影像。其合成模式如图 8-7 所示。

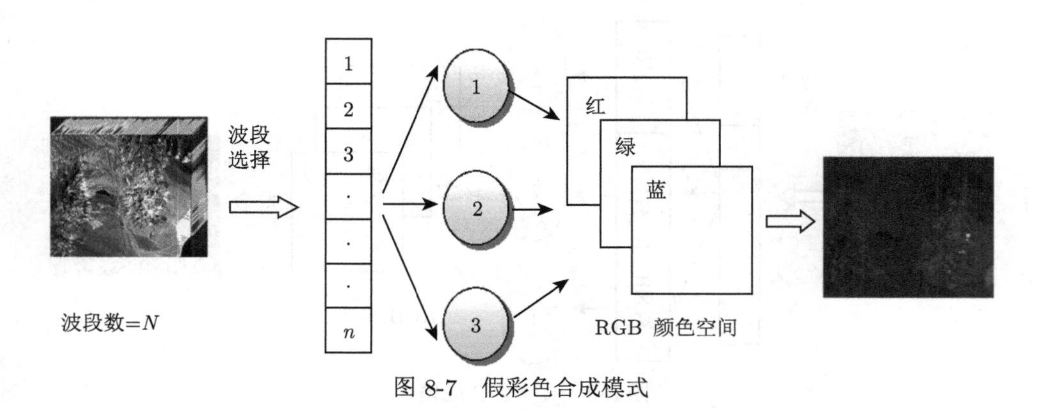

图 8-7　假彩色合成模式

4. 扩展 CMF 合成模式

以上三种模式中，最终都只有三个波段用于可视化。而实际上，对于高光谱遥感影像可视化彩色表达来讲，不同的波段可能具有不同的作用，因此有必要利用尽可能多的波段进行可视化表达。基于扩展后的 CIE 1964 三色模型 CMF（图 8-8），利用选择的若干波段可进行可视化表达，在模型中每一个波段的权重是不同的。

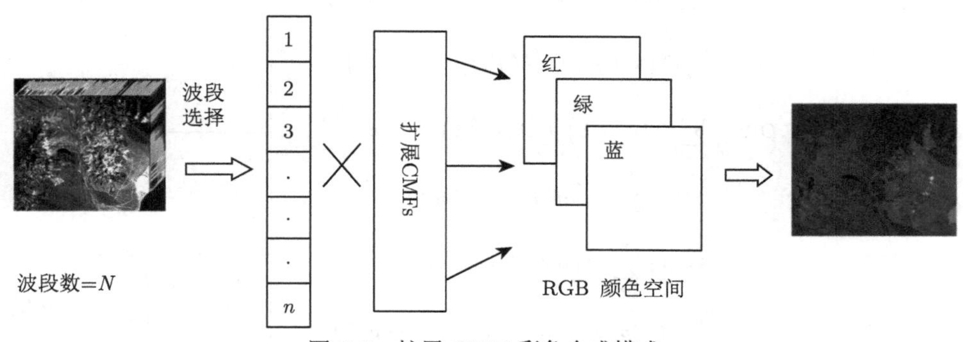

图 8-8 扩展 CMF 彩色合成模式

8.2.2 映射区域代表性波段选择

模式 I 和 II 中，每个光谱区域均需要选出一个代表性波段，波段选择的依据可以是相似性测度，如相关系数（CC）。对于代表性波段选择，与同一组内其他波段之间平均相似性最高的波段将作为代表性波段被选出，被选出的波段既应能最大限度地预测其他波段，也应有其独特的信息。特别地，不同光谱区域三个代表性波段可以通过下式计算：

$$W\left(X_1, X_2, X_3\right)=\frac{S_1\left(X_1\right)+S_2\left(X_2\right)+S_3\left(X_3\right)}{S\left(X_1, X_2, X_3\right)} \tag{8.1}$$

式中，$S\left(X_1, X_2, X_3\right)$ 是三个波段的相似性（即平均 CC）；S_i 为第 i 个分组中的波段相似性：

$$S_i\left(X_i\right)=\frac{\sum\limits_{X_j^{(i)} \neq X_i}\left|\mathrm{CC}\left(X_i, X_j^{(i)}\right)\right|}{b_i}, i=1,2,3 \tag{8.2}$$

式中，$X_j^{(i)}$ 为第 i 个分组中的第 j 个预选波段；b_i 为第 i 个分组中的预选波段个数。能够使 W 取得最大值的三个波段将用于后续的高光谱影像彩色可视化。这一波段选择过程的计算复杂度为 $O\left(\sum\limits_{i=1}^{3} b_i^2\right)$。

8.2.3　影像可视化算法复杂度分析

表 8-5 列出了不同可视化方法的计算复杂度，对于每一个方法，大概包含两个步骤：波段选择和彩色可视化生成。

表 8-5　不同可视化方法的计算复杂度

	波段选择	可视化
真彩色	MEAC : $\sum_{k=1}^{b} O\left(k^3L\right)+O\left(k^2pL\right)+O\left(kp^2L\right)$	$O(nb_1^2+nb_2^2+nb_3^2)$
CIR	LP : $\sum_{k=1}^{b} O\left(k^3L\right)+O\left(k^2qL\right)+O\left(kq^2L\right)$	$O(nb_1^2+nb_2^2+nb_3^2)$
	OPD : $\sum_{k=1}^{b} O\left(k^2p^2L\right)+O\left(kp^2L\right)+O\left(kpL\right)$	
假彩色	SID : $\sum_{k=1}^{b} O\left(kp^2L\right)+O\left(kpL\right)$	$O(nb^2)$
	SAM : $\sum_{k=1}^{b} O\left(kp^2L\right)+O\left(kpL\right)$	
CMF	JM : $\sum_{k=1}^{b} O\left(k^3p^2L\right)+O\left(k^2sL\right)+O\left(kp^2L\right)$	$O(nb)$

注：b 为拟选择的波段数目，$b=b_1+b_2+b_3$，其中 b_1、b_2 和 b_3 分别为三个光谱区域的波段数目；L 为波段数目；p 为地物类别数目；q 为代表性像元数目；s 为训练样本数目；n 为全部像元数目；k 为从 b 个波段中选择的第 k 个波段，$k \leqslant b$。

8.2.4　影像可视化实验与分析

实验部分采用四个高光谱遥感数据（AVIRIS Cuprite、AVIRIS Indian Pines、ROSIS University of Pavia、AVIRIS Salinas）进行了验证，并与 PCA（Tyo et al.，2003）和 1BT（Demir et al.，2009）方法进行了对比。实验结果如表 8-6 和表 8-7 所示，图 8-9 展示了不同算法下四个高光谱遥感数据的可视化效果，结果证明了所提出的算法具有较好的性能。

表 8-6　四种可视化模式的性能对比

项目		真彩色模式		CIR 模式		假彩色模式		CMF 模式	
		MEAC	LP	MEAC	LP	MEAC	LP	MEAC	LP
Cuprite	ΔE	21.51	22.82	23.38	23.64	**31.80**	**35.46**	18.75	29.20
	CC	0.11	0.11	0.09	0.12	0.13	**0.20**	**0.15**	**0.15**
	BN	31	12	31	20	**10**	**10**	**10**	**10**
	时间/s	15.46	2.13	13.46	2.09	9.64	10.12	**1.86**	**1.79**
Indian Pines	ΔE	29.07	25.98	33.79	**42.99**	38.16	**56.35**	15.23	16.60
	Kappa	0.49	0.49	0.56	0.57	0.53	0.47	**0.64**	**0.64**
	BN	22	**9**	15	**9**	10	10	10	10
	时间/s	17.95	29.90	13.11	12.06	15.76	17.49	**10.65**	**10.46**

续表

项目		真彩色模式		CIR 模式		假彩色模式		CMF 模式	
		MEAC	LP	MEAC	LP	MEAC	LP	MEAC	LP
University of Pavia	ΔE	32.90	34.32	37.16	38.91	**47.66**	**46.67**	27.64	30.90
	Kappa	0.61	0.61	0.73	0.73	0.70	0.71	**0.74**	**0.74**
	BN	7	**6**	7	**6**	10	10	10	10
	时间/s	99.17	98.31	66.63	68.24	117.39	108.48	**65.80**	**64.17**
Salinas	ΔE	37.03	30.98	**43.83**	**45.67**	37.59	33.33	33.77	32.53
	Kappa	0.81	0.82	0.82	**0.83**	**0.83**	0.82	**0.83**	**0.86**
	BN	**7**	**9**	13	**9**	10	10	10	10
	时间/s	101.40	98.52	103.78	99.30	105.62	105.84	**96.97**	**79.30**

表 8-7 不同彩色可视化方法性能对比

项目		PCA	1BT	LP(假彩色)	LP(CMF)
Cuprite	ΔE	**40.01**	29.52	**35.46**	29.20
	CC	0.06	0.10	**0.20**	**0.15**
	时间/s	**9.90**	65.46	50.35	**1.79**
Indian Pines	ΔE	**26.82**	10.54	**56.35**	16.60
	Kappa	**0.62**	0.42	0.47	**0.64**
	时间/s	**12.39**	82.57	17.49	**10.46**
University of Pavia	ΔE	**44.90**	29.54	**54.56**	30.90
	Kappa	**0.73**	0.62	0.71	**0.74**
	时间/s	**84.43**	121.64	108.48	**64.17**
Salinas	ΔE	28.13	31.31	**33.33**	**32.53**
	Kappa	**0.85**	0.81	0.82	**0.86**
	时间/s	**89.76**	112.37	105.94	**79.30**

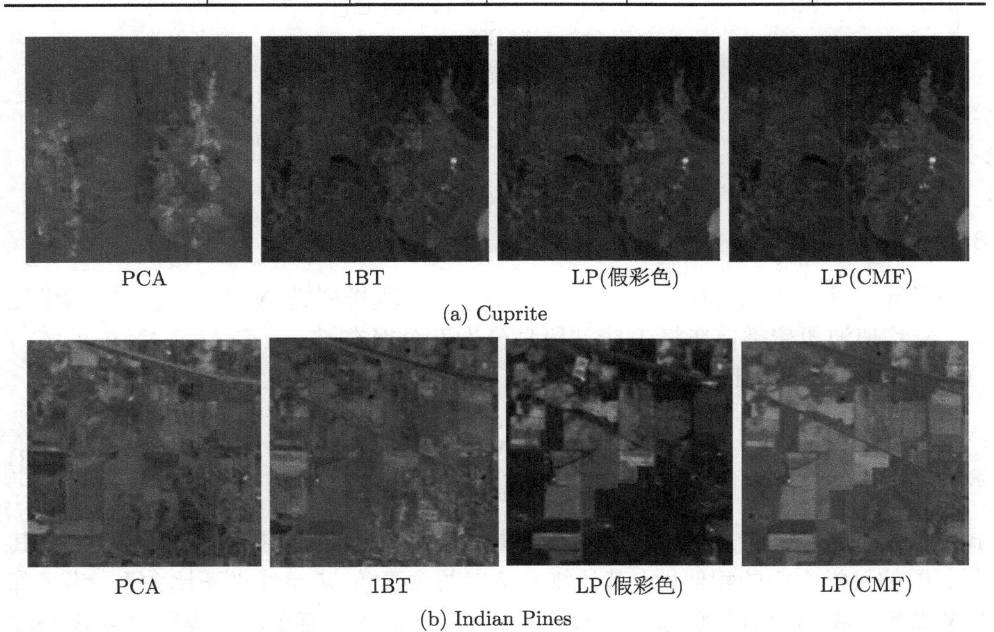

PCA 1BT LP(假彩色) LP(CMF)

(a) Cuprite

PCA 1BT LP(假彩色) LP(CMF)

(b) Indian Pines

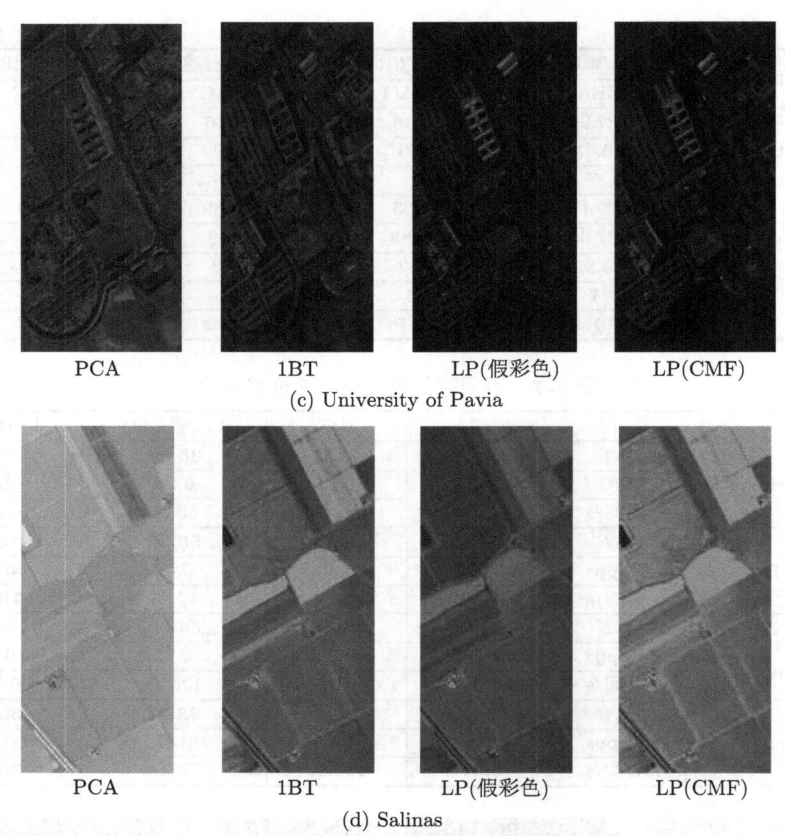

图 8-9 高光谱遥感可视化效果对比

8.3 城市土地覆盖分析

8.3.1 波段聚类

给定一系列波段 $(B_1, \cdots, B_m, \cdots, B_L)$，波段排列成 N 维矢量，N 为像元数。K 均值波段聚类旨在将 L 个波段划分为 k 个聚类 $\boldsymbol{C} = \{C_1, \cdots, C_m, \cdots, C_k\}$ $(1 \leqslant m \leqslant k)$，最小化目标函数如下：

$$\arg\min_{\boldsymbol{C}} \sum_{m=1}^{k} \sum_{\boldsymbol{B}_l \in C_m} D\left(\boldsymbol{B}_l, \boldsymbol{\mu}_m\right) \tag{8.3}$$

式中，$\boldsymbol{\mu}_m$ 是 C_m 的聚类中心；$D(\cdot, \cdot)$ 是一种距离度量，用于衡量一个波段与其所分配的聚类中心的相似性。其计算复杂度与像素数 N 呈线性正比关系，为了降低复杂度，我们使用类别标签作为算法输入；然后算法复杂度与类别标签 S 呈线性正比关系，这种方法被称为半监督 K 均值（SKM）。当在下面分析中仅使用最接近聚类中心的波段时，得到的方法记为 SKM（BS）。

SKM 算法利用不同波段作为聚类中心进行初始化，提出非监督地选择不同波段（Du and Yang，2008）。波段选择算法通过选择一对波段 B_1 和 B_2，得到一个波段子集 $\Phi = \{B_1, B_2\}$；然后通过特定的标准找到一个不同于现有子集 Φ 中所有波段的波段 B_3，并更新子集 $\Phi = \Phi \cup \{B_3\}$；重复更新直到 Φ 中的波段数足够大。其中，线性预测（LP）误差（即 Φ 中线性预测波段与原始波段的差异）作为相似性度量。具有最大 LP 误差的波段是 Φ 中与其他波段最不相似的波段，应该选择出来。

K 均值聚类后，得到 K 个质心的聚类簇，为进一步分析做好准备。但不意味着要应用所有聚类，某些聚类对分类没有贡献，甚至可能会导致混淆。因此，我们通过穷举来搜索最差的聚类中心并移除它（当它被移除，剩下的聚类中心得到与使用原始波段分类最相似的分类图）。可以看出删除一个聚类中心能够得到改进，但删除多个聚类中心不一定会带来进一步的改进，因此只删除一个聚类中心。删除最差聚类中心的 SKM 算法叫作 SKMd。

8.3.2 异常波段剔除

在波段聚类中，每个波段对分类的贡献不同。例如，远离聚类中心的波段被认为是异常的波段，它的波谱特征与同一聚类中心中其他波段完全不同。根据经验，应该移除一些异常的波段，聚类中心应根据剩余波段重新计算。使用最终的聚类中心能够提高性能，这种算法被称为 SKMd-BR。

利用相似性度量删除波段。本书采用正交投影散度（OPD）（Chang，2003），它基于正交子空间投影（Harsanyi and Chang，1994），设 $\boldsymbol{c}_j$ 为第 j 个聚类中心的质心，$\boldsymbol{b}_{ij}$ 为第 j 个聚类中心的第 i 个波段，它们的 OPD 值定义为

$$\mathrm{OPD}\left(\boldsymbol{b}_{ij}, \boldsymbol{c}_j\right) = \left(\boldsymbol{b}_{ij}^{\mathrm{T}} \boldsymbol{P}_{\boldsymbol{c}_j}^{\perp} \boldsymbol{b}_{ij} + \boldsymbol{c}_j^{\mathrm{T}} \boldsymbol{P}_{\boldsymbol{b}_{ij}}^{\perp} \boldsymbol{c}_j\right)^{1/2} \tag{8.4}$$

式中，$\boldsymbol{P}_{\boldsymbol{c}_j}^{\perp} = \boldsymbol{I} - \boldsymbol{c}_j \left(\boldsymbol{c}_j^{\mathrm{T}} \boldsymbol{c}_j\right)^{-1} \boldsymbol{c}_j^{\mathrm{T}}$，$\boldsymbol{I}$ 是单位矩阵；$\boldsymbol{P}_{\boldsymbol{c}_j}^{\perp}$ 是 $\boldsymbol{c}_j$ 的正交子空间；$\boldsymbol{b}_{ij}^{\mathrm{T}} \boldsymbol{P}_{\boldsymbol{c}_j}^{\perp} \boldsymbol{b}_{ij}$ 是 $\boldsymbol{b}_{ij}$ 投影在 $\boldsymbol{P}_{\boldsymbol{c}_j}^{\perp}$ 上模的平方。OPD 值较大说明 $\boldsymbol{b}_{ij}$ 和 $\boldsymbol{c}_j$ 差异很大，意味着 $\boldsymbol{b}_{ij}$ 可能是异常值。

8.3.3 波段聚类算法步骤

本章介绍的 SKMd-BR 算法详细步骤如下：

（1）选择 k 个不同的波段进行初始化。

（2）利用已知的类标签，进行 k-means 波段聚类。当没有波段从一个聚类中心转移到另一个聚类中心时，聚类就完成了。利用所有聚类波段均值来计算波段聚类中心。

（3）OPD 用于计算成对聚类中心的相似性。删除具有最大平均 OPD 的聚类中心，得到的 $k-1$ 的聚类中心是最终的波段聚类结果。

（4）计算每个波段与其集群中心之间的 OPD 值。删除一定比例的具有较大 OPD 值的波段，使用剩余的波段更新 $k-1$ 聚类中心，最终输出这些波段。

8.3.4 HYDICE 数据实验

使用高光谱数字图像采集实验传感器收集的数据，其光谱覆盖范围为 0.4～2.5μm，具有 210 个波段和 10nm 光谱分辨率。图 8-10 为 Washington DC Mall 区域具有 304 像素 ×301 像素、空间分辨率约为 2.8m 的子图像，去除坏波段，使用 191 个波段。在这个图像场景中有六类地物：屋顶、树木、草地、阴影、道路和小径。这六类地物的均值用于波段聚类。使用表 8-8 中列出的训练和测试样本计算 SVM 的总体准确度（OA）。

图 8-10　HYDICE 实验影像

波段 47（0.63 μm），35（0.55 μm），15（0.45 μm）

表 8-8　HYDICE 图像中训练样本与测试样本数

项目	训练样本	测试样本
道路	55	892
草地	57	910
小径	50	567
树木	46	624
阴影	49	656
屋顶	52	1123
总计	309	4772

从图 8-11 可以看出 k 从 5 变为 15 时，SKMd-BR 的效果最好，其中 SKMd-BR（10%）表示从每聚类中移除 10%波段。图 8-12 显示了采用不同相似性度量时 SKMd-BR 的性能变化。显然，OPD 效果最好。表 8-9 列出了去除 5%、10% 和 15%波段时的准确率，没有得出哪个百分比是最佳的结论，但是总体性能差异不大。

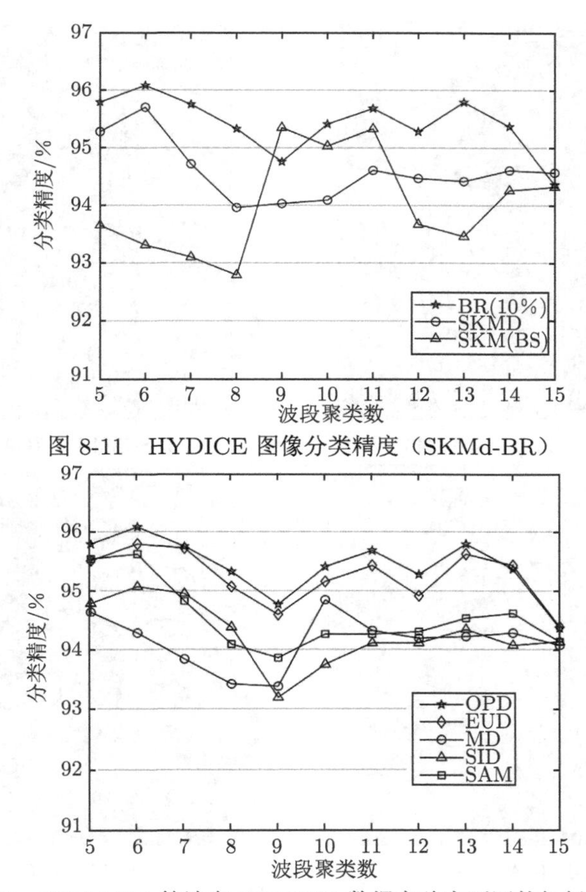

图 8-11 HYDICE 图像分类精度（SKMd-BR）

图 8-12 SKMd-BR 算法在 HYDICE 数据实验中不同的相似度矩阵

表 8-9 HYDICE 数据实验中每个聚类中心移除不同百分比波段的分类精度

算法	5	6	7	8	9	10	11	12	13	14	15
SKMd	0.9530	0.9570	0.9468	0.9422	0.9377	0.9392	0.9434	0.9449	0.9432	0.9466	0.9466
SKMd-BR(5%)	0.9560	**0.9612**	**0.9585**	0.9528	**0.9486**	0.9539	0.9568	0.9516	0.9577	**0.9541**	**0.9442**
SKMd-BR(10%)	0.9579	0.9608	0.9575	0.9533	0.9476	0.9541	0.9568	0.9528	**0.9579**	0.9537	0.9436
SKMd-BR(15%)	**0.9600**	0.9598	0.9570	**0.9537**	0.9480	**0.9547**	**0.9583**	**0.9539**	0.9577	0.9530	0.9440

图 8-13 显示了使用 6 个波段或聚类中心时的分类图。在小径和屋顶之间存在大量的错分。通过 6 个选定的波段，SKMd（BS）可以略微减少小径区域，这些区域应该是屋顶（在两个圆圈中突出显示），但使用聚类中心的 SKMd 可以显著减少小径区域。SKMd-BR 进一步扩大了屋顶区域，但没有明显增加小径的区域。表 8-10～ 表 8-13 是四种方法的混淆矩阵，更清楚地显示了分类的改进，特别是 SKMd-BR。

(a) 原始 SVM (OA＝0.9340)

(b) SKMd(BS) (OA＝0.9535)

(c) SKMd (OA＝0.9570)

(d) SKMd-BR (OA＝0.9608)

道路　草地　阴影　小径　树木　屋顶

图 8-13　HYDICE 影像分类图（6 个波段或 6 个聚类中心）

表 8-10　HYDICE 数据实验使用 191 个波段所得混淆矩阵

分类项目	地物覆盖情况						分类数量	用户精度/%
	道路	草地	小径	树木	阴影	屋顶		
道路	861	0	69	0	0	32	962	89.50
草地	0	882	0	4	6	0	892	98.88
小径	1	0	498	0	0	2	501	99.40
树木	0	0	0	604	0	125	729	89.48
阴影	0	28	0	0	647	0	675	95.85
屋顶	30	0	0	15	3	964	1012	95.26
地物覆盖量	892	910	567	624	656	1123	OA = 93.40	
生产精度/%	96.52	96.92	87.83	96.79	98.63	85.84	Kappa = 91.97	

表 8-11 HYDICE 数据实验使用 SKMd（BS）选择的 6 个波段所得混淆矩阵

分类项目	地物覆盖情况						分类数量	用户精度/%
	道路	草地	小径	树木	阴影	屋顶		
道路	842	0	54	0	0	37	933	90.25
草地	0	884	0	5	6	0	895	98.77
小径	2	0	513	0	0	0	515	99.61
树木	0	1	0	598	0	24	623	95.99
阴影	0	24	0	0	650	0	674	96.44
屋顶	48	1	0	20	0	1062	1131	93.90
地物覆盖量	892	910	567	624	656	1123	OA = 95.35	
生产精度/%	94.39	97.14	90.48	95.83	99.09	94.57	Kappa = 94.32	

表 8-12 HYDICE 数据实验使用 SKMd 选择的 6 个聚类中心所得混淆矩阵

分类项目	地物覆盖情况						分类数量	用户精度/%
	道路	草地	小径	树木	阴影	屋顶		
道路	874	0	47	0	0	41	962	90.85
草地	0	870	0	9	8	0	887	98.08
小径	2	0	520	0	1	0	523	99.43
树木	0	0	0	610	0	37	647	94.28
阴影	0	40	0	0	647	0	687	94.18
屋顶	16	0	0	4	0	1045	1065	98.11
地物覆盖量	892	910	567	624	656	1123	OA = 95.70	
生产精度/%	97.98	95.60	91.71	97.76	98.63	93.05	Kappa = 94.76	

表 8-13 HYDICE 数据实验使用 SKMd-BR 选择的 6 个聚类中心所得混淆矩阵

分类项目	地物覆盖情况						分类数量	用户精度/%
	道路	草地	小径	树木	阴影	屋顶		
道路	872	0	44	0	0	41	957	91.12
草地	0	861	0	10	7	0	878	98.06
小径	2	0	523	0	3	0	528	99.05
树木	0	0	0	609	0	9	618	98.54
阴影	0	49	0	0	646	0	695	92.95
屋顶	18	0	0	4	0	1073	1095	98.00
地物覆盖量	892	910	567	624	656	1123	OA = 96.08	
生产精度/%	97.76	94.62	92.24	97.60	98.48	95.55	Kappa = 95.21	

8.3.5 HYMAP 数据实验

图 8-14 显示了一个具有 126 个波段的机载 HYMAP（光谱覆盖范围为 0.45~2.48μm，光谱分辨率约为 16nm）数据，这些数据是 1999 年在 Purdue University 校园附近的一个住宅区获取的，图像尺寸为 377×512，空间分辨率约为 5m。图像场景包含六类地物：道路、草地、阴影、土壤、树木、屋顶。如表 8-14 所列，可获得 404 个训练样本和 5443 个测试样本。与 HYDICE 图像相比，该图像中的屋顶在光谱上更加均匀，然而，“道路”类别具有类内光谱变化，特别是在右上角。

图 8-14　HYMAP 实验影像

波段 14（0.65 μm），8（0.55 μm），2（0.45 μm）

表 8-14　HYMAP 实验训练样本和测试样本数量

项目	训练样本	测试样本
道路	73	1230
草地	72	1072
阴影	49	213
土壤	69	371
树木	67	1321
屋顶	74	1236
总计	404	5443

从图 8-15 可以看出 k 从 5 变为 15 时，SKMd-BR 的效果最好，其中 SKMd-BR（10%）表示从每聚类中移除 10%波段。图 8-16 显示了采用不同相似性度量时 SKMd-BR 的性能变化。这里可以看出，在分类精度达到最高时，OPD 和 SAM 是差不多的。表 8-15 列出了去除 5%、10%和 15%波段时的准确率，没有得出哪个百分比是最佳的结论，总体性能差异不大。

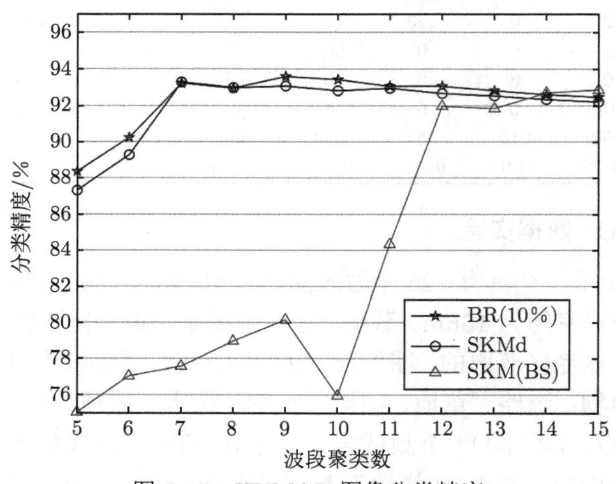

图 8-15　HYMAP 图像分类精度

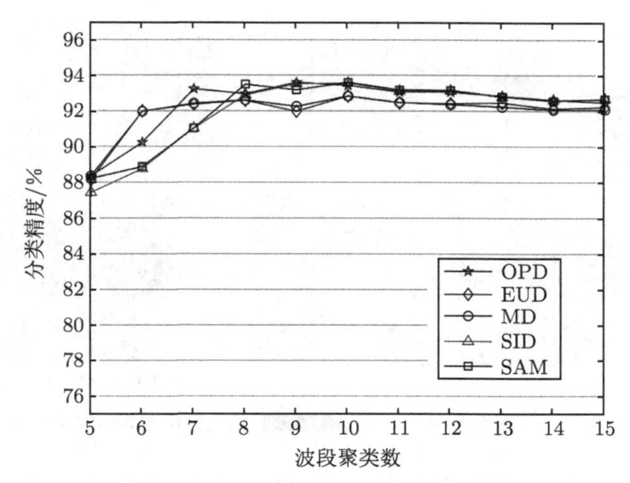

图 8-16 SKMd-BR 算法在 HYMAP 数据实验中不同的相似度矩阵

表 8-15 HYMAP 数据实验中每个聚类移除不同百分比波段的分类精度

算法	5	6	7	8	9	10	11	12	13	14	15
SKMd	0.8723	0.8955	0.9324	0.9300	0.9300	0.9269	0.9291	0.9272	0.9252	0.9230	0.9217
SKMd-BR(5%)	0.8826	0.9008	0.9320	0.9295	0.9344	**0.9346**	0.9295	0.9302	**0.9285**	0.9256	**0.9256**
SKMd-BR(10%)	**0.8835**	0.9023	**0.9322**	0.9295	0.9359	0.9342	**0.9306**	**0.9306**	0.9283	**0.9261**	0.9247
SKMd-BR(15%)	0.8821	**0.9043**	0.9302	**0.9300**	**0.9364**	0.9335	0.9302	0.9295	0.9261	0.9260	0.9249

图 8-17 显示了使用 6 个波段或者聚类中心时的分类图。在道路和土壤之间存在大量错分。通过 6 个选定的波段，SKMd(BS) 可以略微减少土壤的区域，这些区域应该是道路（在三个圆圈中突出显示），但使用聚类中心的 SKMd 可以显著减少土壤区域。SKMd-BR 进一步扩大了道路区域，但没有明显增加。表 8-16～表 8-19 是四种方法的混淆矩阵，更清楚地显示了分类的改进，特别是 SKMd-BR。

Original SVM（OA＝0.8870）

SKMd（BS）（OA＝0.9287）

SKMd（OA＝0.9328）

SKMd-BR（OA＝0.9359）

图 8-17 HYMAP 影像分类图（6 个波段或 6 个聚类中心）

表 8-16 HYMAP 数据实验使用 126 个波段所得混淆矩阵

分类项目	地物覆盖情况						分类数量	用户精度/%
	道路	草地	小径	树木	阴影	屋顶		
道路	954	0	0	1	0	83	1038	91.91
草地	5	1054	0	42	12	12	1125	93.69
小径	0	0	207	0	35	81	323	64.09
树木	8	6	0	328	0	1	343	95.63
阴影	0	10	3	0	1227	1	1241	98.87
屋顶	263	2	3	0	47	1058	1373	77.06
地物覆盖量	1230	1072	213	371	1321	1236	OA = 88.70	
生产精度/%	77.56	98.32	97.18	88.41	92.88	85.60	Kappa = 85.82	

表 8-17 HYMAP 数据实验使用 SKMd（BS）选择的 6 个波段所得混淆矩阵

分类项目	地物覆盖情况						分类数量	用户精度/%
	道路	草地	小径	树木	阴影	屋顶		
道路	1196	0	0	3	0	112	1311	91.23
草地	5	1055	0	36	27	13	1136	92.87
小径	0	0	206	0	93	40	339	60.77
树木	6	7	0	332	0	6	351	94.59
阴影	0	9	3	0	1201	0	1213	99.01
屋顶	23	1	4	0	0	1065	1093	97.44
地物覆盖量	1230	1072	213	371	1321	1236	OA = 92.87	
生产精度/%	97.24	98.41	96.71	89.49	90.92	86.17	Kappa = 91.07	

表 8-18 HYMAP 数据实验使用 SKMd 选择的 6 个聚类中心所得混淆矩阵

分类项目	地物覆盖情况						分类数量	用户精度/%
	道路	草地	小径	树木	阴影	屋顶		
道路	1171	0	0	0	0	101	1272	92.06
草地	4	1055	1	37	16	13	1126	93.69
小径	0	1	209	0	92	23	325	64.31
树木	12	6	0	334	0	3	355	94.08
阴影	0	10	3	0	1213	1	1227	98.86
屋顶	43	0	0	0	0	1095	1138	96.22
地物覆盖量	1230	1072	213	371	1321	1236	OA = 93.28	
生产精度/%	95.20	98.41	98.12	90.03	91.82	88.59	Kappa = 91.57	

表 8-19 HYMAP 数据实验使用 SKMd-BR 选择的 6 个聚类中心所得混淆矩阵

分类项目	地物覆盖情况						分类数量	用户精度/%
	道路	草地	小径	树木	阴影	屋顶		
道路	1184	0	0	0	0	105	1289	91.85
草地	4	1058	2	38	19	14	1135	93.22
小径	0	1	209	0	80	25	315	64.35
树木	8	6	0	333	0	4	351	94.87
阴影	0	7	2	0	1222	0	1231	99.27
屋顶	34	0	0	0	0	1088	1122	96.97
地物覆盖量	1230	1072	213	371	1321	1236	OA = 93.59	
生产精度/%	96.26	98.69	98.12	89.76	92.51	88.03	Kappa = 91.96	

将波段聚类和波段选择组合进行高光谱数据降维，与使用所有像元的无监督聚类或需要标记像元的监督聚类不同，提出的半监督波段聚类仅需要类别光谱特征，因此能够显著降低计算成本。在聚类之后，聚类中心选择步骤可以进一步改善后续数据分析的性能。实验表明，每个聚类质心代表的光谱特征可以通过去除异常波段更好地代表相应的聚类中心，从而进一步提高城市土地覆盖制图的整体分类准确性。

8.4 本章小结

本章采用不同的高光谱遥感影像降维方法，利用不同传感器获取的高光谱遥感影像进行实验，探究降维方法在应用中的有效性和实用性。首先利用改进 K 均值对高光谱遥感数据进行了降维分析，然后基于降维后的数据进行端元提取和矿物识别实验，对于地质找矿有重要现实意义；研究了耦合自适应扩展 CMFs 模型的特征驱动的高光谱遥感影像可视化方法，首先对光谱范围进行处理，实现波段选择，然后构建了色域映射支持和波段选择约束的真彩色合成、CIR 合成、假彩色合成和扩展 CMF 合成四种可视化生成方法，并在彩色合成模式的支持下实现了高光谱遥感信息的有效可视化表达，能够有效提高高光谱遥感影像的可视性，为矿产资源的目视判读等应用提供支持；利用改进的 SKMd-BR 算法进行波段选择，将波段聚类和波段选择组合进行高光谱数据降维，得到的结果能够提高分类精度，有利于城市覆盖分析。

参考文献

苏红军, 盛业华. 2012. 高光谱影像的改进 K-均值监督式聚类分析方法. 武汉大学学报 (信息科学版), 37(6): 640-643.

童庆禧, 张兵, 郑兰芬. 2006. 高光谱遥感: 原理、技术与应用. 北京: 高等教育出版社.

Chang C I. 2003. Hyperspectral Imaging: Techniques for Spectral Detection and Classification. New York: Kluwer Academic/Plenum Publishers.

Chang C I, Qian D, Sun T, et al. 1999. A joint band prioritization and band-decorrelation approach to band selection for hyperspectral image classification. IEEE Transactions on Geoscience and Remote Sensing, 37(6): 2631-2641.

Demir B, Celebi A, Erturk S. 2009. A low-complexity approach for the color display of hyperspectral remote-sensing images using one-bit-transform-based band selection. Transactions on Geoscience and Remote Sensing, 47(1): 97-105.

Du Q, Chang C I. 2001. A linear constrained distance-based discriminant analysis for hyperspectral image classification. Pattern Recognition, 34(2): 361-373.

Du Q, Yang H. 2008. Similarity-based unsupervised band selection for hyperspectral image analysis. IEEE Geoscience Remote Sensing Letters, 5(4): 564-568.

Harsanyi J C, Chang C I. 1994. Hyperspectral image classification and dimensionality reduction: An orthogonal subspace projection approach. IEEE Transactions on Geoscience and Remote Sensing, 32(4): 779-785.

Su H, Yang H, Du Q, et al. 2011. Semisupervised band clustering for dimensionality reduction of hyperspectral imagery. IEEE Geoscience and Remote Sensing Letters, 8(6): 1135-1139.

Tyo J S, Konsolakis A, Diersen D I, et al. 2003. Principal components-based display strategy for spectral imagery. IEEE Transactions on Geoscience and Remote Sensing, 41(3): 708-718.